21世纪高等学校计算机教育实用规划教材

Java EE
架构开发案例教程

曾祥萍 田景贺 杨弘平 编著

清华大学出版社
北京

内容简介

本书共分为4部分11章，通过理论和实际相结合的方式讲述Java EE技术的相关知识和框架的整合应用。内容包括Java EE技术概述，开发工具的安装与配置，Web相关基础知识；Struts2 的体系结构，Struts2 的安装与配置，Struts2 框架的主要配置文件；Action类的实现、配置及使用；拦截器的原理、自定义拦截器和应用；Struts2的验证框架技术、OGNL表达式和Struts2标签的使用；国际化应用、文件的上传下载；Hibernate框架的安装与配置，常用的HQL查询；Spring框架的基础与使用。

本书在编写过程中综合考虑了自学与教学两方面的需要，不仅适合高校教学、学生自学，也适用有一定开发经验的程序员作为技术参考使用。

图书在版编目（CIP）数据

Java EE架构开发案例教程/曾祥萍，田景贺，杨弘平编著. —北京：清华大学出版社，2017
（21世纪高等学校计算机教育实用规划教材）
ISBN 978-7-302-46809-7

Ⅰ. ①J… Ⅱ. ①曾… ②田… ③杨… Ⅲ. ①JAVA语言－程序设计－高等学校－教材 Ⅳ. ①TP312.8

中国版本图书馆CIP数据核字（2017）第052722号

责任编辑：贾　斌　薛　阳
封面设计：常雪影
责任校对：梁　毅
责任印制：刘海龙

出版发行：清华大学出版社
　　网　　址：http://www.tup.com.cn，http://www.wqbook.com
　　地　　址：北京清华大学学研大厦A座　　**邮　　编**：100084
　　社 总 机：010-62770175　　**邮　　购**：010-62786544
　　投稿与读者服务：010-62776969，c-service@tup.tsinghua.edu.cn
　　质 量 反 馈：010-62772015，zhiliang@tup.tsinghua.edu.cn
印 装 者：北京泽宇印刷有限公司
经　　销：全国新华书店
开　　本：185mm×260mm　　**印　张**：18.5　　**字　　数**：451千字
版　　次：2017年7月第1版　　**印　　次**：2017年7月第1次印刷
印　　数：1～2000
定　　价：39.80元

产品编号：069259-01

前　言

Java EE 技术继承了 Java 平台无关性的优点，成为当今电子商务的最佳解决方案。使用 Struts2、Hibernate 和 Spring 框架进行整合开发是最为流行和最受欢迎的框架搭配，本书主要介绍 Java EE 的相关知识，以及如何将这些框架整合起来应用到实际的解决方案中。

1. 本书内容

本书共分为 4 部分 11 章，通过理论和实际相结合的方式讲述 Java EE 技术的相关知识和实际应用。

第一部分包括第 1、2 章。第 1 章介绍什么是 Java EE 技术，为什么要学习 Java EE 技术，以及 Java EE 体系结构是什么。然后通过案例的方式介绍 Java EE 开发工具的安装与配置过程。Java EE 是一个综合的开发平台，开发人员需要掌握网页设计相关技术，因此第 2 章介绍 Web 基础知识，包括 HTML5、CSS3、JSP 的基础知识，以及数据库操作和 AJAX 等技术。

第二部分包括第 3~7 章。第 3 章主要介绍 Struts2 的体系结构，通过案例的方式讲述 Struts2 的安装与配置，并以实例讲解 Struts2 框架的主要配置文件。第 4 章主要介绍 Struts2 的 Action 类的实现、Action 类的配置、动态方法调用以及常用的两种传值方式。第 5 章主要介绍 Struts2 的拦截器的原理、内置拦截器的使用、自定义拦截器和它的应用。第 6 章主要介绍 Struts2 的验证框架技术、OGNL 表达式和 Struts2 标签的分类，然后以实例形式讲解 Struts2 的常用标签。第 7 章主要介绍国际化应用、文件的上传下载，并以添加学生信息为例，演示了 Struts2 框架的应用。

第三部分包括第 8、9 章。第 8 章主要介绍 Hibernate 框架，通过案例的方式讲解 Hibernate 框架的安装与配置。然后讲解 Hibernate 框架的配置文件和核心接口。第 9 章主要通过实例讲解常用的 HQL 查询。

第四部分包括第 10、11 章。第 10 章主要概述 Spring 框架技术，通过案例的方式介绍 Spring 框架的安装与配置，通过入门实例讲解 Spring IoC 的应用和 Spring AOP 的应用。第 11 章通过酒店管理系统实例讲解 Struts2、Hibernate 和 Spring 框架的整合过程。

2. 本书特色

本书采用大量的实例进行讲解，力求通过实例帮助读者更容易理解 Java EE 技术，快速掌握 Struts2、Hibernate 和 Spring 框架的理论和实际应用。

（1）示例典型，应用广泛。书中大量的示例都是在实际开发中的经验总结而来，可以直接使用。

（2）基于理论，注重实践。本书理论基础与实践应用相结合，让读者更加形象地掌握相应知识点，提高实际应用能力。

（3）本书为任课教师免费提供教学 PPT 和源代码。

（4）本书难度适中，内容由浅入深，覆盖面广，实用性强。

3．读者对象

本书可作为 Struts2、Hibernate 和 Spring 开发的入门书籍，也可以帮助有一定基础的读者提高技能，适用于 Java Web 开发人员，Java EE 框架开发人员，正在培训的读者，在校中专、高职、大专和大学生，也适用于参加工作或自学编程的读者。

4．开发环境

本书开发环境为 Windows XP、MySQL 5.1、MyEclipse 2015 和 Tomcat 7.0。

由于笔者水平有限，编写时间仓促，书中难免有疏漏之处，恳请各位读者、老师批评指正，在此表示衷心的感谢。

编者

2017 年 4 月

目录

第一部分 Java EE 开发基础篇

第二部分 Struts2 篇

第一部分　Java EE 开发基础篇

第 1 章　Java EE 概述

Java EE 是目前世界上开发 Web 应用最流行的平台之一，Java EE 技术的基础就是核心 Java 平台或 Java 2 平台的标准版，Java EE 都包含哪些技术呢？Java EE 开发又需要哪些工具呢？

- Java EE 简介
- JDK 的安装和配置
- Tomcat 的获取和启动
- MyEclipse 的安装和应用开发
- MySQL 数据库的应用

1.1　Java EE 简介

Sun 公司在 1996 年推出了一种新的纯面向对象的编程语言 Java，根据不同的应用领域，Java 语言可以划分为以下三大平台。

Java ME（Java Platform Micro Edition）：Java 平台微型版，主要用于开发掌上电脑、手机等移动设备上使用的嵌入式系统。

Java SE（Java Platform Standard Edition）：Java 平台标准版，主要用于开发一般台式计算机应用程序。

Java EE（Java Platform Enterprise Edition）：Java 平台企业版，主要用于快速设计、开发、部署和管理企业级的软件系统。

1.1.1　Java EE 概念

Java EE 是一套全然不同于传统应用开发的技术架构，包含许多组件，主要可简化且规范应用系统的开发与部署，进而提高可移植性、安全性与再用价值。

Java EE 是一种利用 Java 2 平台来简化企业解决方案的开发、部署和管理相关的复杂问题的体系结构。Java EE 组件和“标准的”Java 类的不同点在于：它被装配在一个 Java EE 应用中，具有固定的格式并遵守 Java EE 规范，由 Java EE 服务器对其进行管理，能够帮助开发者开发和部署可移植、健壮、可伸缩且安全的服务器端应用程序。

Java EE 平台由一整套服务（Services）、应用程序接口（APIs）和协议构成。

（1）JDBC（Java Database Connectivity）：JDBC API 为访问不同的数据库提供了一种统一的途径，像 ODBC 一样，JDBC 对开发者屏蔽了一些细节问题，另外，JDCB 对数据库的访问也具有平台无关性。

（2）JNDI（Java Name and Directory Interface，Java 命名和目录接口）：JNDI API 被用于执行名字和目录服务。它提供了一致的模型来存取和操作企业级的资源如 DNS 和 LDAP、本地文件系统或应用服务器中的对象。

（3）EJB（Enterprise JavaBean）：它们提供了一个框架来开发和实施分布式商务逻辑，由此很显著地简化了具有可伸缩性和高度复杂的企业级应用的开发。EJB 规范定义了 EJB 组件在何时如何与它们的容器进行交互作用。容器负责提供公用的服务，例如目录服务、事务管理、安全性、资源缓冲池以及容错性。

（4）RMI（Remote Method Invoke）：正如其名字所表示的那样，RMI 协议调用远程对象上的方法。它使用了序列化方式在客户端和服务器端传递数据。RMI 是一种被 EJB 使用的更底层的协议。

（5）Java IDL/CORBA：接口定义语言/公共对象请求代理体系结构（Interface Definition Language /Common Object Request Broker Architecture），一种标准的面向对象应用程序体系规范。

（6）JSP（Java Server Pages）：JSP 页面由 HTML 代码和嵌入其中的 Java 代码所组成。服务器在页面被客户端所请求以后对这些 Java 代码进行处理，然后将生成的 HTML 页面返回给客户端的浏览器。

（7）Java Servlet：Servlet 是一种小型的 Java 程序，它扩展了 Web 服务器的功能。Servlet 提供的功能大多与 JSP 类似，不过实现的方式不同。JSP 通常是大多数 HTML 代码中嵌入少量的 Java 代码，而 Servlet 全部由 Java 写成并且生成 HTML。

（8）XML（Extensible Markup Language）：XML 是一种可以用来定义其他标记语言的语言。它被用来在不同的商务过程中共享数据。XML 的发展和 Java 是相互独立的，但是它和 Java 具有的相同目标正是平台独立性。通过将 Java 和 XML 组合，可以得到一个完美的具有平台独立性的解决方案。

（9）JMS（Java Message Service）：JMS 是用于和面向消息的中间件相互通信的应用程序接口（API）。它既支持点对点的域，又支持发布/订阅（Publish/Subscribe）类型的域，并且提供对下列类型的支持：经认可的消息传递，事务型消息的传递，一致性消息和具有持久性的订阅者支持。JMS 还提供了另一种方式来对应用与旧的后台系统相集成。

（10）JTA（Java Transaction Architecture）：JTA 定义了一种标准的 API，应用系统由此可以访问各种事务监控。

（11）JTS（Java Transaction Service）：JTS 是 CORBA OTS 事务监控的基本的实现。JTS 规定了事务管理器的实现方式。该事务管理器是在高层支持 Java Transaction API（JTA）规范，并且在较低层实现 OMG OTS specification 的 Java 映像。JTS 事务管理器为应用服务器、资源管理器、独立的应用以及通信资源管理器提供了事务服务。

（12）JavaMail：JavaMail 是用于存取邮件服务器的 API，它提供了一套邮件服务器的抽象类。不仅支持 SMTP 服务器，也支持 IMAP 服务器。

（13）JAF（JavaBeans Activation Framework）：JavaMail 利用 JAF 来处理 MIME 编码的邮件附件。MIME 的字节流可以被转换成 Java 对象，或者转换自 Java 对象。

1.1.2 Java EE 的优势

Java EE 是目前世界上开发 Web 应用最流行的平台之一，Java EE 技术的基础就是核心 Java 平台或 Java 2 平台的标准版，Java EE 不仅巩固了标准版中的许多优点，例如“编写一次、随处运行”的特性，方便存取数据库的 JDBC API 以及能够在 Internet 应用中保护数据的安全模式等，同时还提供了对 EJB（Enterprise JavaBeans）、Java Servlet API、JSP（Java Server Pages）以及 XML 技术的全面支持。其最终目的就是成为一个能够使企业开发者大幅缩短投放市场时间的体系结构。Java EE 的优势主要有以下几个方面。

1．保留现存的 IT 资产

基于 Java EE 平台的产品几乎能够在任何操作系统和硬件配置上运行，现有的操作系统和硬件也能被保留使用。

2．高效的开发

Java EE 允许把一些通用的、很烦琐的服务端任务交给中间件供应商去完成。

3．支持异构环境

Java EE 能够开发部署在异构环境中的可移植程序。基于 Java EE 的应用程序不依赖任何特定操作系统、中间件或硬件。因此设计合理的基于 Java EE 的程序只需开发一次就可部署到各种平台。

4．可伸缩性

基于 Java EE 平台的应用程序可被部署到各种操作系统上。例如，可被部署到高端 UNIX 与大型计算机系统，这种系统单机可支持 64～256 个处理器。允许多台服务器集成部署。这种部署可达数千个处理器，实现可高度伸缩的系统，满足未来商业应用的需要。

5．稳定的可用性

一个服务器端平台必须能全天候运转以满足公司客户、合作伙伴的需要。一些 Java EE 部署在 Windows 环境中，客户也可选择健壮性能更好的操作系统，如 Sun Solaris、IBM OS/390。最健壮的操作系统可达到 99.999%的可用性或每年只需 5 分钟停机时间。

1.1.3 体系结构

Java Web 应用的发展经历了二层体系结构、三层体系结构，到多层体系结构，这是历史的进步，更是众多程序设计开发人员辛苦的成果。

传统的两层体系结构包括用户接口和后台程序，没有任何中间层。用户接口就是客户端，实现相关的页面显示功能和业务逻辑功能，后台程序通常是一个数据库，用户接口直接同数据库对话。实现上通常使用 JSP、ASP 或者 VB 等技术编写实现这类结构的软件，结构如图 1.1 所示。

两层体系结构实现比较简单，适用于快速开发小规模的项目。但是具有一定的缺点：

数据库连接所需成本较高；数据库驱动程序的切换成本较高；视图和业务逻辑混杂在一起，导致代码的重用性非常低，增加了应用的扩展和维护的难度。

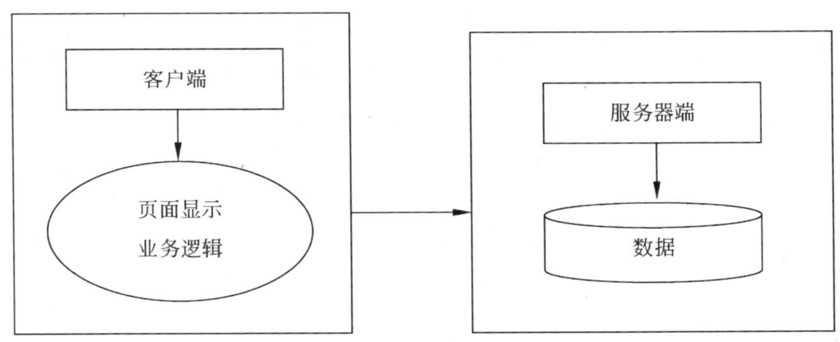

图 1.1　两层体系结构图

三层体系结构由表示层、业务逻辑层和数据层组成。表示层主要实现系统的界面布局等功能，业务逻辑层为业务逻辑组件提供运行时环境，处理客户端的请求，使客户端不用进行复杂的数据库处理，数据层由数据库组成，并以存储过程的形式包含数据相关逻辑。结构如图 1.2 所示。

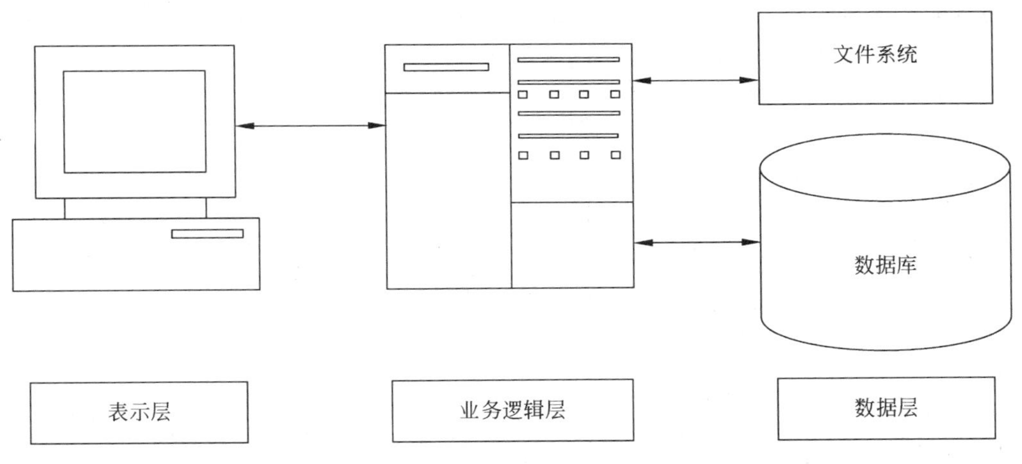

图 1.2　三层体系结构图

三层体系结构一般具有如下特点：所有层均可独立运行，部署成本较低，数据库间的切换成本较低，业务逻辑的移植成本较低，而且发生错误一般被局限在单个层中，便于开发人员的查找与修改，系统具有较好的扩展性和可维护性。

Java EE 开发可以在三层体系结构的基础上继续增加层，一般称为 *N* 层体系结构。典型的 Java EE 体系结构有 4 层体系结构，如图 1.3 所示。

客户层指运行在客户端计算机上的组件；Web 层指运行在 Java EE 服务器上的组件；业务层是运行在 Java EE 服务器上的业务逻辑组件；企业信息系统层（EIS）是指运行在 EIS 服务器上的软件系统。

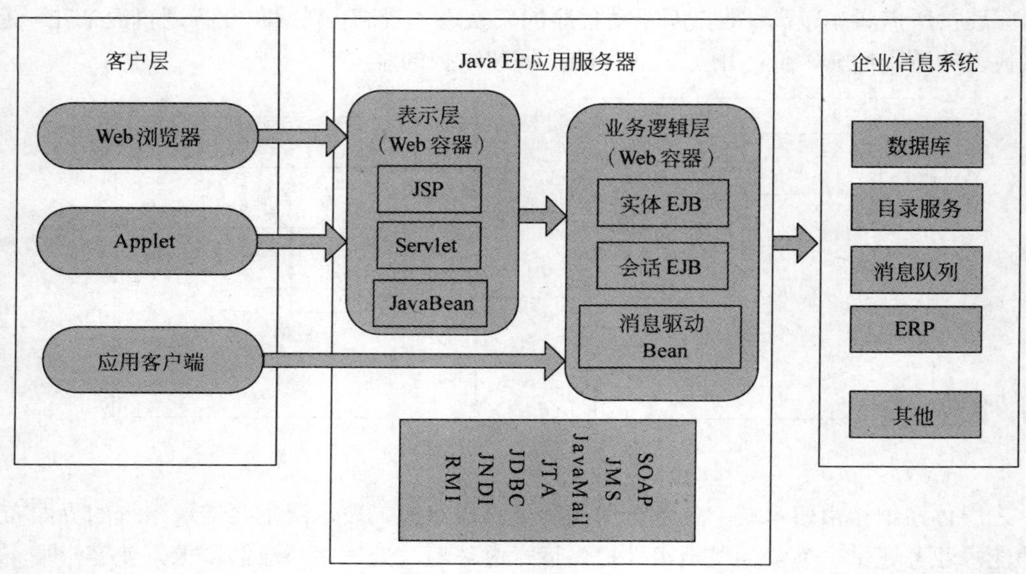

图 1.3　Java EE 平台 4 层体系结构

随着框架技术的广泛应用，更多的 Java EE 开发应用了框架技术，经典的 Java EE 的框架体系结构可以分成 5 层结构，如图 1.4 所示。

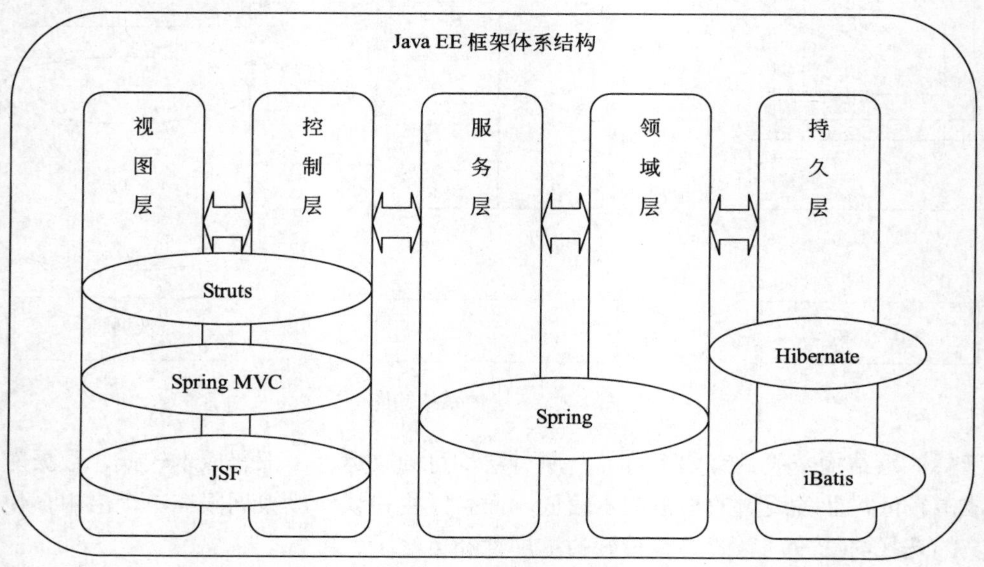

图 1.4　Java EE 框架体系结构图

5 层结构主要有以下几个部分。

（1）视图层：人机交互界面，负责展现数据，传送数据。

（2）控制层：负责视图层和服务层之间的数据转换。

（3）服务层：完成业务逻辑。

（4）领域层：业务逻辑数据表达。

（5）持久层：持久化业务逻辑数据，管理数据库。

1.2 开发环境的安装与配置

1.2.1 JDK 1.8

JDK（Java Development Kit）是 Sun Microsystems 针对 Java 开发人员的产品。自从 Java 推出以来，JDK 已经成为使用最广泛的 Java SDK。JDK 是整个 Java 的核心，包括 Java 运行环境、Java 工具和 Java 基础类库。从 Sun 的 JDK 5.0 开始，其版本不断更新，运行效率得到了非常大的提高。所以 JDK 是 Java EE 不可缺少的开发环境之一。

1．获取 JDK 开发包

打开 Oracle 官网 http://www.oracle.com/technetwork/java/index.html 下载最新版本的 JDK 1.8，进入 Java SE 的下载页面，如图 1.5 所示。

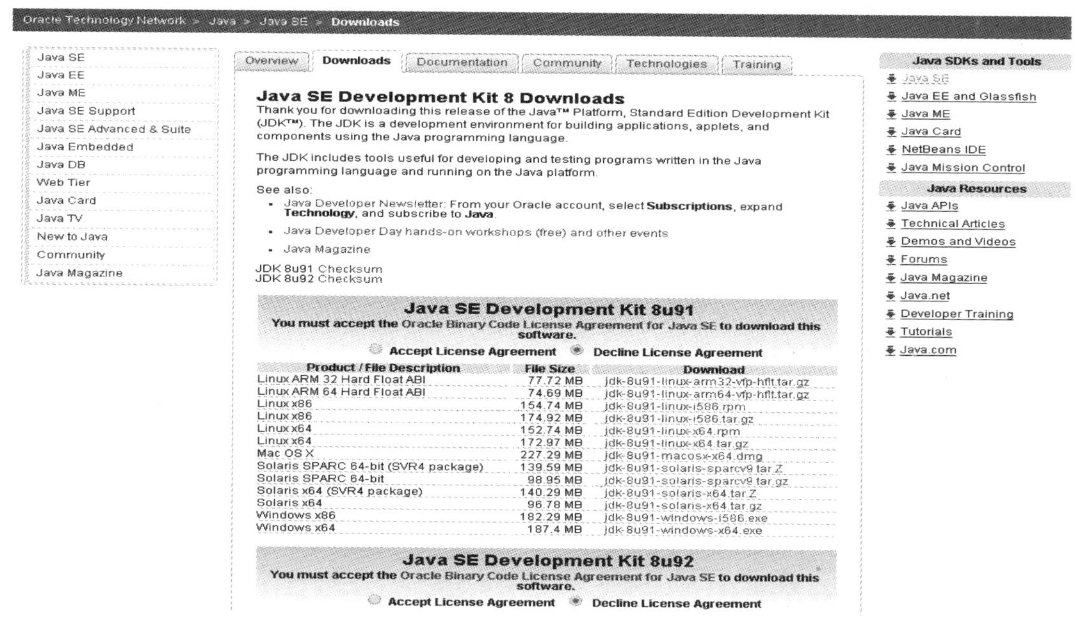

图 1.5 JDK 下载窗口

在图 1.5 中间的位置选中 Accept License Agreement 选项，如图 1.6 所示，下载最新版本 jdk-8u91-windows-i586.exe。

Java SE Development Kit 8u91
You must accept the Oracle Binary Code License Agreement for Java SE to download this software.
Accept License Agreement Decline License Agreement

图 1.6 选择下载选项

2．JDK 的安装步骤

（1）双击 jdk-8u91-windows-i586.exe 开始安装，如图 1.7 所示。

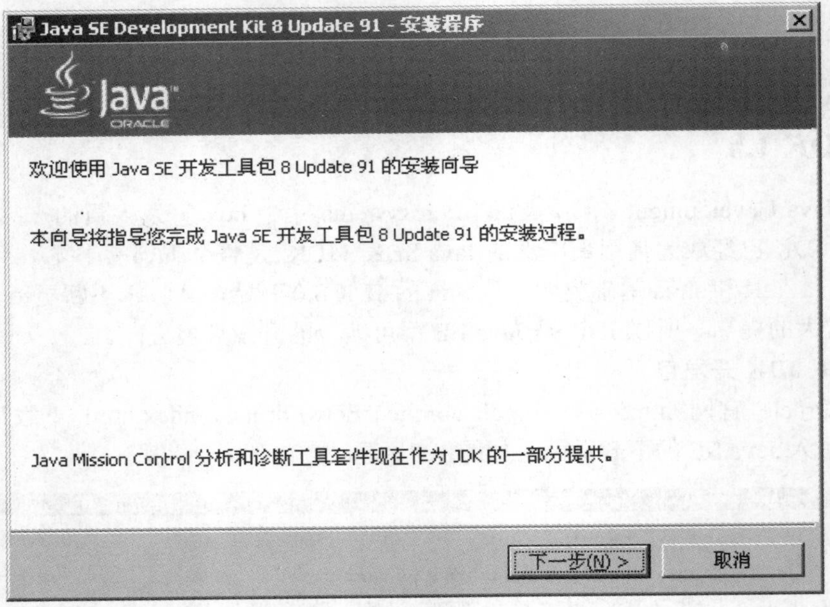

图 1.7　JDK 的安装对话框 1

（2）单击【下一步】按钮，打开如图 1.8 所示的对话框，可以修改安装路径或者选择安装某些组件。这里选择安装默认的所有组件，修改安装路径为 D:\Java\jdk1.8 目录，如图 1.9 所示。

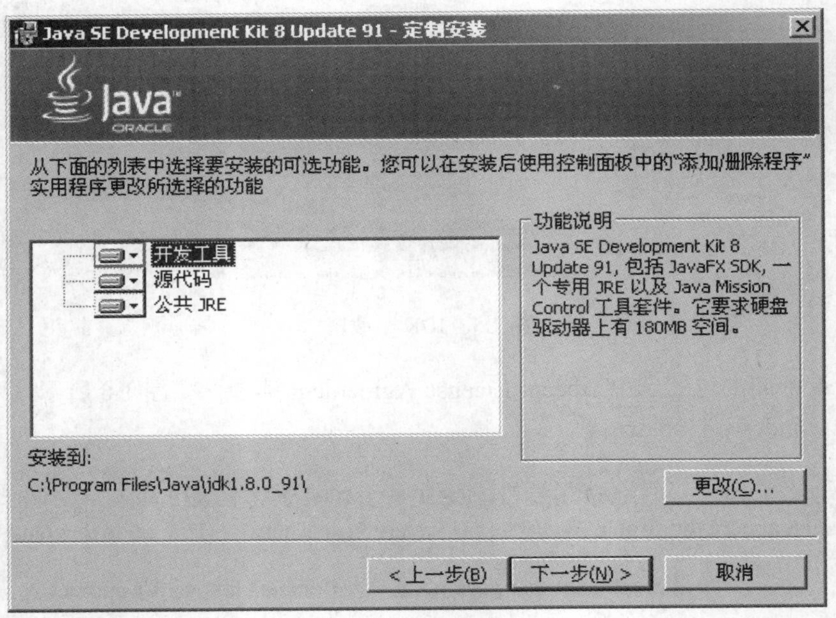

图 1.8　JDK 安装对话框 2

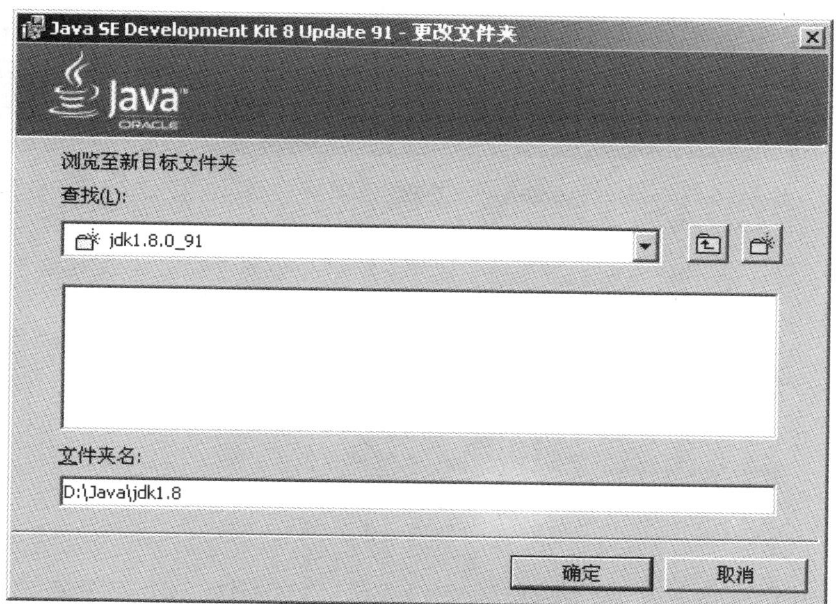

图 1.9　修改安装路径

（3）单击【确定】按钮继续安装，出现目标文件夹的安装界面，设置 JRE 运行环境的安装路径为 D:\Java\jre1.8，如图 1.10 所示。

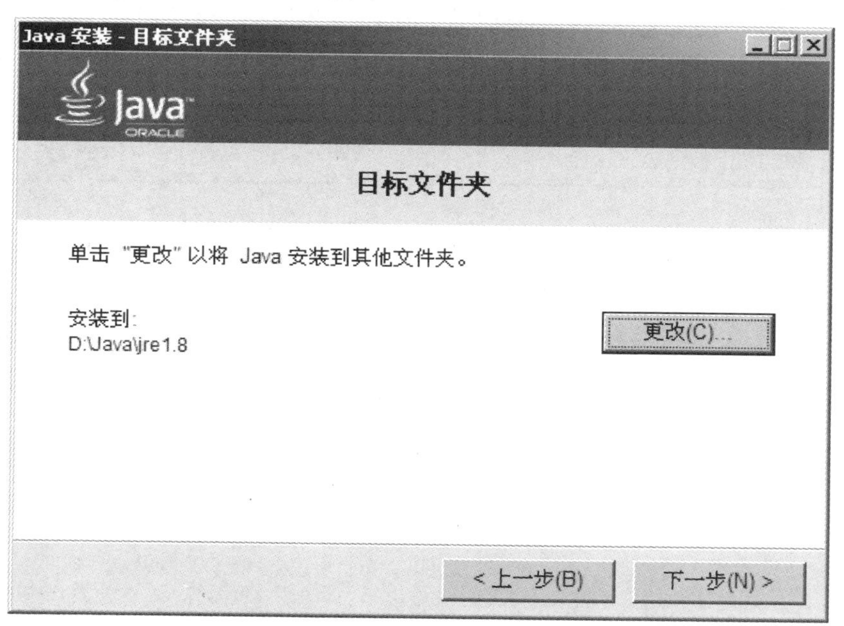

图 1.10　安装 JRE 目标文件夹对话框

（4）单击【下一步】按钮继续安装，直到出现图 1.11 表示 JDK 安装成功。

JDK 安装完成后，打开文件夹 D:\Java\jdk1.8，如图 1.12 所示。在目录中包含多个文件夹及文件，其功能简介如表 1.1 所示。

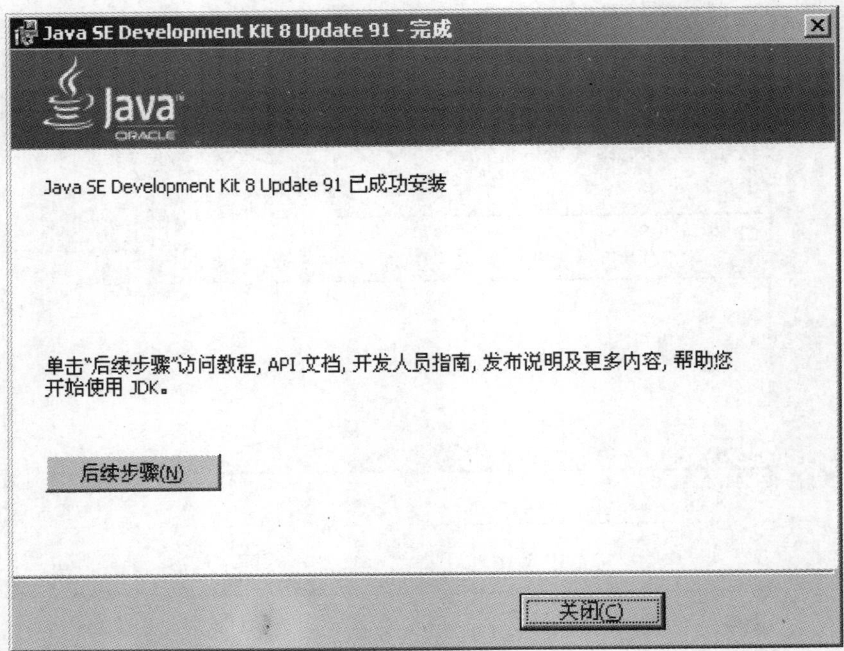

图 1.11　JDK 安装完成

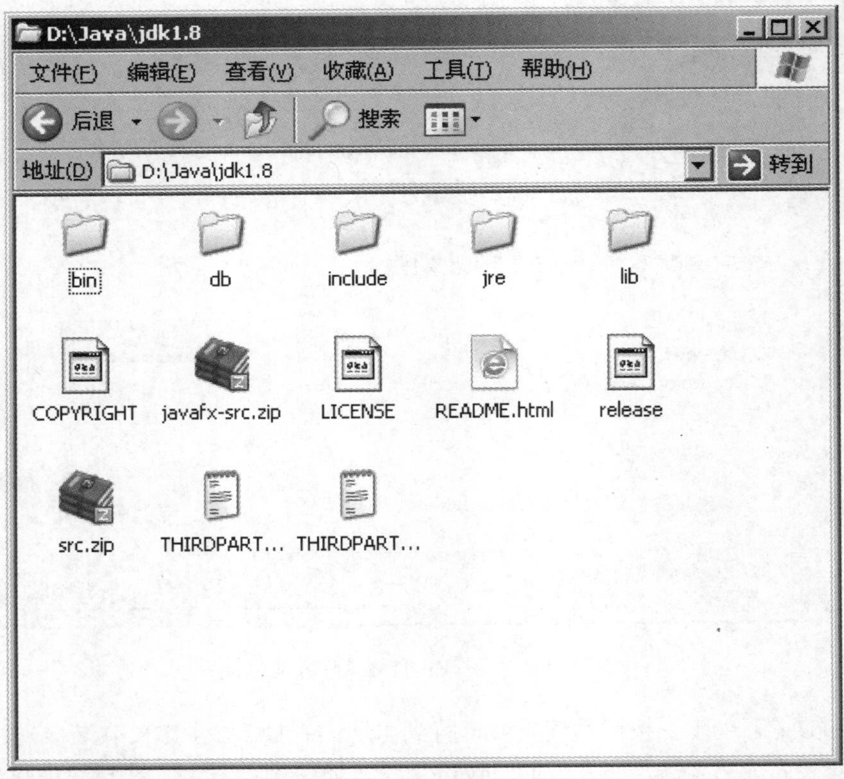

图 1.12　JDK 的安装目录

表 1.1　JDK 安装目录功能简介

文件夹/文件	说明
bin	提供 JDK 命令行工具程序，包括 javac、java、javadoc 等可执行程序的一些命令行工具
db	附带的 Apache Derby 数据库，纯 Java 编写的数据库
jre	Java Runtime Environment，存放 Java 运行文件
lib	存放 Java 类库文件
include	存放用于本地方法的文件
src.zip	部分 JDK 的源码的压缩文件

3．配置环境变量

在安装完 JDK 及 JRE 之后，下面进行环境变量的配置。

1）新建系统变量

在 Windows 桌面上右键单击【我的电脑】图标，在弹出的快捷菜单中选择【属性】命令，然后在弹出的【系统属性】对话框，选择【高级】选项卡，单击【环境变量】按钮，然后在【系统变量】选项区域中，单击【新建】按钮，新建变量名为“Java_home”，设置变量值为“D:\Java\jdk1.8”，如图 1.13 所示。

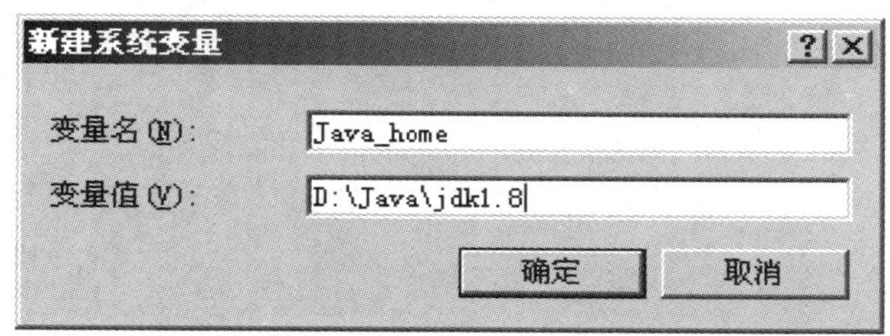

图 1.13　配置 Java_home 变量

2）配置 Path

在【系统变量】选项区域中，选中 Path 后单击【编辑】按钮打开【编辑系统变量】对话框，使用键盘上的 Home 键定位到变量值的行首，添加“%Java_home%\bin;”语句，如图 1.14 所示。此时 JDK 可以使用。

图 1.14　配置 Path 变量

3）配置 Classpath

为了能够正确使用系统中的一些类库，需要配置 Classpath 变量。在【系统变量】区域中，新建变量名为“ClassPath”，设置变量值“.;%Java_home%\lib;%Java_home%\jre\lib”，如图 1.15 所示。注意“.;”是不可以省略的，这里的“.”用于表示当前目录下，而“;”是

图 1.15　配置 ClassPath 变量

分隔符。

JDK 环境变量配置成功后，打开命令提示符窗口，输入“javac –version”命令，显示当前 JDK 的版本号，代表 JDK 可以使用了，如图 1.16 所示。

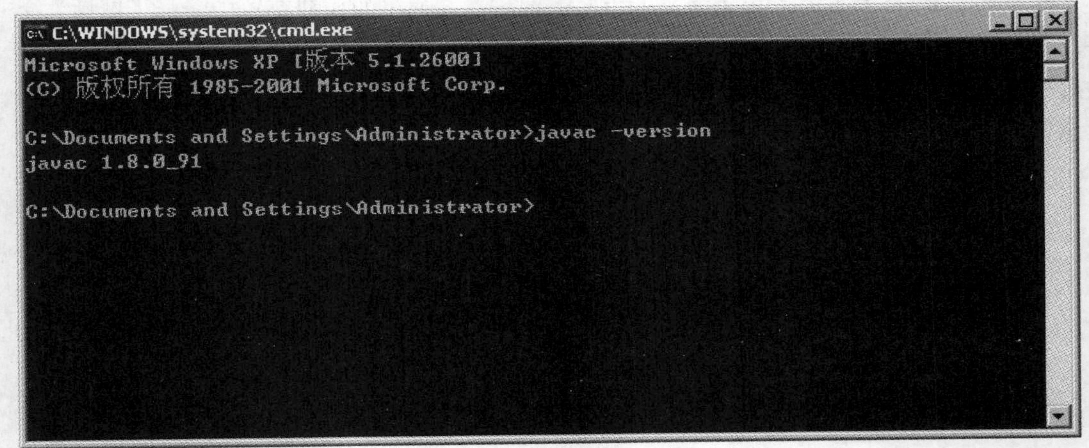

图 1.16　测试 JDK 界面

1.2.2　Tomcat

Tomcat 服务器是一个免费开源的 Web 应用服务器，属于轻量级应用服务器。由于 Tomcat 技术先进、性能稳定，在中小型系统和并发访问用户不是很多的场合下被广泛使用，是开发和调试 Web 应用程序的首选。

1．获取 Tomcat

打开 Apache 官网 http://tomcat.apache.org/，可以下载 Tomcat，其界面如图 1.17 所示。

在左侧窗口中的 DownLoad 选项组中显示了可下载的版本，目前最新版本为 Tomcat 9.0，下载的 Tomcat 是绿色免安装版，解压后的目录层次结构如图 1.18 所示。该目录中包含多个子目录及文件，其功能简介如表 1.2 所示。

Tomcat 的默认端口号为 8080，可以人工进行修改。打开 conf 目录下的 server.xml 文件，找到如图 1.19 所示的代码，将 8080 改成其他有效的端口号就可以，修改后需要重启 Tomcat 服务器。

2．启动 Tomcat

在 Tomcat 的 bin 目录下有几个扩展名为.bat 的文件，它们主要用于 Windows 平台的批处理文件，其中 startup.bat 可以启动 Tomcat；相反地，shutdown.bat 可以关闭 Tomcat。双击 startup.bat 文件，当出现“Server startup in….ms”时表示服务器启动成功，如图 1.20 所示。

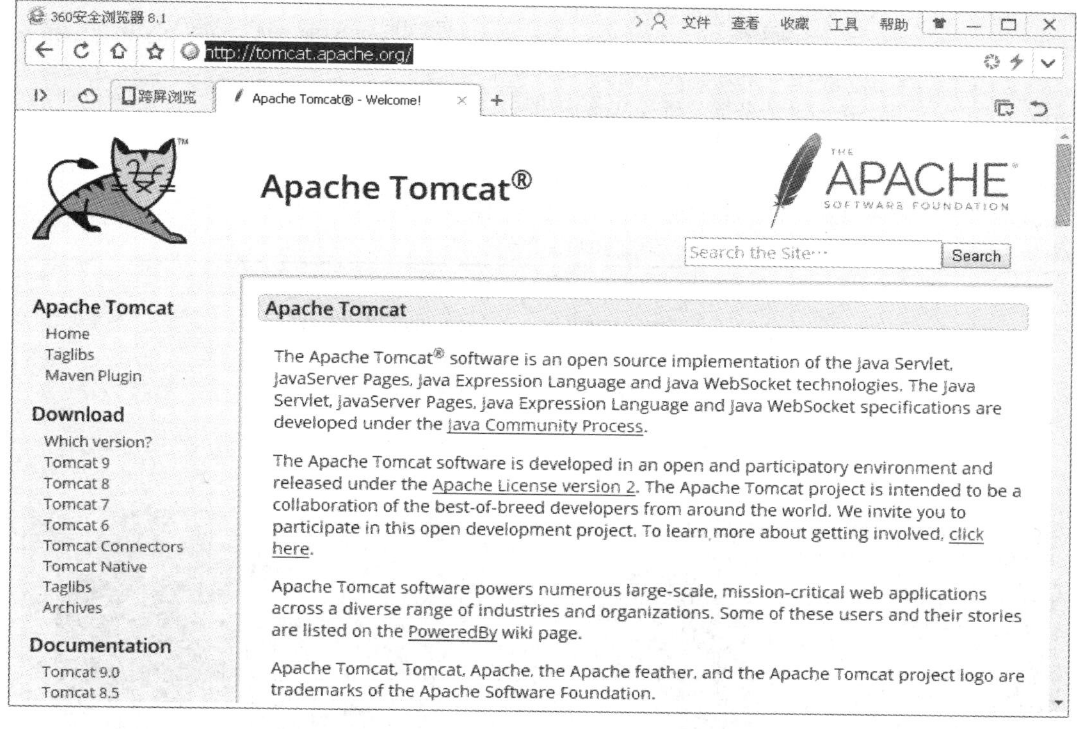

图 1.17　Tomcat 官方网站

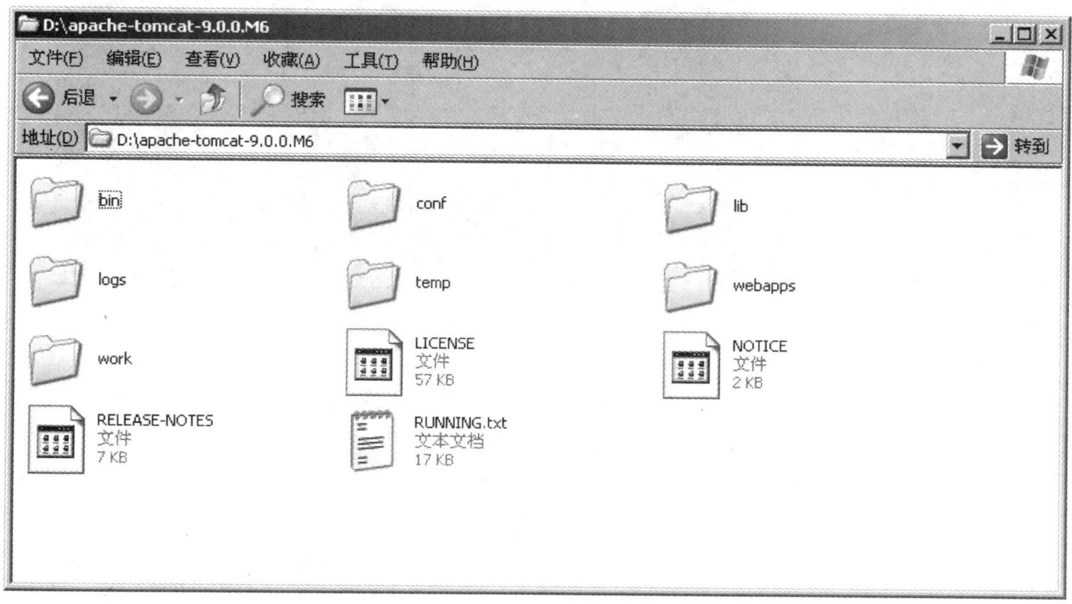

图 1.18　Tomcat 目录层次结构图

表 1.2　Tomcat 目录功能简介

文件夹/文件	说明
bin	存放启动/关闭 Tomcat 的脚本文件
conf	存放不同的配置文件，包括 server.xml（Tomcat 的主要配置文件）和 web.xml（Tomcat 配置 Web 应用设置默认值的文件）
lib	存放 Tomcat 服务器及所有 Web 应用程序都可访问的 jar 文件
logs	存放 Tomcat 日志文件
temp	存放运行时产生的临时文件
webapps	存放要发布的 Web 应用程序的目录及文件
work	存放 JSP 生产的 Servlet 源文件和字节码文件

```
<Connector port="8080" protocol="HTTP/1.1"
           connectionTimeout="20000"
           redirectPort="8443" />
```

图 1.19　server.xml 文件代码片段

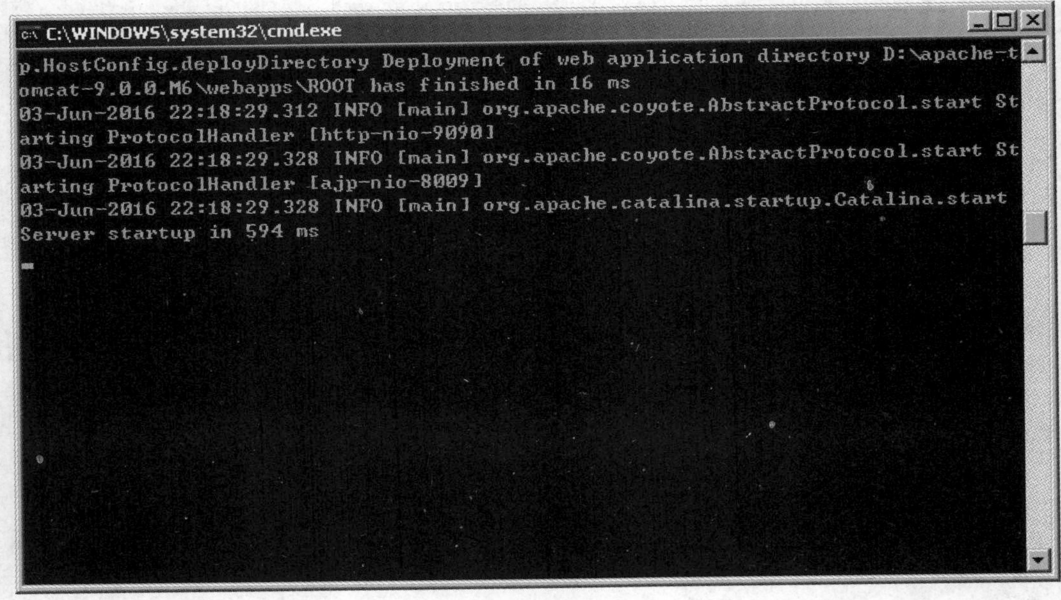

图 1.20　启动 Tomcat 服务器

启动 Tomcat 后在浏览器地址栏中输入“http://localhost:8080”进行简单测试。如果安装成功，则出现如图 1.21 所示的界面。

3．运行 Web 程序

使用 Tomcat 服务器运行 Web 程序有以下几个步骤。

（1）打开 Tomcat 的 webapps 文件夹，新建一个名称为 Test 的项目。

（2）在 Test 项目下新建 welcome.jsp 文件，打开记事本，进行代码的编写，如图 1.22 所示。

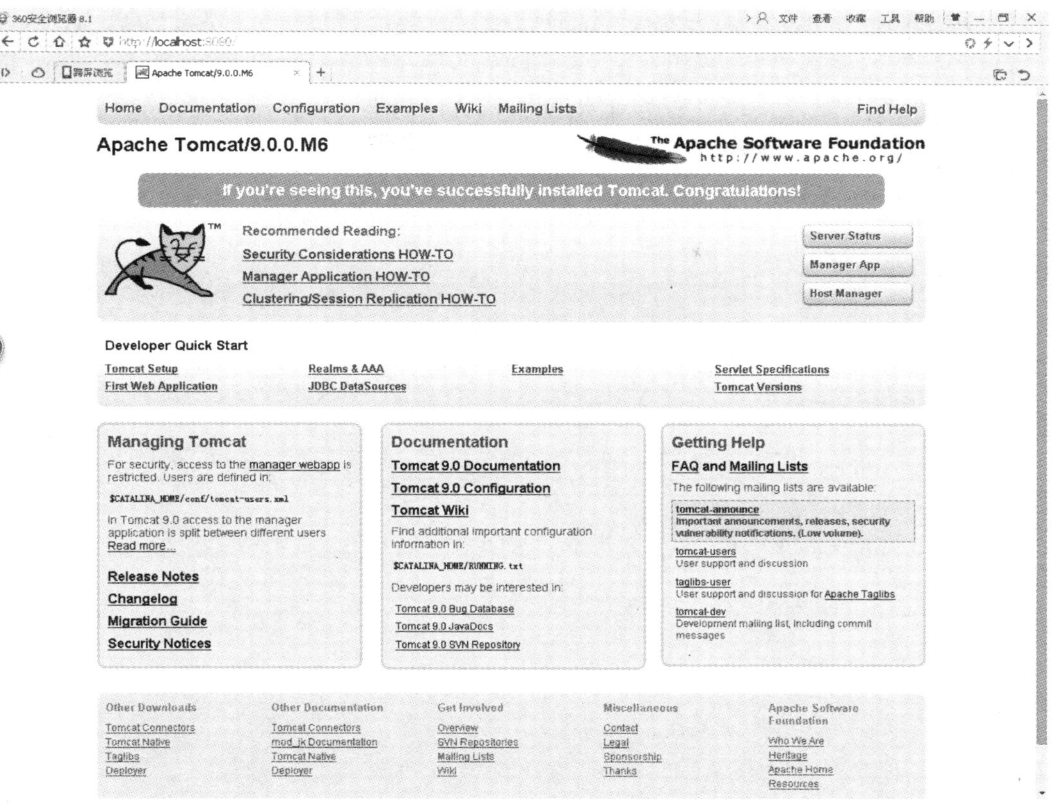

图 1.21　Tomcat 测试界面

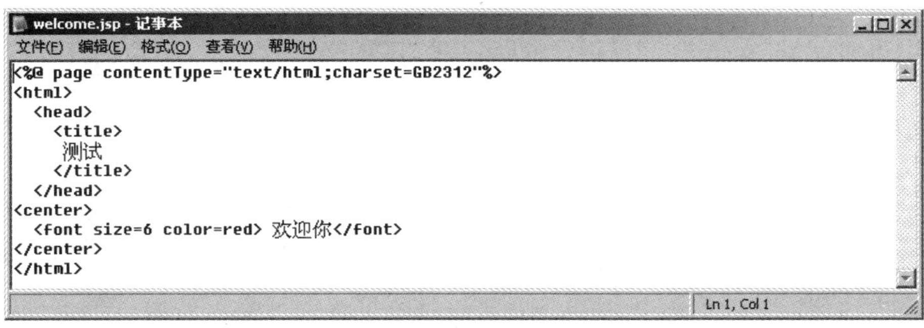

```
<%@ page contentType="text/html;charset=GB2312"%>
<html>
  <head>
    <title>
     测试
    </title>
  </head>
<center>
  <font size=6 color=red> 欢迎你</font>
</center>
</html>
```

图 1.22　welcome.jsp

（3）在 webapps 目录下新建一个名为 WEB-INF（全部大写）的文件夹，并在该文件夹下新建文件 web.xml，用于对 Tomcat 进行部署，代码如图 1.23 所示。

（4）启动 Tomcat 服务器，并在浏览器地址栏中输入“http://localhost:8080/Test/welcome.jsp”，运行结果如图 1.24 所示。

1.2.3　MyEclipse

集成开发环境（IDE）有很多种，如 JBuilder、NetBeans、MyEclipse 等，而在开源和扩展性上得到广大程序员认可和喜欢的当属 IBM 公司的 MyEclipse 集成开发环境。

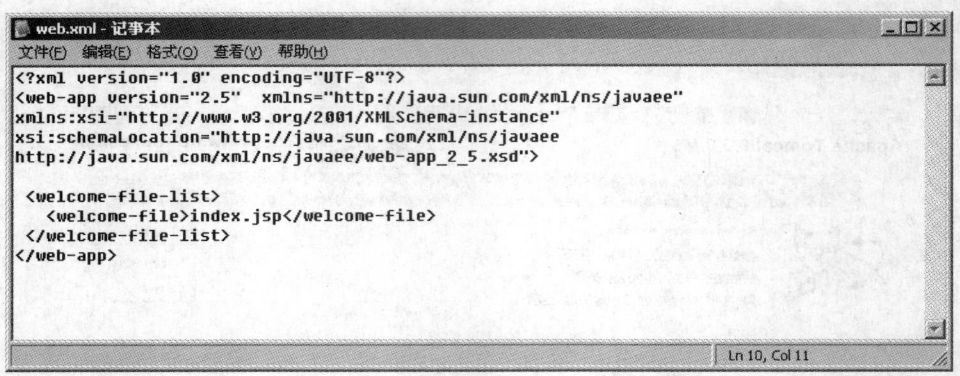

图 1.23　web.xml

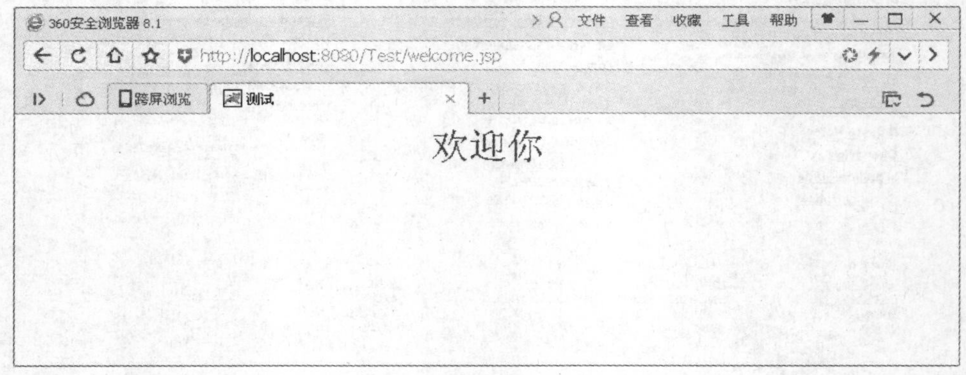

图 1.24　welcome 界面

MyEclipse 企业级工作平台（MyEclipse Enterprise Workbench，简称 MyEclipse）是对 Eclipse IDE 的扩展，利用它可以在数据库和 Java EE 的开发、发布以及应用程序服务器的整合方面极大地提高工作效率。MyEclipse 是一个十分优秀的用于开发 Java EE 的 Eclipse 插件集合，MyEclipse 的功能非常强大，支持也十分广泛，尤其是对各种开源产品的支持十分不错。MyEclipse 目前支持 Java Servlet、AJAX、JSP、JSF、Struts、Spring、Hibernate、EJB3、JDBC 数据库连接工具等多项功能，可以说 MyEclipse 几乎囊括目前所有主流开源产品的专属 Eclipse 开发工具。

最新版本 MyEclipse 2015 还支持 HTML5，可以将音频、视频和 API 元素添加到项目中，从而为移动设备创建复杂的 Web 应用程序。甚至还可以通过 HTML5 可视化设计器设计令人难以置信的用户界面。另外，随着 MyEclipse 2015 支持 JQuery 技术，可以通过插件提升性能，并添加动画效果到设计中，实现的功能更加强大。

1. 安装 MyEclipse 2015

打开 MyEclipse 2015 下载的官方网站 http://www.myeclipsecn.com/，界面如图 1.25 所示。下载安装文件 myeclipse-2015-stable-3.0-offline-installer-windows.exe，双击该程序进入到如图 1.26 所示的安装向导对话框。单击 Next 按钮，进入如图 1.27 所示的协议内容对话框。选中接受的单选按钮后继续单击 Next 按钮，即可进行安装，如图 1.28 所示。等待一段时间后，出现如图 1.29 所示的界面表示安装成功。

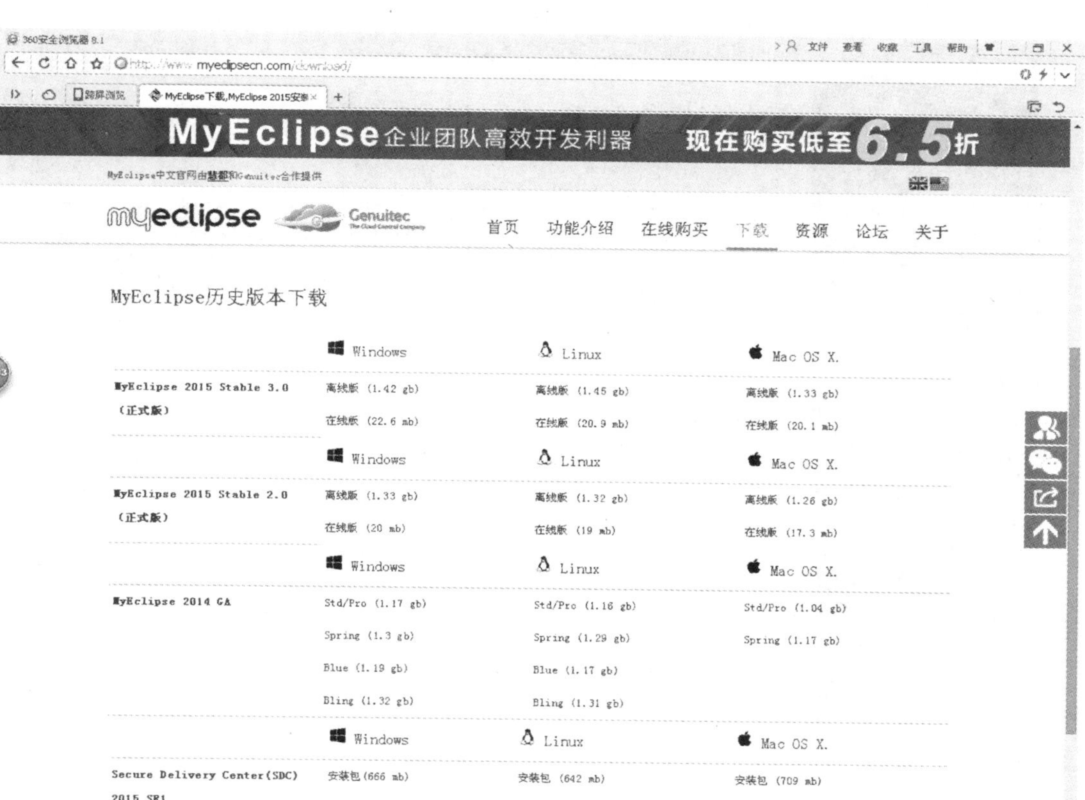

图 1.25　下载界面

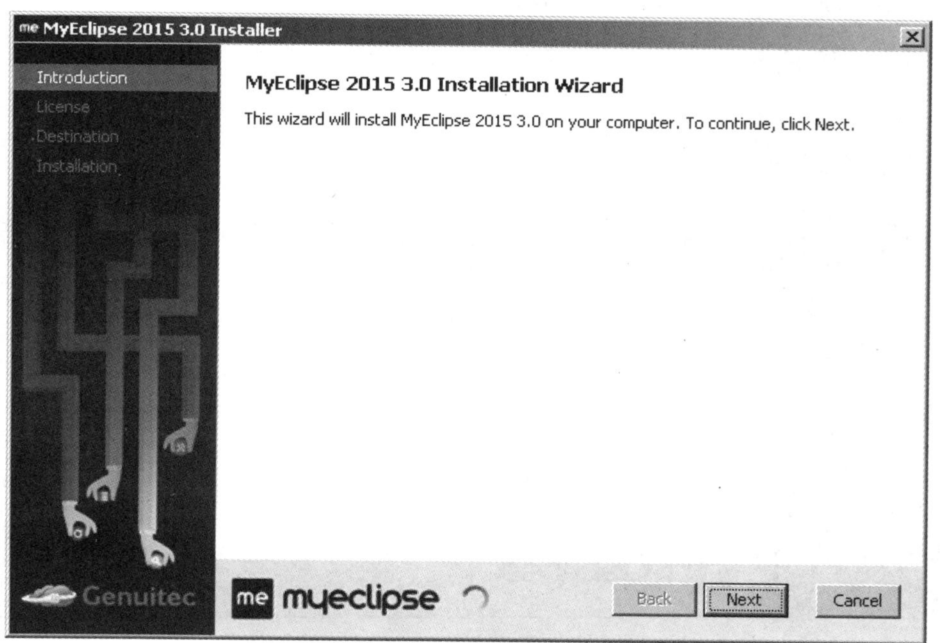

图 1.26　安装向导

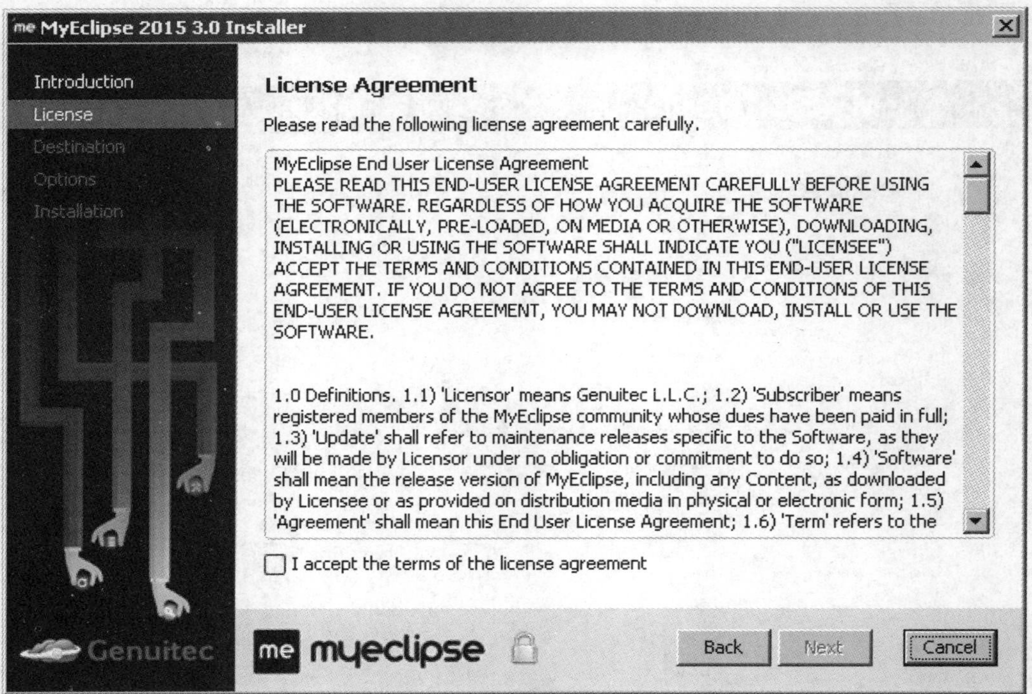

图 1.27　协议内容对话框

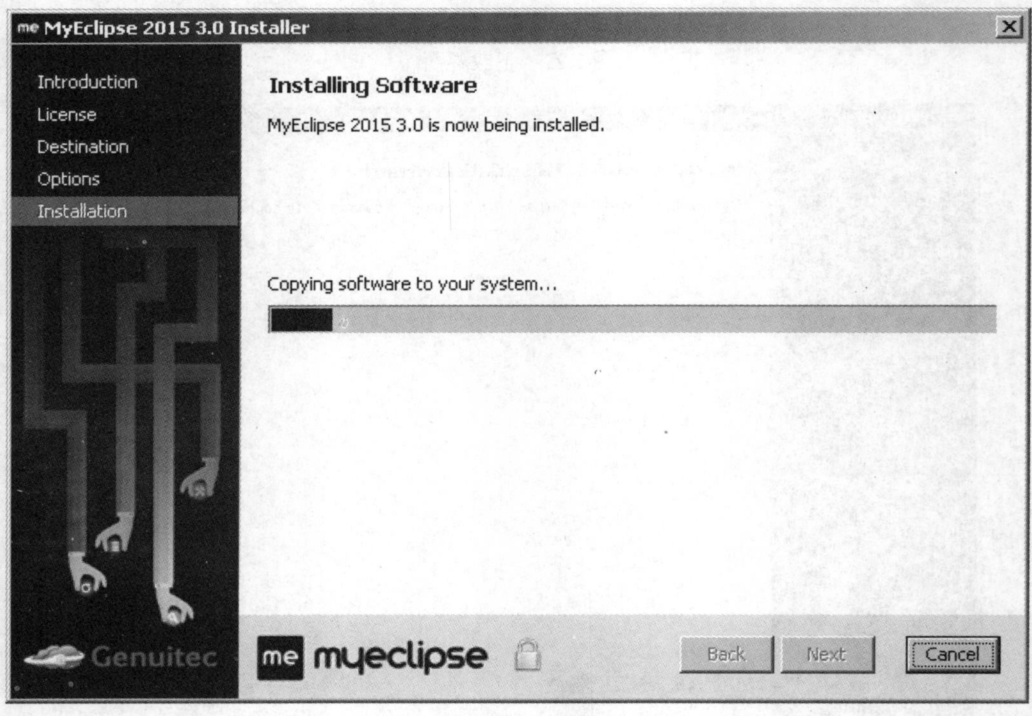

图 1.28　安装界面

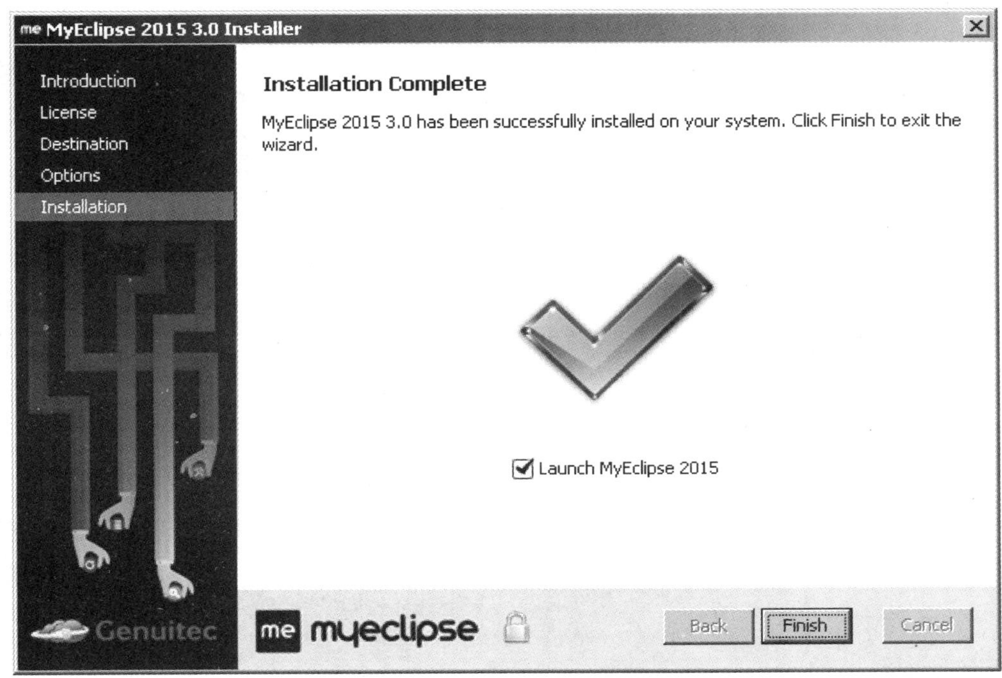

图 1.29　安装成功

运行 MyEclipse 2015，弹出如图 1.30 所示的对话框，Workspace 表示工作空间，用来存储开发项目的源程序。将工作空间设为"D:\Workspaces\MyEclipse2015"。

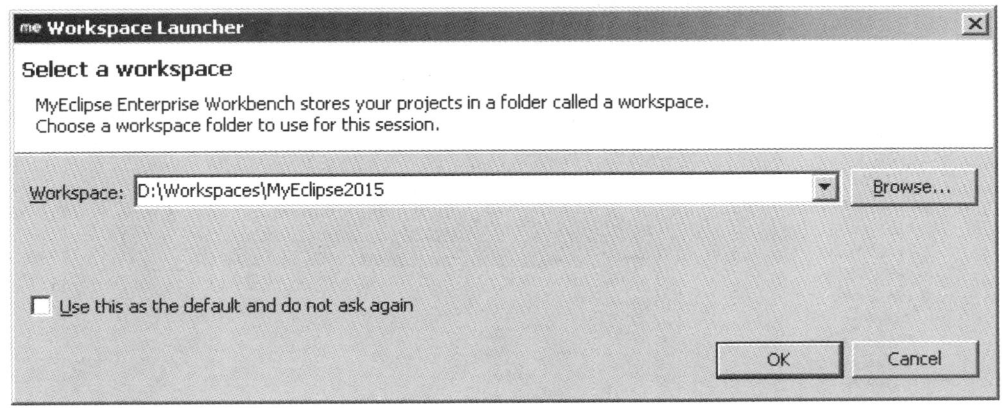

图 1.30　设置工作空间

选择好工作空间后出现如图 1.31 所示的 MyEclipse 主界面，表明 MyEclipse 已经完全启动。

2. 相关配置

MyEclipse 自带 Tomcat 服务器，基本满足开发人员的需求。当然也可以配置外部的 Web 服务器，选择 MyEclipse 菜单下的 Preferences（Filtered）子菜单，在弹出的窗口左侧的树状结构中选择 MyEclipse→Servers→Runtime Environments，如图 1.32 所示。单击 Add

按钮，如图 1.33 所示，选择要配置的服务器及版本即可。

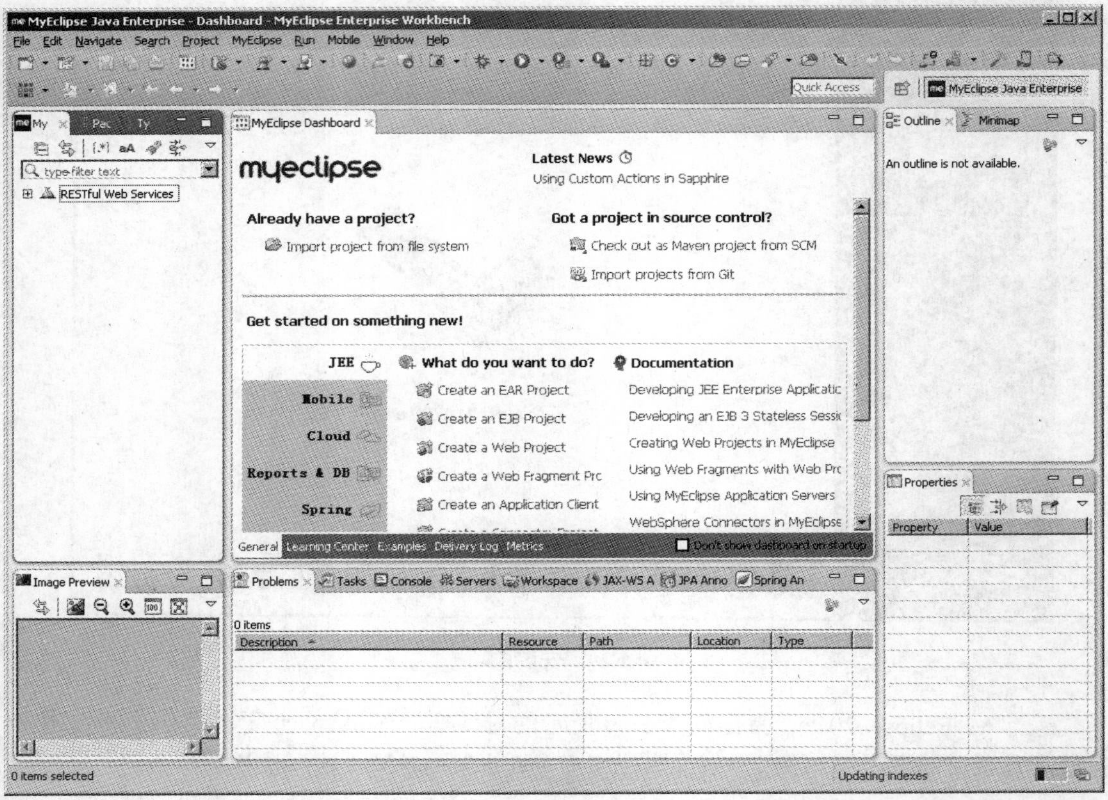

图 1.31　MyEclipse 2015 主界面

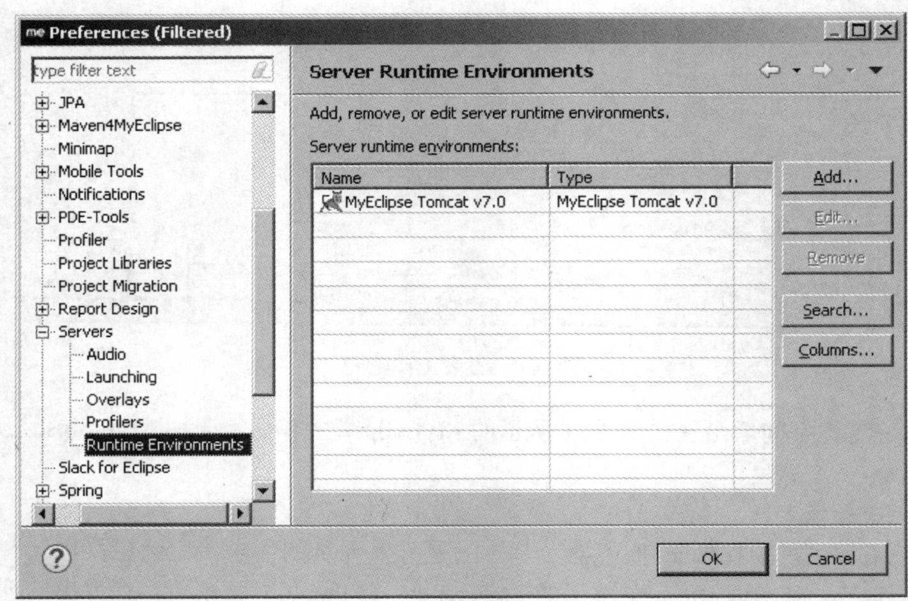

图 1.32　配置外部服务器

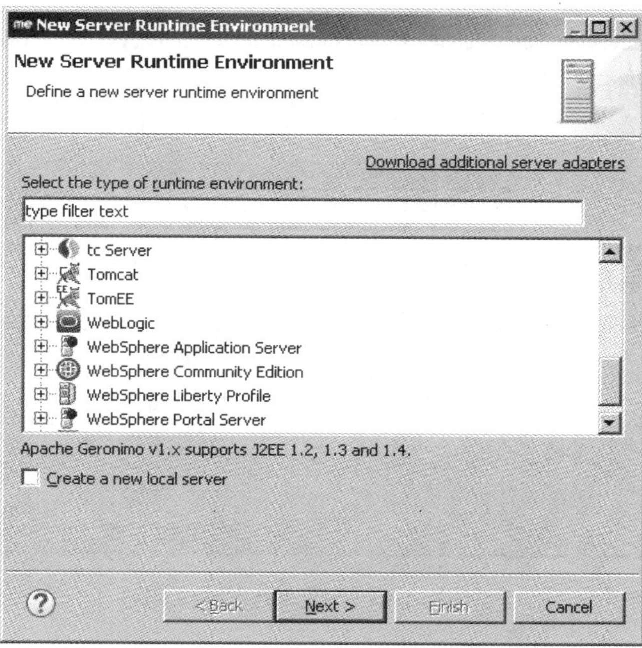

图 1.33　选择服务器

3．在 MyEclipse 中开发 JSP 程序

（1）单击菜单项 File→New→Web Projects 命令创建 Web 项目，命名为 test，如图 1.34 所示。然后创建 first.jsp 文件，如图 1.35 所示。

图 1.34　创建项目

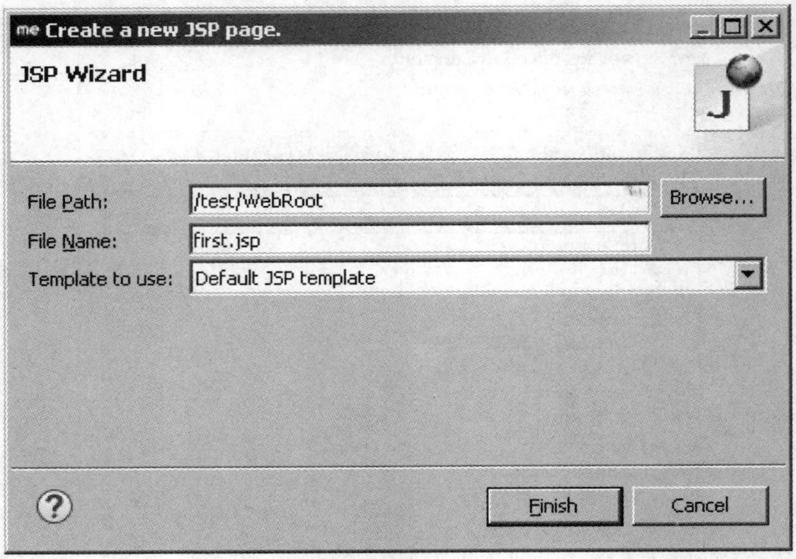

图 1.35　创建 JSP 页面

（2）编写 first.jsp 文件。

例 1.1　first.jsp

```
<%@ page language="java" import="java.util.*" pageEncoding="GB2312"%>
<html>
<head>
    <title>My JSP 'first.jsp' starting page</title>
  </head>
  <body>
    <center>这是一个测试页面 <br/></center>
  </body>
</html>
```

（3）进行项目部署，实际上就是指定运行该项目的 Web 服务器。单击工具栏上的图标，弹出如图 1.36 所示的窗口。

在该窗口中选择 Project 的项目名称 test，然后单击 Add 按钮，在弹出的窗口中选择该项目要使用的服务器，这里选择 MyEclipse 自带 Tomcat 服务器，完成后会出现如图 1.37 所示的窗口，表明 Web 服务器部署成功。

4．启动 Tomcat

项目部署完成后，单击工具栏上的图标启动选中的 Tomcat 服务器，如图 1.38 所示。

5．运行

打开浏览器，在其地址栏中输入“http://localhost:8080/test/first.jsp”后回车，运行结果如图 1.39 所示。

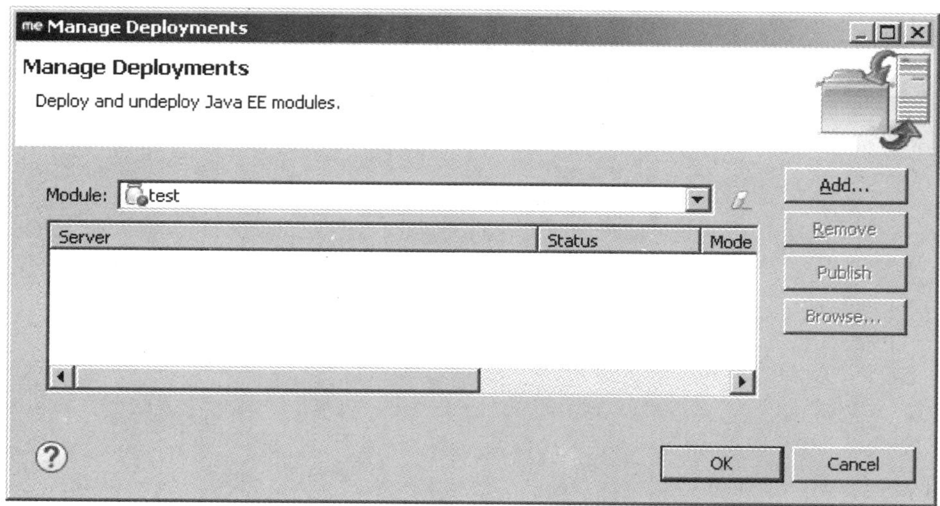

图 1.36　Manage Deployments 窗口

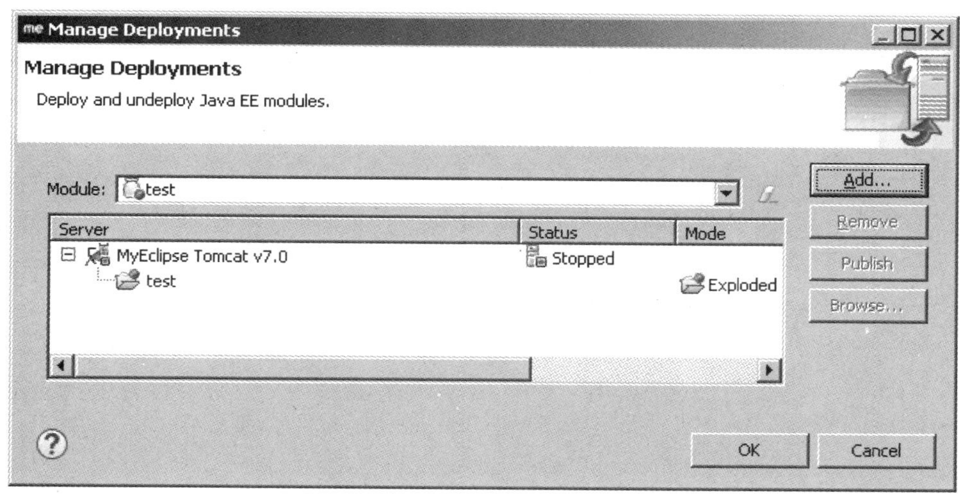

图 1.37　部署成功界面

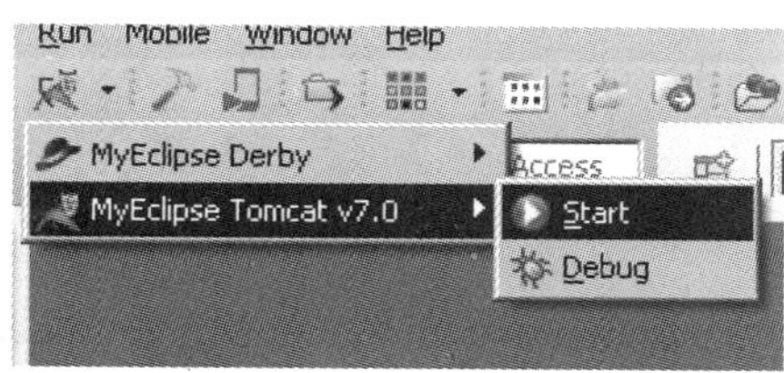

图 1.38　启动服务器

1.2.4　MySQL

瑞典 MySQL AB 公司开发的 MySQL 数据库，是一种流行的开放源码的数据库管理系统，支持目前流行的各种操作系统，包括 UNIX、Linux、MacOS 和 Windows 等。MySQL

服务器安装包可以从网页 http://www.mysql.com/downloads 上免费下载。

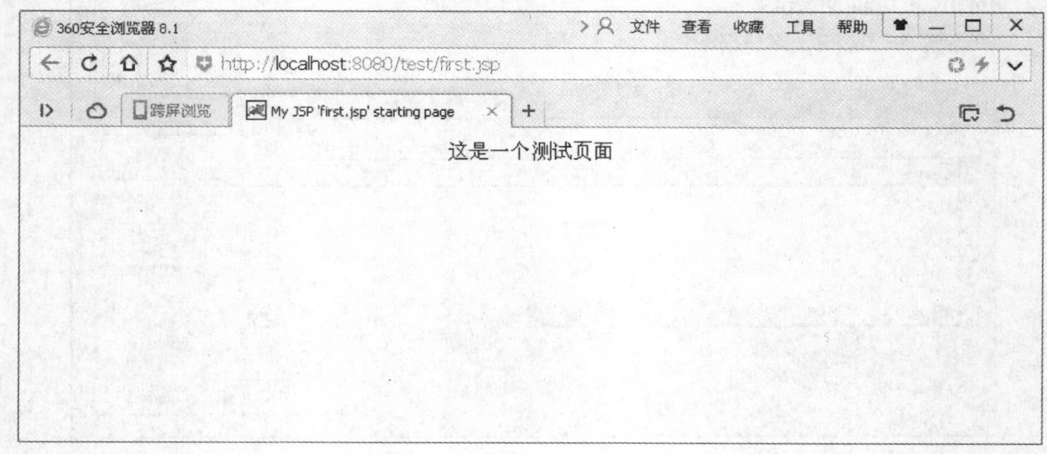

图 1.39　浏览器运行界面

1．MySQL 安装与配置

下载 MySQL 服务器安装包后，将压缩文件进行解压，双击 setup.exe 文件开始安装，安装启动界面如图 1.40 所示。

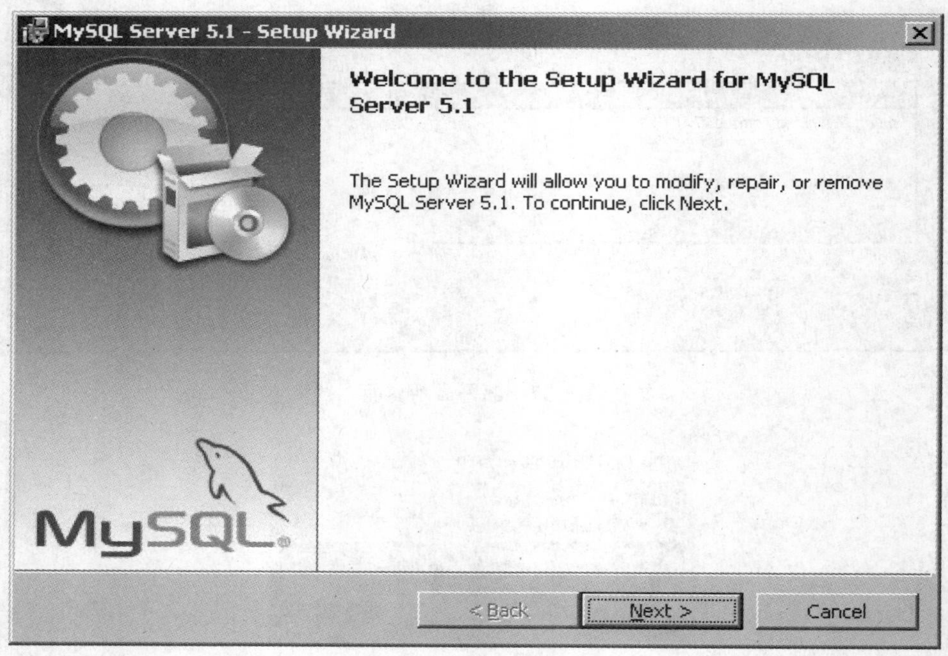

图 1.40　开始安装 MySQL

单击 Next 按钮，选择安装类型。安装类型有 Typical（默认）、Complete（完全）、Custom（用户自定义）三个选项，这里选择默认选项，如图 1.41 所示。然后单击 Next 按钮，进入开始安装向导，如图 1.42 所示。

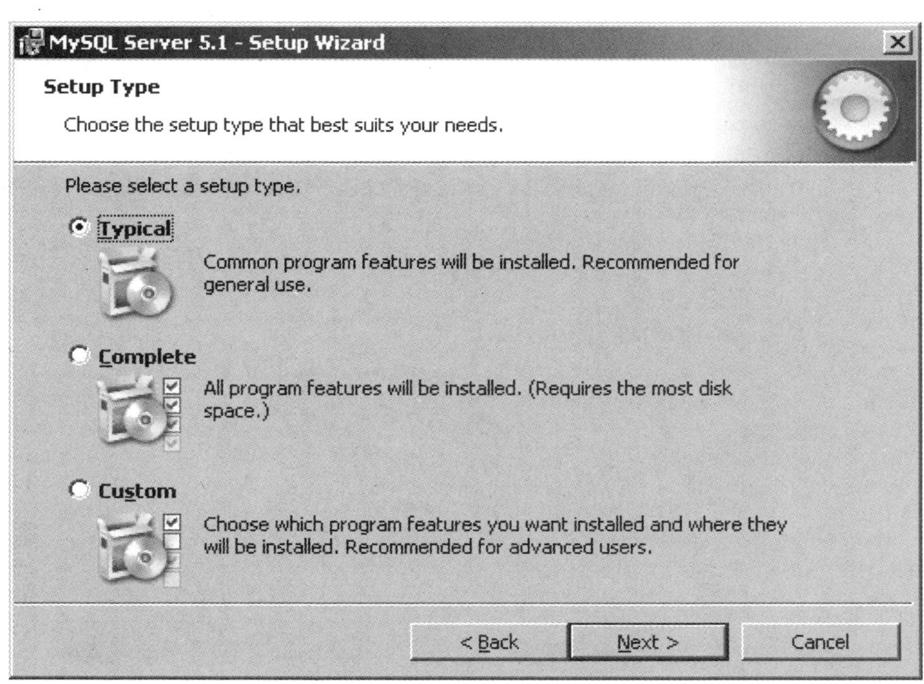

图 1.41　选择 MySQL 安装类型

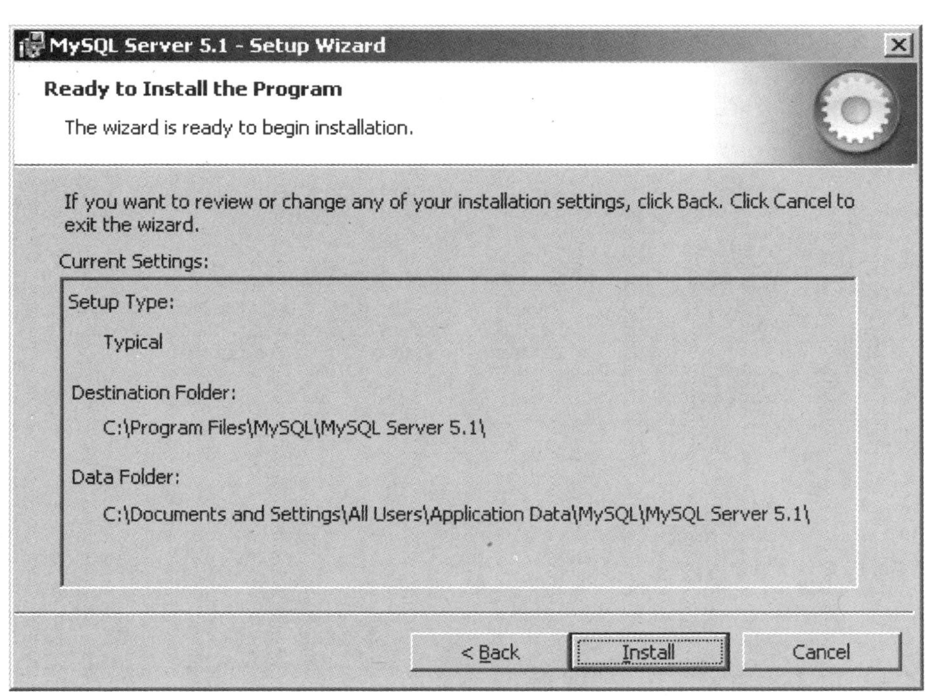

图 1.42　MySQL 安装向导

单击 Install 按钮开始安装，如图 1.43 所示。然后单击 Next 按钮，直到出现如图 1.44 所示窗口，MySQL 安装完成。

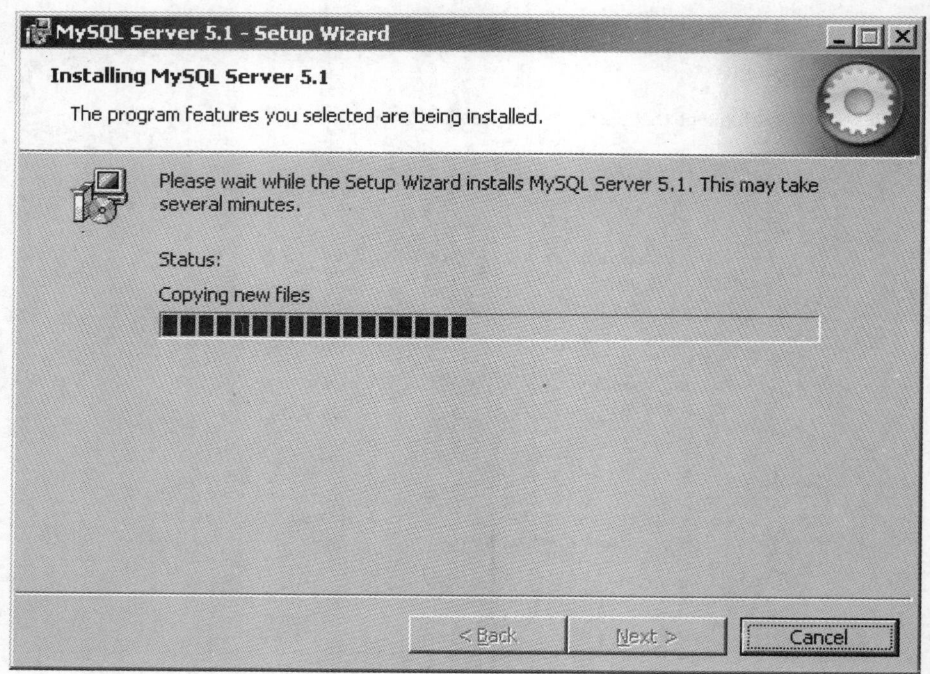

图 1.43　开始安装

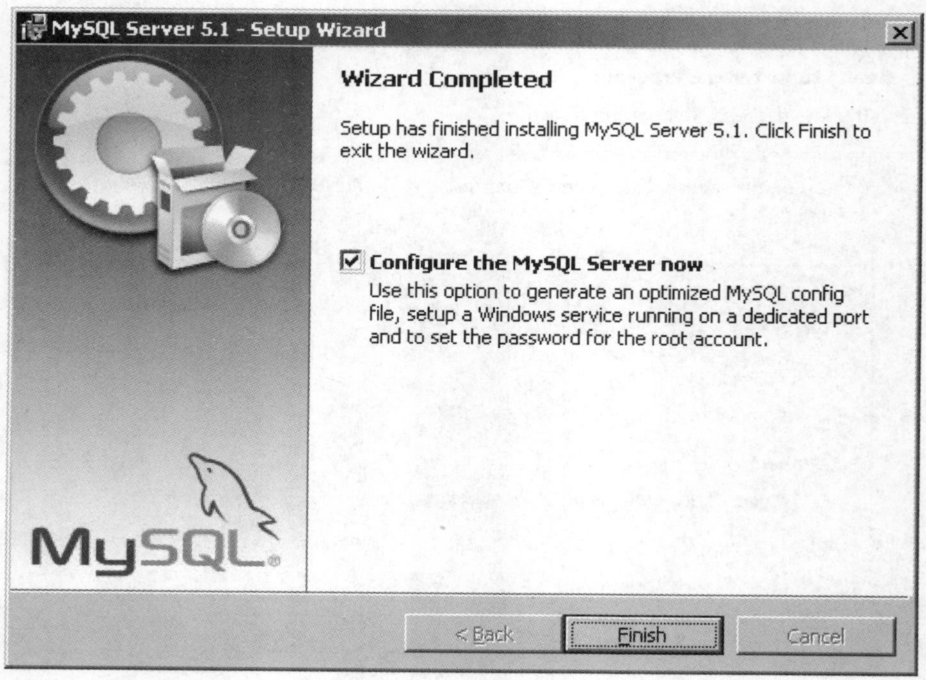

图 1.44　MySQL 安装完成

安装完成后，单击 Finish 按钮，安装向导结束，会自动进入 MySQL 配置向导，如图 1.45 所示。

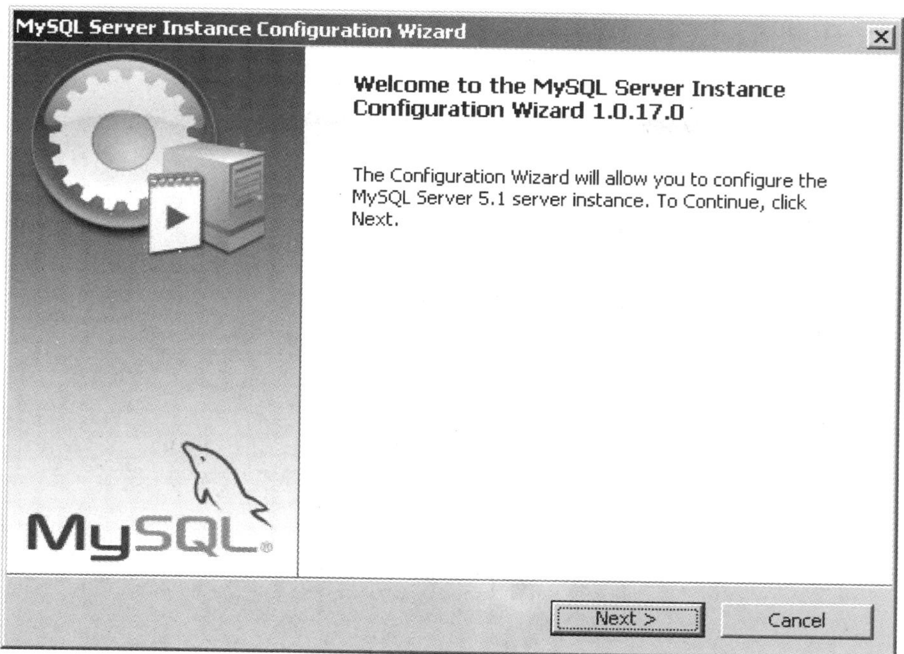

图 1.45 MySQL 配置向导

在 MySQL 配置向导对话框中单击 Next 按钮，进入配置类型选择，Detailed Configuration 表示手动精确配置，Standard Configuration 表示标准配置，默认选择 Detailed Configuration，如图 1.46 所示。

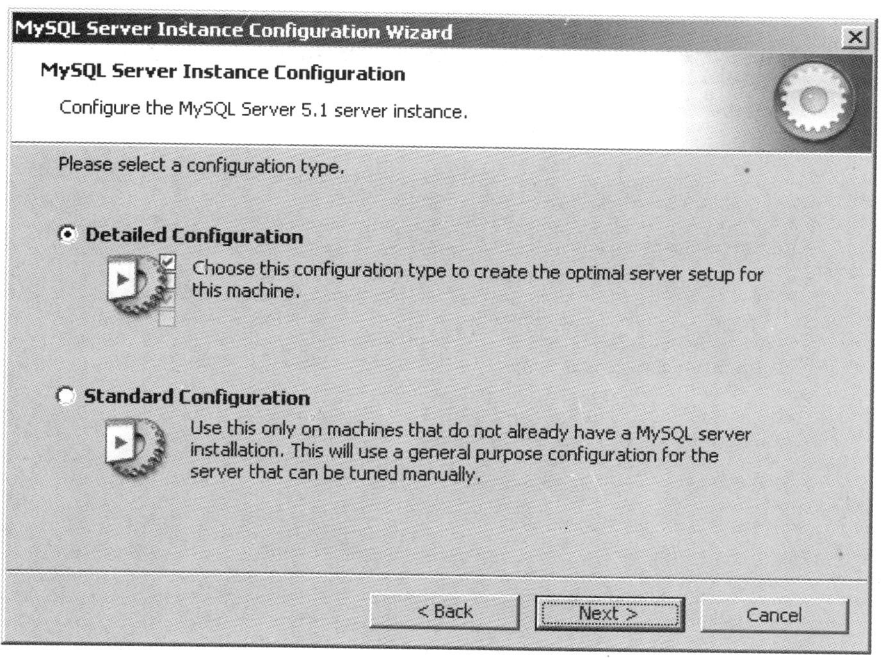

图 1.46 选择配置类型

单击 Next 按钮，进入服务器类型选择对话框，选择配置向导推荐的选项 Developer Machine（开发测试类），如图 1.47 所示。

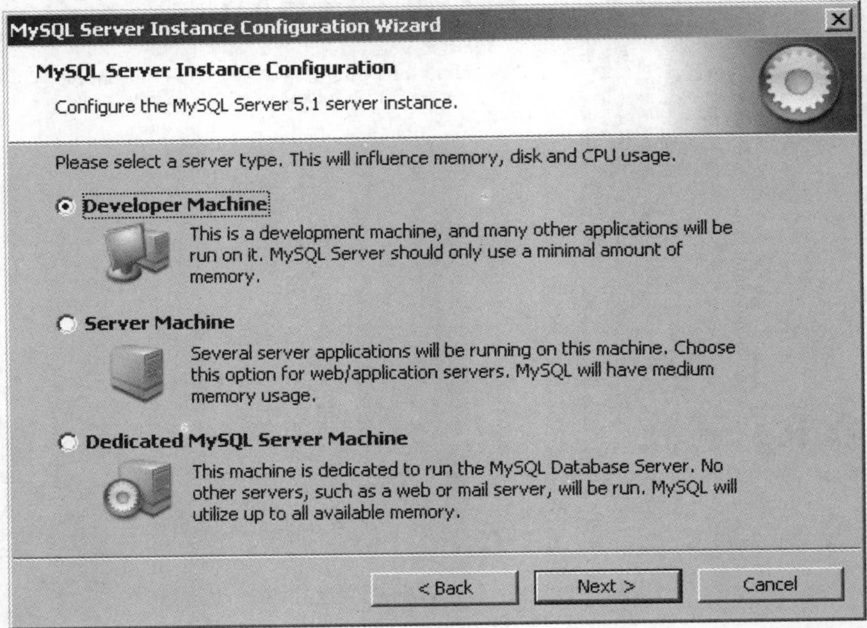

图 1.47　选择服务器类型

单击 Next 按钮，进入数据库用途选择对话框，选择配置向导推荐的选项 Multifunctional Database（通用多功能型），如图 1.48 所示。

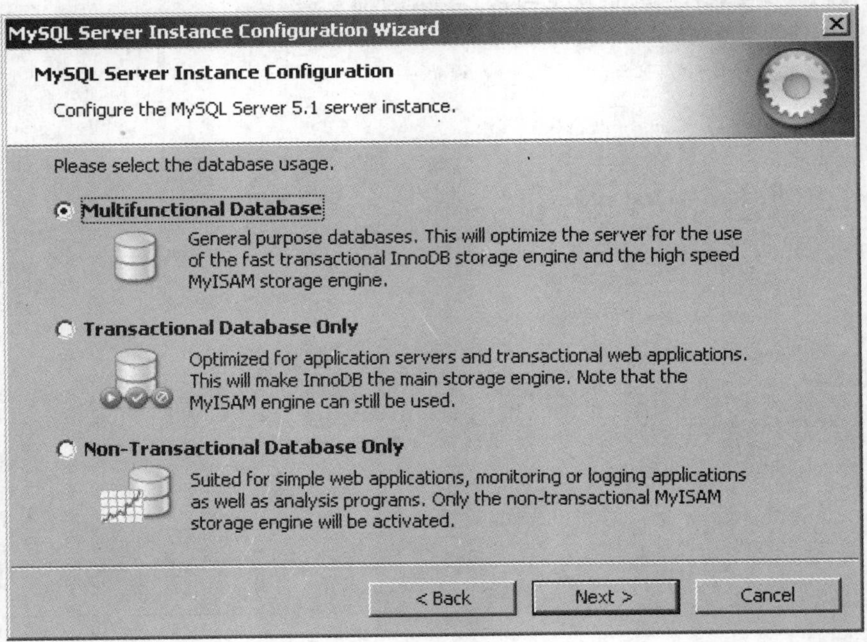

图 1.48　选择数据库的用途

单击 Next 按钮，对 InnoDB Tablespace Settings 进行配置，就是为 InnoDB 数据库文件选择一个存储空间，使用默认位置，如图 1.49 所示。

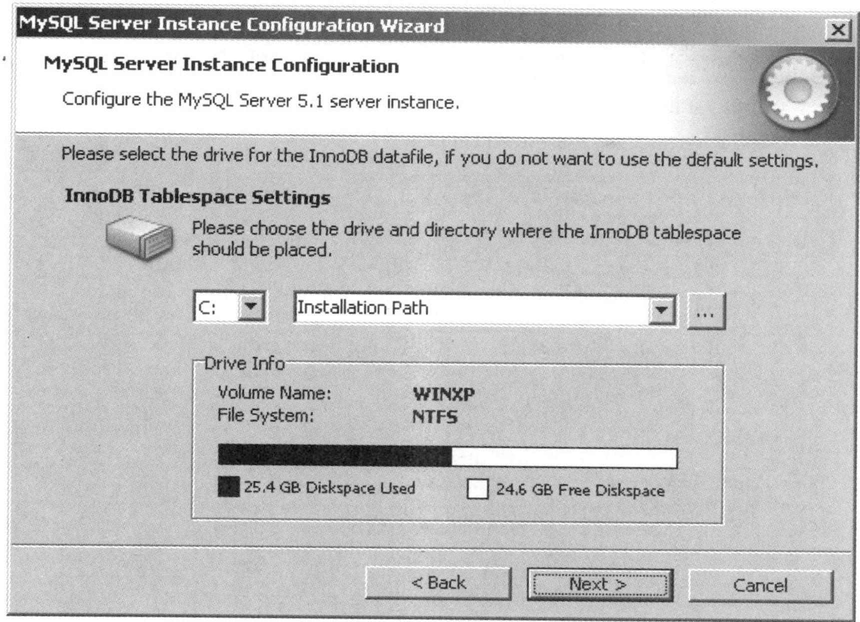

图 1.49　InnoDB 表空间设置

单击 Next 按钮，选择系统或网站的一般MySQL访问量，选择默认选项 Decision Support(DSS)/OLAP，同时连接的数目在 20 个左右，如图 1.50 所示。

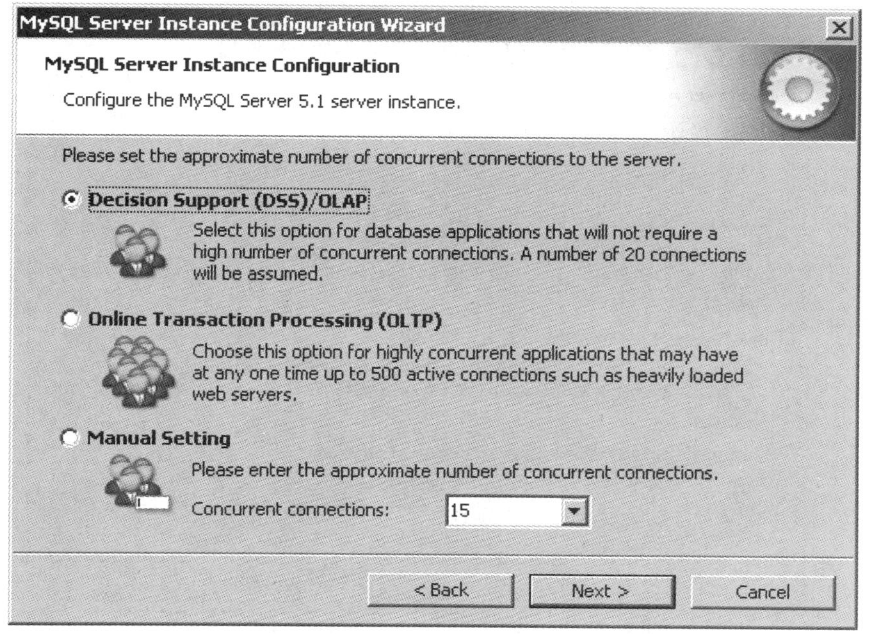

图 1.50　选择数据库连接数

单击 Next 按钮，配置是否启用 TCP/IP 连接以及设定端口。如果不启用，就只能访问本地机器上的 MySQL 数据库。如果启用，选中 Enable TCP/IP Networking 复选框。默认端口号为 3306，如图 1.51 所示。

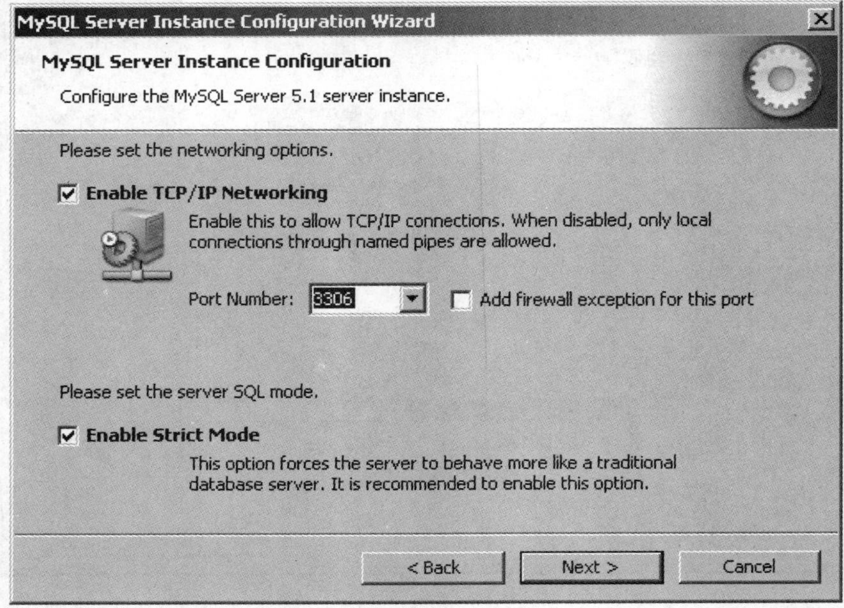

图 1.51　选用网络类型

单击 Next 按钮，选择数据库的字符集，对 MySQL 默认编码进行设置，由于要支持汉字，所以要修改字符集，选择 gb2312 字符集编码，如图 1.52 所示。

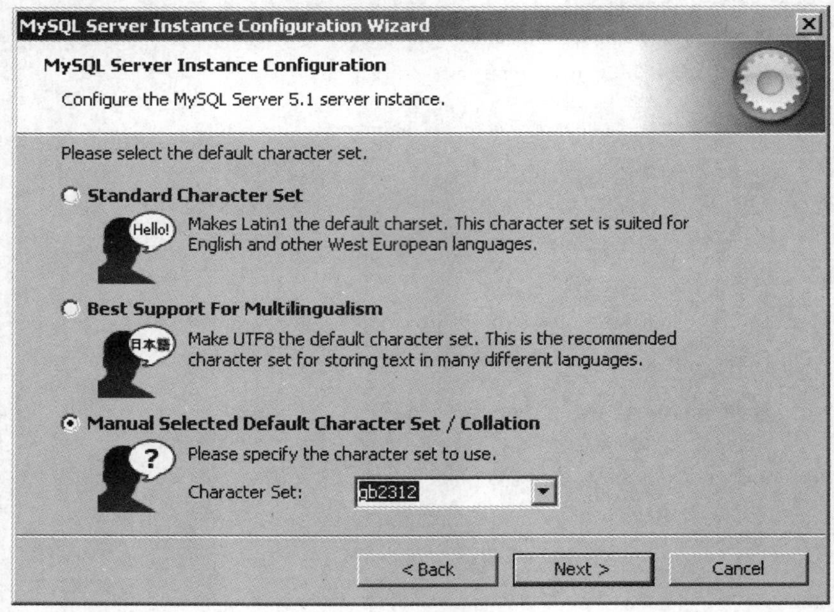

图 1.52　选择编码类型

单击 Next 按钮，选择将 MySQL 安装为 Windows 服务，Service Name（服务标识名称）保持默认值，选择 Include Bin Directory in Windows PATH，表示将 MySQL 的 bin 目录加入到 Windows PATH，加入后就可以直接使用 bin 下的文件，而不用指出目录名，比如连接语句“mysql.exe -u username -p password;”就可以了，不必指出 mysql.exe 的完整地址，如图 1.53 所示。

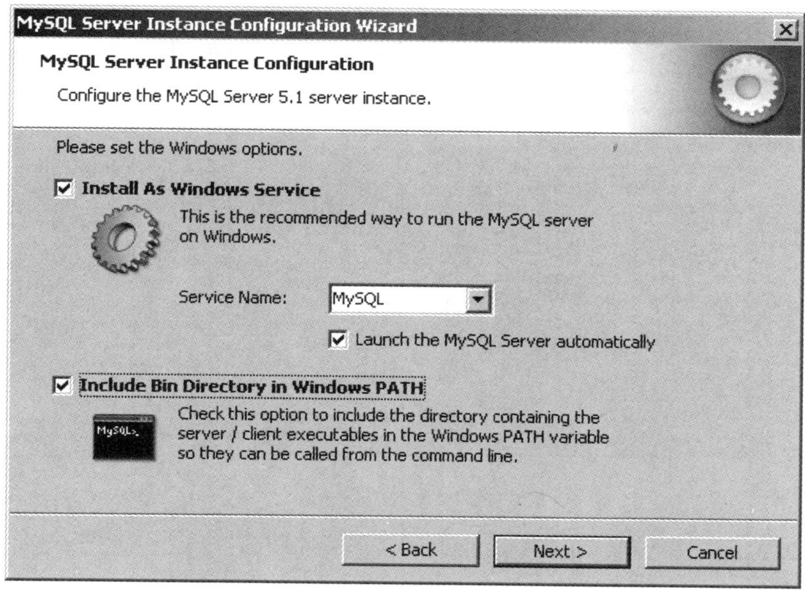

图 1.53　配置 MySQL 服务

单击 Next 按钮，设置用户 root 的密码，如图 1.54 所示。

图 1.54　配置 MySQL 用户

单击 Next 按钮，直到出现如图 1.55 所示对话框，表示 MySQL 配置完成。

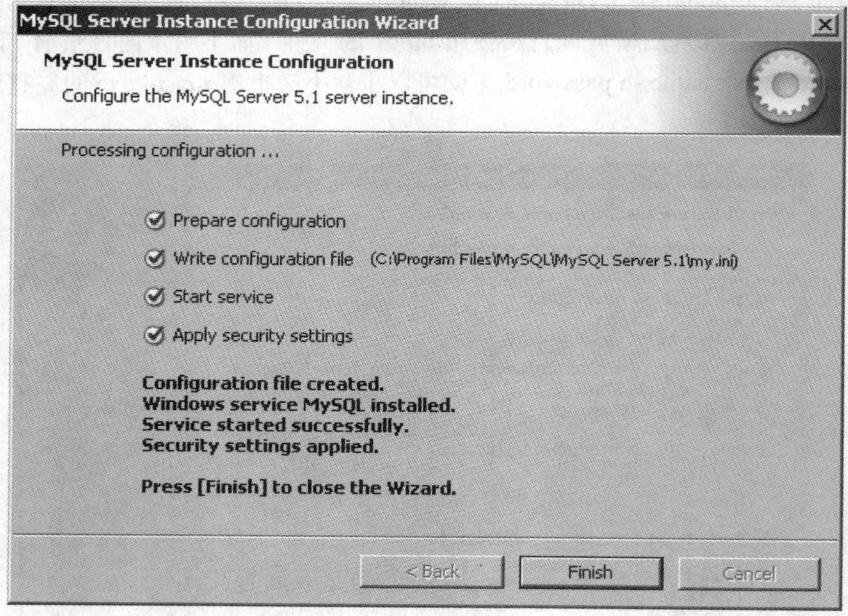

图 1.55　配置完成

2．运行 MySQL

1）命令行方式

单击计算机左下角【开始】→【所有程序】→MySQL，启动 MySQL 服务，如图 1.56 所示。输入安装时设置的密码，连接 MySQL，连接成功显示如图 1.57 所示。

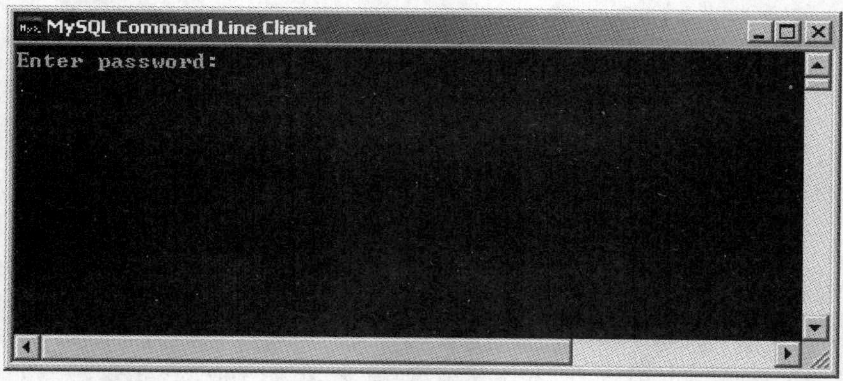

图 1.56　启动 MySQL 服务

2）图形化管理工具

管理工具 Navicat 可以与任何 3.21 及以上版本的 MySQL 一起工作，并支持大部分的 MySQL 最新功能，包括触发器、存储过程、函数、事件、视图、管理用户，不管是对于专业的数据库开发人员还是 DB 新手来说，其精心设计的用户图形界面（GUI）都为安全、便捷地操作 MySQL 数据信息提供了一个简洁的管理平台。

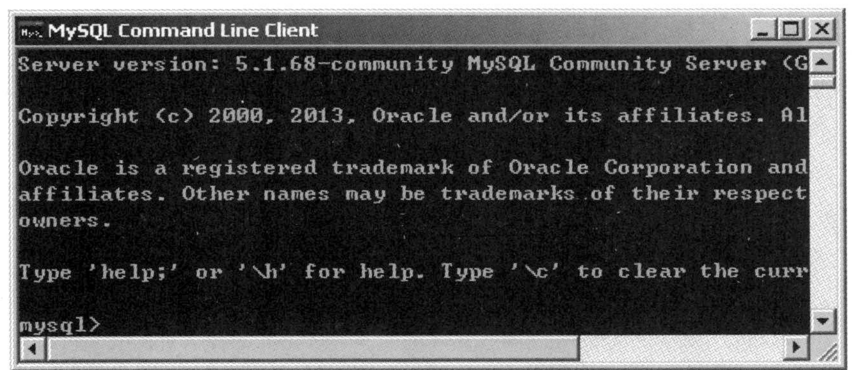

图 1.57　连接 MySQL 数据库

Navicat 的主界面如图 1.58 所示。单击导航窗口的左上角的【连接】按钮，弹出连接对话框，首先起一个连接名字，然后输入正确的连接信息，如果使用 root 用户，密码为安装 MySQL 时设置的密码，如图 1.59 所示。

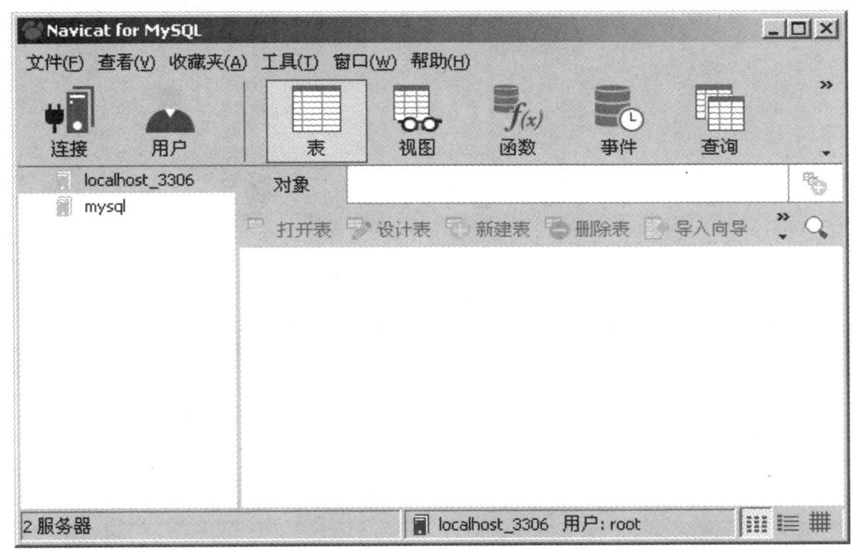

图 1.58　Navicat 界面

连接创建好以后，右键单击，在弹出的快捷菜单中选择【打开连接】命令，连接成功后，继续在连接名上右击，在弹出的快捷菜单中选择【新建数据库】命令，如图 1.60 所示。在创建新数据库窗口中，输入数据库名称、字符集一般用 utf-8，可以根据实际情况选择，需要注意的是，字符集如果选择不正确，可能会导致数据内容产生乱码，【校对】选项可以空白。

数据库成功创建后，Navicat 管理器左侧连接名下会列出新建的数据库。双击新建的数据库名，打开此数据库后可以创建表，如图 1.61 所示。“栏位”就是通常所说的“字段”，工具栏中的【添加栏位】即添加字段的意思，添加完所有的字段以后要根据需求进行相应的设置，然后单击【保存】按钮。

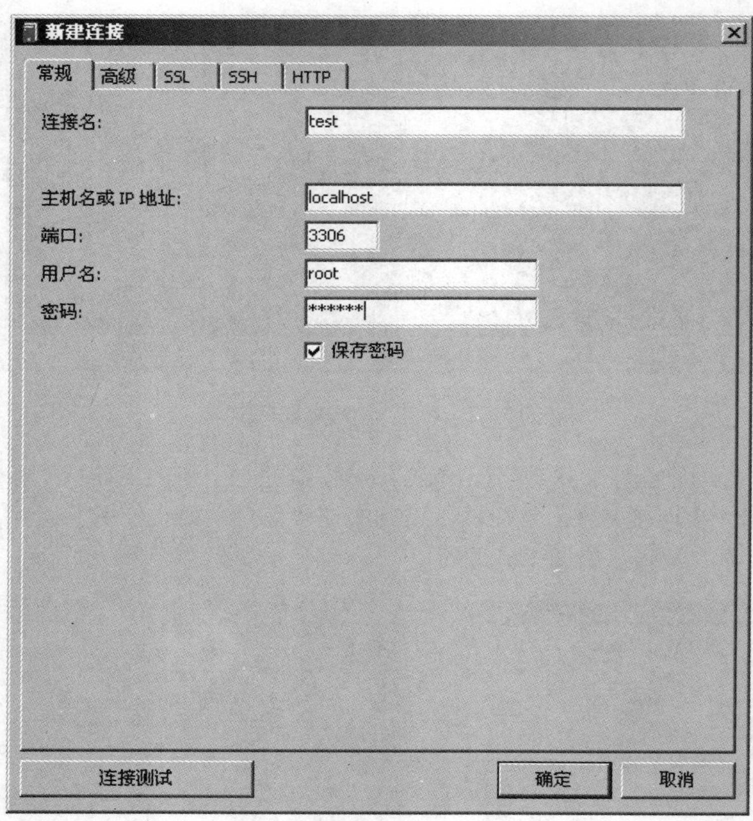

图 1.59　创建数据库连接

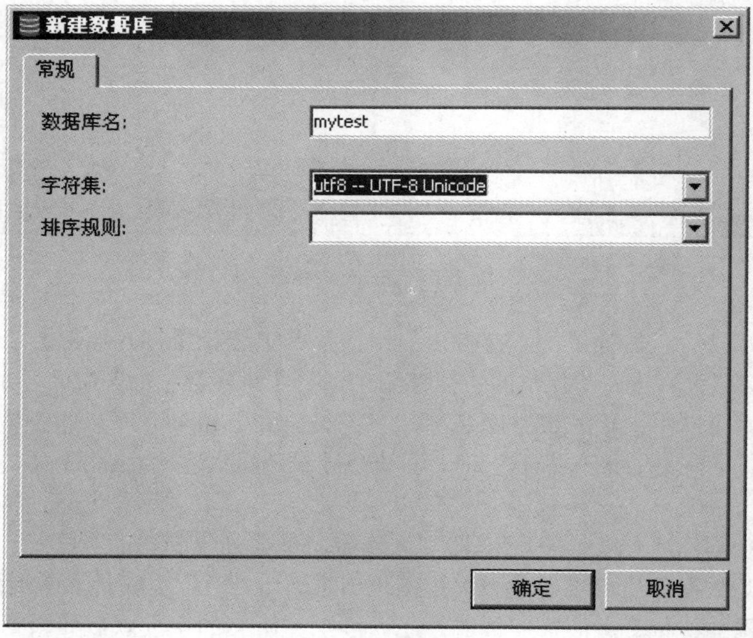

新建数据库
常规
数据库名:
mytest
字符集:
utf8 -- UTF-8 Unicode
排序规则:
确定
取消

图 1.60　新建数据库

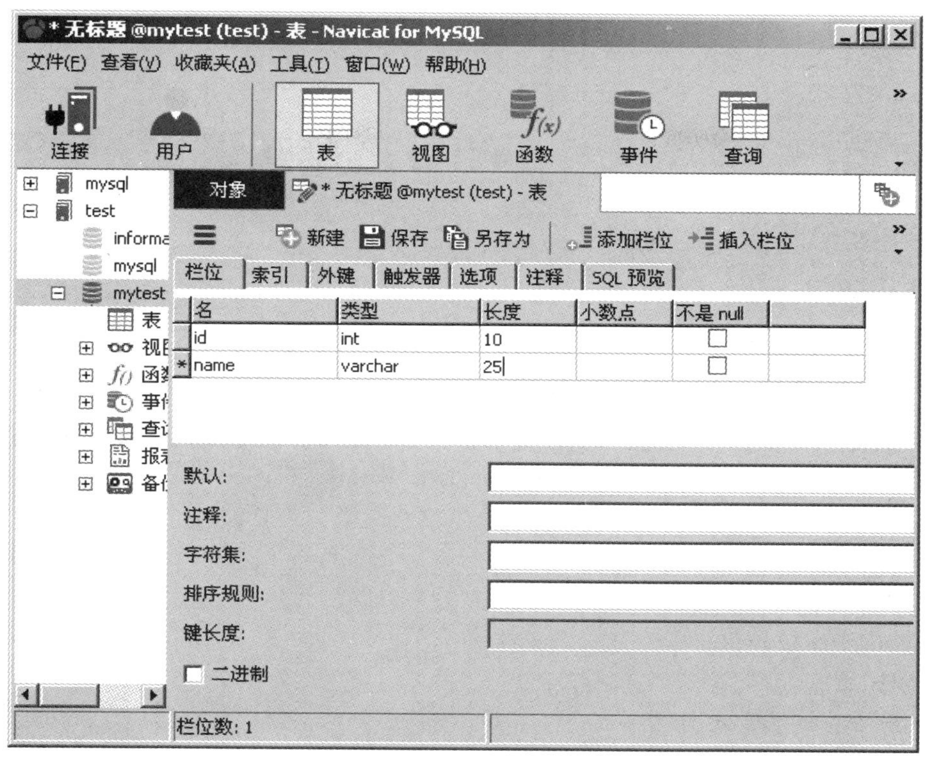

图 1.61　创建数据库表

思考与练习

1．J2EE 主要包含哪些技术？
2．JDK 是什么？怎样安装与配置？
3．如何在 Tomcat 下直接运行 JSP 页面？
4．请使用 MyEclipse 开发工具创建一个项目，实现输出当前本地时间的功能。

第2章 Web 基础知识

Java EE 是一个综合的开发平台，开发人员需要掌握网页设计相关技术，比如 HTML5、CSS3、JSP 的基础知识，以及数据库操作和 AJAX 等技术。

- HTML5 基础知识
- CSS3 的应用
- 使用 JSP 技术开发网站
- MySQL 数据库的应用
- 使用 AJAX 实现页面无刷新功能

2.1 HTML5

2.1.1 HTML5 基础

HTML 是 Hypertext Markup Language 的缩写，即超文本标记语言，它是构成 Web 页面的主要工具。用 HTML 编写的文档称为超文本文档，它是由很多标记构成的，HTML 标记可以设置页面的文字、图形、动画、声音、表格或者超链接等。一个完整的 HTML 文档包含头部和主体两个部分，文档头部可定义标题、样式等，文档的主体内容就是页面要显示的信息，见例 2.1。

例 2.1 简单的 HTML 文档

```
<html>
<head>
    <title> 一个简单的 HTML 示例 </title>
</head>
<body>
    <h1>欢迎您进入甜橙音乐网</h1>
</body>
</html>
```

其中，

<html>表示该文档是 HTML 文档；

<head>表示文件的标题、使用的脚本以及样式定义等；

<title>定义文件的标题，出现在浏览器标题栏中；

<body>表示在浏览器中显示的内容；

<h1>表示标题，其余还有 h2、h3、h4、h5、h6。

HTML5 是 HTML 语言第 5 次重大修改，是一个新的网络标准，用于取代 1999 年所制定的 HTML 4.01 和 XHTML 1.0 的标准，现在仍处于发展阶段。广义 HTML5 实际指的是包括 HTML、CSS 和 JavaScript 在内的一套技术组合。它希望能够减少互联网富应用（RIA）对 Flash、Silverlight、JavaFX 等的依赖，提供更多能有效增强网络应用的标准集，使网络标准达到符合当代的网络需求，为桌面和移动平台带来无缝衔接的丰富内容。

HTML5 功能强大，使用该技术有很多的优势。

（1）多设备跨平台：HTML5 跨平台性非常强大，可以轻易地移植。

（2）自适应网页设计：使用 HTML5 技术具有“一次设计，普遍适用”的特性，让同一张网页自动适应不同大小的屏幕，根据屏幕宽度，自动调整布局。

（3）即时更新：开发人员在设计游戏客户端时，每次都要更新很麻烦，而 HTML5 游戏的更新就好像更新页面一样，是马上、即时的更新。

（4）多媒体功能强大：HTML5 网站使用了更多的多媒体元素，在页面中引入视频和音频也更方便。

目前大部分浏览器已经支持某些 HTML5 技术，HTML5 主要增加以下新功能。

1. 语义化的标签

HTML5 引入了新的标记元素，如表 2.1 所示。使用这些标记，开发人员可以更细致地描述文档结构，让文档更具结构化，搜索引擎也能更好地理解页面中各部分之间的关系，更容易搜索到准确的信息。

表 2.1　10 个常用的新标签列表

标记名	含义
<article>	定义文章
<aside>	定义主要内容的附属信息部分
<figure>	一组媒体对象以及文字
<figcaption>	定义 figure 的标题
<footer>	定义页脚
<header>	定义页眉
<hgroup>	定义对网页标题的组合
<nav>	定义导航
<section>	定义文档中的区段
<time>	定义日期和时间

HTML5 新增了一些标记，同时也弃用了一些标记，比如<acronym>、<applet>、<basefont>、<big>、<center>、<dir>、<font>、<frame>、<s>、<isindex>、<noframes>、<frameset>、<strike>、<tt>、<u>、<xmp>等。

HTML5 页面结构也进行了一些改进，一般的结构如图 2.1 所示。简单的 HTML5 示例如例 2.2 所示。

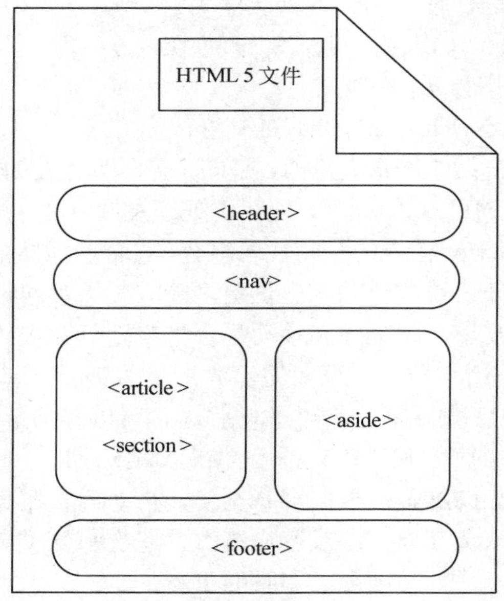

图 2.1　HTML5 页面结构

例 2.2　HTML5 文档结构

```
<!DOCTYPE html>
<html lang = "en">
<head>
    <meta charset = "utf-8"/>
    <title>HTML5 Demo</title>
</head>
<body>
    <header><h1></h1><h2></h2></header>
    <nav><ul><li></li><li></li></ul></nav>
    <section>
        <article></article>
        <article></article>
    </section>
    <aside></aside>
    <footer></footer>
</body>
</html>
```

（1）<header>元素代表“网页”或<section>的页眉。通常包含 h1～h6 元素或<hgroup>，作为整个页面或者一个内容块的标题。也可以包含一节的目录部分、一个搜索框、一个导航或者任何相关 logo。整个页面没有限制<header>元素的个数，可以拥有多个，也可以为每个内容块增加一个<header>元素。

（2）<nav>元素代表页面的导航链接区域，用于定义页面的主要导航部分。<nav>只能用在页面主要导航部分上。

（3）<article>元素最容易跟<section>和<div>混淆，其实<article>代表文档页面或者网站中自成一体的内容，其目的是为了让开发人员独立开发或重用。譬如论坛的帖子、博客中的文章、一篇用户的评论或者一个互动的 widget 小工具。

（4）<section>元素表示页面中的一个内容区块，比如章节、页眉、页脚或页面的其他部分。可以和<h1>、<h2>等标签结合起来使用，表示文档结构。<section>通常还带标题，HTML5 中<section>会自动给标题 h1～h6 降级，但是最好手动给它们降级。

（5）<aside>标签表示<article>标签内容之外的与<article>标签内容相关的辅助信息。其中的内容可以是与当前文章有关的相关资料、标签、名次解释等。最典型的是侧边栏，其中的内容可以是日志串连，其他组的导航，甚至广告。<article>、<nav>、<aside>可以理解为特殊的<section>，所以如果可以用<article>、<nav>、<aside>就不要用<section>。

（6）<footer>元素代表“网页”或<section>的页脚，通常含有该节的一些基本信息，例如：作者、相关文档链接或版权资料。如果<footer>元素包含整个节，那么它们就代表附录、索引、提拔、许可协议、标签或类别等一些其他类似信息。<footer>没有个数限制，除了包裹的内容不一样，其他跟 header 类似。

2．微数据（Microdata）

一个页面的内容，例如人物、事件或者评论不仅要给用户看，还要让机器能够识别，而要让机器知会特定内容含义，需要使用规定的标签和属性。HTML5 微数据规范是使用一种标记内容描述特定类型的信息，每种信息都描述特定类型的项，事件可以包含 venue、starting time、name 和 category 属性。

3．本地存储

相对于 HTML4 只能使用 cookie 在客户端存储数据，大小受限制，占用带宽，操作复杂的情况，HTML5 支持使用 Web Storage 在客户端进行存储数据，存储的容量更大，而且减轻带宽压力，操作更加简便。

HTML5 提供了如下两种在客户端存储数据的新方法。

（1）localStorage：用于持久化的本地存储，除非主动删除数据，否则数据永远不会过期。例如：

```
localStorage.length;
localStorage.key(index);
localStorage.setItem("one","two");
localStorage.getItem("one");
localStorage.removeItem("one");
localStorage.clear();
```

（2）sessionStorage：用于存储一个会话中的数据，这些数据只有在同一个会话中的页面才能访问，当会话结束后数据也随之销毁。

4．离线缓存

使用离线缓存，可以指定哪一个文件是浏览器缓存保留的并提供给用户离线使用的，这时网站工作起来就像是线上一样，而且感觉不到和真正在线使用有任何差异。所有的定义写在缓存清单文件中。例如：

```
<html manifest="cache.appcache">
CACHE MANIFEST
#version 1.0.0
#缓存-定义哪些资源是浏览器可以缓存的
CACHE:
/html5/src/logic.js
/html5/src/style.css
/html5/src/background.png
#网络-定义了哪些资源需要用户在线才能使用的
NETWORK:
*
```

5．设备通用

HTML4 实现网页中的拖曳基本都是使用 DOM 事件模型中的鼠标事件来模拟实现，如果实现实时拖曳效果，需要不停地获取光标的坐标，不停地修改元素的位置，代码量很大，性能也不佳。HTML5 增加了拖曳与拖放（Drag&Drop）事件，再结合文件处理（File API）中的 FileReader，使得操作非常简单。

6．连接

目前，很多网站为了实现即时通信，所用的技术都是轮询，这种模式需要浏览器不断地向服务器发出请求，然而 HTTP 请求的 header 信息是非常长的，这样会占用很多的带宽和服务器资源。HTML5 提供了 WebSocket 技术，该技术是在一个（TCP）接口进行双向通信的技术，是 PUSH 技术类型，能更好地节省服务器资源和带宽并达到实时通信。在 WebSocket API 中，浏览器和服务器只需要做一个握手的动作，然后浏览器和服务器之间就形成了一条快速通道，两者之间就可以直接互相传送数据。

7．音频和视频

视频已经在 Web 上广泛流行了，但是其格式几乎都是专有的，比如 YouTube 使用 Flash，Microsoft 使用 Windows Media®，Apple 使用 QuickTime。而且在一种浏览器中用来嵌入这些内容的标记在另一种浏览器中是无效的。

HTML5 新增<audio>和<video>标签使得浏览器不需要插件即可播放视频和音频。例如，可以用以下代码嵌入一部电影和一首音乐。

```
<video src="http://www.cafeaulait.org/birds/test.mov" />
<audio controls>
  <source src="horse.ogg" type="audio/ogg">
  您的浏览器不支持 audio 元素。
</audio>
```

使用下面的代码能够给页面加上背景音乐。

```
<audio src="spacemusic.mp3" autoplay="autoplay" loop="20000" />
```

对于以哪种格式和解码器作为首选，仍然有争议，一般会推荐或要求使用 Ogg Theora，还可以可选地支持 QuickTime 等专有格式和 MPEG-4 等受专利限制的格式。实际使用的格式很可能由市场决定。

8．动画 Canvas

HTML5 增加了<canvas>元素。<canvas>提供了通过 JavaScript 绘制图形的方法，此方法功能强大且使用简单。每一个<canvas>元素都有一个“上下文（context）”（想象成绘图板上的一页），在其中可以绘制任意图形。浏览器支持多个 canvas 上下文，并通过不同的 API 提供图形绘制功能。下面的代码为 Invaders 经典游戏的部分代码。

```
var canvas = document.getElementById("canvas"), context = canvas
getContext("2d");
context.fillStyle="rgb(0,0,200)";
context.fillRect(10, 10, 50, 50);
context.save();
context.restore();
context.scale(x, y);
context.rotate(angle);
context.translate(x, y);
...
```

9．地理信息

HTML5 增加了地理信息定位功能，一些浏览器提供了 Geolocation API，这个 API 也由 W3C 管理，结合 HTML5 实现当前目标地理位置定位。Google Maps 就使用该功能，在 Google 地图上，有一个小圆圈，单击一下就能告诉 Google 地图目标现在所处的地理位置。目前，Geolocation API 并没有被众多桌面浏览器广泛采用（只有 Chrome 和 Firefox 3.6+采用了），但 Google Gears 插件可以帮助那些旧浏览器实现该功能。

当前，HTML5 作为新兴的技术，也存在以下一些不足。

（1）HTML5 本身还在发展中，它不是用户应用的最迫切需求，更多的是厂商试图改变软件生态格局的战略需求。

（2）HTML5 的兼容性受限于各大浏览器表现，例如微软的 IE 和 Fireforx 之间存在很多差别。

（3）HTML5 需要一个成熟完整的开发环境，目前还不完善。

（4）HTML5 功能暴增，浏览器必须有一个高效的图形引擎和脚本引擎。

（5）HTML5 需要杀手级应用来吸引和引导用户升级浏览器，最终完成 HTML5 终端的部署。

从 2012 年 1 月的数据来看，全球已有超过 34%的网站使用了 HTML5 技术。除去 IE 6～IE 8 浏览器外，其他主流浏览器都支持 HTML5，其中仅有 iPhone/iPad 不支持 Flash。据 IDC 调查研究显示，2013 年全球各地将有 10 亿人使用 HTML5 浏览器，将有 200 万开发人员为 HTML5 浏览器开发应用。HTML5 在未来的 5～10 年中，将成为移动发展的一个重要因素。

2.1.2 案例

案例 1．简单的 HTML5 示例，新建一个 Web 项目，命名为 Html5test，新建一个网页，命名为 First.html，见例 2.3。

例 2.3　First.html

```
<!DOCTYPE html>
<html>
<head>
<meta charset="gbk">
<title>HTML5 Demo</title>
<body>
  <center>
    <header>
      <h1>文章</h1>
    </header>
    <article>
      <p>标题</p>
    </article>
    <aside>
      <p>目录</p>
    </aside>
    <footer>
      <p>作者</p>
    </footer>
  </center>
</body>
</html>
```

该示例使用了 HTML5 中新增的标签实现一个基本输出功能。<meta charset="gbk">表示将字符编码集合定义成 gbk，使得网页能够正确输出汉字。打开浏览器运行该程序，结果如图 2.2 所示。

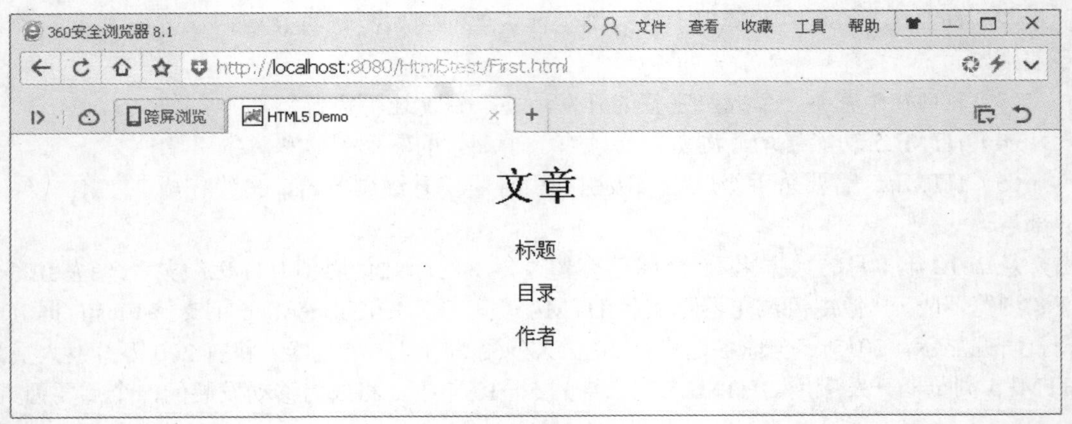

图 2.2　HTML5 运行结果

案例 2．使用 HTML5 技术实现画图功能，在 HTML5test 项目下新建一个网页

Second.html，见例 2.4。

例 2.4　Second.html

```
<!DOCTYPE html>
<html>
<body>
<center>
<title>画图</title>
    <canvas id="myCanvas" width="200" height="100" style="border:1px solid
    #c3c3c3;">
    Your browser does not support the canvas element.
    </canvas>
</center>
<script type="text/javascript">
    var c=document.getElementById("myCanvas");
    var cxt=c.getContext("2d");
    cxt.moveTo(10,10);
    cxt.lineTo(150,50);
    cxt.lineTo(10,50);
    cxt.stroke();
</script>
</body>
</html>
```

该示例使用了 HTML5 中新增的<canvas>标签，首先建立一个 canvas 网页元素，如果浏览器不支持，就输出“Your browser does not support the canvas element.”，然后通过 JavaScript 获取 canvas 的 DOM 对象，接着通过 getContext("2d")方法初始化平面图像的上下文环境，然后通过 moveTo()方法定位画笔在画布上的位置，然后通过 lineTo()方法画线。打开浏览器运行该程序，结果如图 2.3 所示。

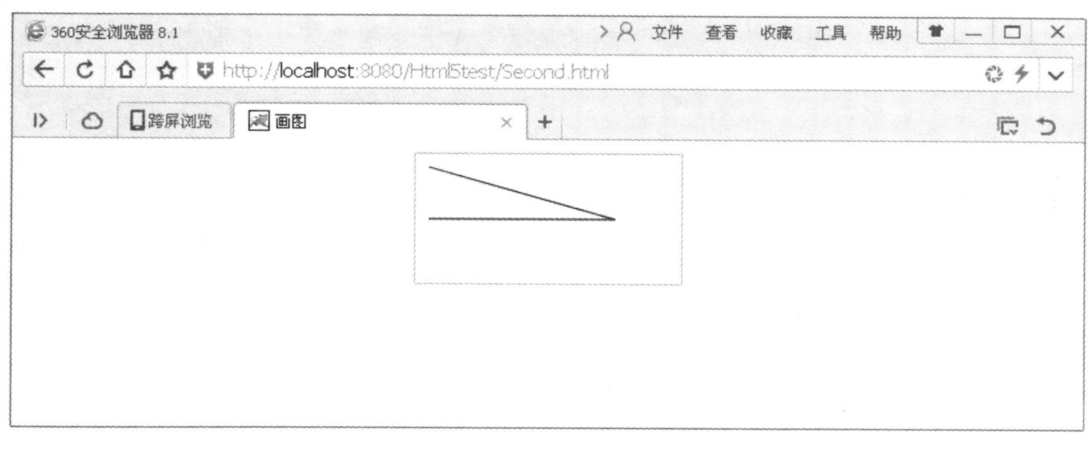

图 2.3　HTML5 画图

案例 3．使用 HTML5 实现拖动图片的功能，见例 2.5。

例 2.5　Third.html

```
<!DOCTYPE HTML>
<html>
<head>
<title>图片拖动</title>
<style type="text/css">
#div1 {width:350px;height:70px;padding:10px;border:1px solid #aaaaaa;}
</style>
<script>
function allowDrop(ev)
{  ev.preventDefault();
}
function drag(ev)
{  ev.dataTransfer.setData("Text",ev.target.id);
}
function drop(ev)
{  ev.preventDefault();
var data=ev.dataTransfer.getData("Text");
ev.target.appendChild(document.getElementById(data));
}
</script>
</head>
<body>
<center>
    <p>拖动 "你好" 图片到矩形框中:</p>
    <div id="div1" ondrop="drop(event)" ondragover="allowDrop(event)"></div>
    <br>
    <img id="drag1" src="images/logo.png" draggable="true" ondragstart=
    "drag(event)" width="336" height="69">
</center>
</body>
</html>
```

该示例使用了 HTML5 中新增的拖曳与拖放事件。演示了将图片拖曳到矩形框中，图片需要设置属性 draggable="true"，否则不会出现效果。Ondragstart 事件指当拖曳元素开始被拖曳的时候触发的事件，作用在被拖曳的图片上。目标元素是矩形框，由<div>定义，该标记也增加两个事件，Ondrop 事件指被拖曳的图片在目标矩形框上同时鼠标放开触发的事件；Ondragover 事件指被拖曳的图片在目标矩形框上移动的时候触发的事件。打开浏览器运行该程序，拖曳图片前如图 2.4 所示，拖曳图片后的效果如图 2.5 所示。

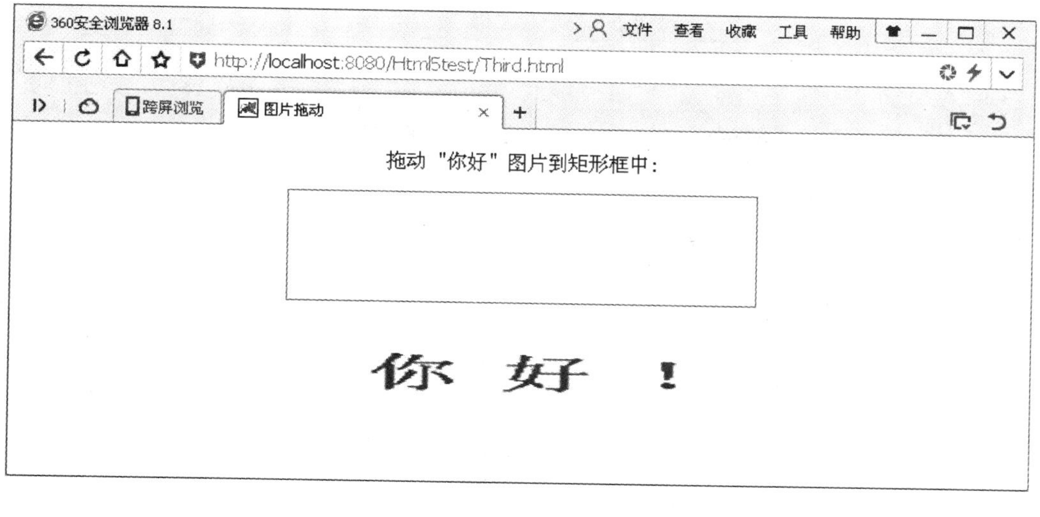

图 2.4　HTML5 拖动前页面

图 2.5　HTML5 拖动后界面

2.2　CSS3

2.2.1　CSS3 基础

CSS 的全称是 Cascading Style Sheet，也称为样式表，是 W3C 协会为弥补 HTML 在显示方面的不足而制定的一套扩展样式标准。CSS 标准重新定义了 HTML 中的文字显示样式，增加了一些新的概念，提供了更丰富的样式，集中样式管理。例 2.6 就是一个简单的 CSS 应用例子。

例 2.6　简单的 CSS 应用示例

```
<HTML>
<HEAD>
<TITLE>css 使用</TITLE>
</HEAD>
<BODY>
<center>
    <P style = "color:red;font-size:30px;font-family:隶书;">
    这个段落应用了样式
    </P>
    <P>这个段落按默认样式显示</P>
</center>
</BODY>
</HTML>
```

例子中使用 style 属性对文字的字体、大小和颜色进行了设置，运行的结果如图 2.6 所示。

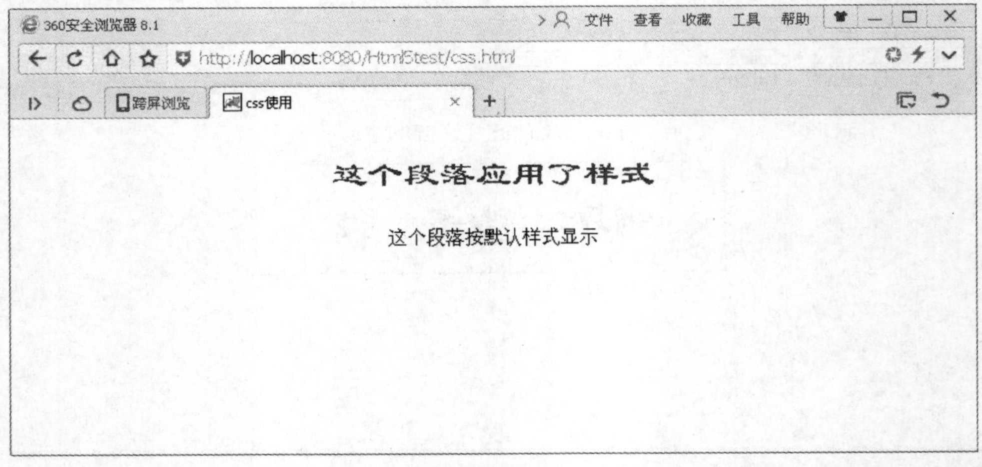

图 2.6　CSS 样式应用

CSS3 是 CSS 的最新版本，由 Adobe、Apple、Google、HP、IBM、Microsoft、Opera、Sun 等多家公司和机构联合组成的 CSS Working Group 组织共同推出。CSS3 诞生之前 CSS 经历了 CSS1、CSS2.0、CSS2.1 几个版本。通过结合使用 HTML5 和 CSS3，可以使页面呈现出最佳效果。

目前主流浏览器 Chrome、Safari、Firefox、Opera，甚至 360 都已经支持了 CSS3 大部分功能了，IE10 以后也开始全面支持 CSS3 了。在编写 CSS3 样式时，不同的浏览器可能需要不同的前缀，它表示该 CSS 属性或规则尚未成为 W3C 标准的一部分，是浏览器的私有属性，虽然目前较新版本的浏览器都是不需要前缀的，但为了更好地向前兼容前缀还是少不了的。

CSS3 在之前的版本上又新增了一些功能。

（1）新增选择器：CSS3 新增了十多个选择器，大部分是伪类和属性选择器。使用它们选取 HTML 结构中的特定片段而无须增加特定的 ID 或类，从而精简代码并使之更加不易出错。这些选择器都描述在“选择器”（Selectors）模块里。

（2）不依赖图片的视觉效果：CSS3 包含大量新特性，可以用来创建一些以前只能通过图片（或脚本）才实现的视觉效果，比如圆角、阴影、半透明背景、渐变以及图片边框等特效。在这些新特性之中，主要使用“背景和边框”（Backgrounds and Borders）模块和“色彩和图像”（Colors and Image Values）模块。

（3）盒容器变形：CSS3 中还有一类视觉效果，让开发人员可以在 2D 或者 3D 空间里操作盒容器的位置和形状，比如旋转、缩放或者移动，实现 2D 变形或者 3D 变形的特效。

（4）独一无二的字体：“字体”（Font）模块引入了@font-face 规则，能够引入一个存放于服务器的字体文件，并使用该字体来显示页面中的文本，这就突破了以往只能使用用户机器上的字体的限制，也使得页面能呈现出更漂亮的页面。

（5）过渡与动画：CSS3 的过渡是一种简单的动画特效，可以平缓地呈现一个元素的样式变化，也能实现更复杂的样式变化和元素位移，而不需要用到 Flash 或 JavaScript。例如，当用户将光标悬停于按钮之上时渐进且平滑地改变其颜色。

（6）媒体信息查询：“媒体信息查询”（Media Queries）模块介绍了如何根据用户的显示终端或设备特征来提供样式，这些特征包括屏幕的可视区域宽度、分辨率以及可显示的色彩数等。媒体信息查询是一款非常棒的专门针对移动设备来实现优化的工具。

（7）多列布局：CSS3 引入了几个新模块来帮助开发者更方便地创建多列布局。“多列布局”（Multi-column Layout）模块描述了如何像报纸布局那样把一个简单的区块拆分成多列，而“弹性盒容器布局”（Flexible Box Layout）模块则能够让区块在水平或垂直方向上保持对齐，相对于浮动布局或绝对定位布局来说它显得更为灵活。此外还有“模板布局”（Template Layout）和“网格定位”（Grid Positioning）的实验性布局模块。

CSS3 样式主要通过选择器来实现，将样式表与网页元素进行绑定，即使用 CSS3 选择器可以将对应样式附加在各个网页元素上。

CSS3 选择器主要有以下几种方式。

1．属性选择器

属性选择器是基于元素的属性来匹配的，最常用的就是 id 属性。在同一个页面中 id 属性值必须是唯一的，由于这一特性，使得开发人员能够通过 id 属性精确定位到某个网页元素，以便对其进行相关设置。CSS3 属性选择器的应用如表 2.2 所示。

2．兄弟选择器

CSS3 中引入连字符作为通用兄弟选择器，它针对一个元素的同一个父级节点的所有兄弟级别元素。

例如：

```
div~img{
Border:1px solid #ccc
}
```

其中，div 和图片应该有同一个父级节点，表示给 div 同级的图片添加一个灰色的边框。

3．伪类选择器

伪类选择器主要用于向指定的选择器添加特殊效果，CSS3 伪类选择器的应用如表 2.3

所示。

表 2.2　CSS3 属性选择器应用格式

应用格式	说明	应用示例
E[attr=value]{rules}	选择属性 attr 的值等于 value 的 E 元素，并应用 rules 样式	span[title=big]{color:red;}将选择 title 属性的值等于 big 的 span 元素，并将文字颜色设置为红色
E[attr^=value]{rules}	选择所有包含属性 attr 且属性值以 value 开头的 E 元素，并应用 rules 样式	span[title^=big]{color:red;}将选择所有包含 title 属性且属性值以 big 开头的 span 元素，并将文字颜色设置为红色
E[attr$=value]{rules}	选择所有包含属性 attr 且属性值以 value 结尾的 E 元素，并应用 rules 样式	span[title$=big]{color:red;}将选择所有包含 title 属性且属性值以 big 结尾的 span 元素，并将文字颜色设置为红色
E[attr*=value]{rules}	选择所有包含属性 attr 且属性值任意位置包含 value 的 E 元素，并应用 rules 样式	span[title*=big]{color:red;}将选择所有包含 title 属性且属性值包含 big 的 span 元素，并将文字颜色设置为红色

表 2.3　CSS3 伪类选择器

选择器	说明
E:enabled	用于指定所选择元素处于可用状态时应用的样式
E:disabled	用于指定所选择元素处于不可用状态时应用的样式
E:read-only	用于指定所选择元素处于只读状态时应用的样式
E:read-write	用于指定所选择元素处于非只读状态时应用的样式
E:checked	用于指定单选框元素或复选框元素处于选取状态时应用的样式
E:default	用于指定页面打开时默认处于选中状态的单选框元素或复选框元素应用的样式
E:indeterminate	用于设定页面打开时，如果一组单选框中任一单选框被选中时，整组单选框元素应用的样式
E:selection	用于指定所选择元素处于选中状态时应用的样式
E:root	伪类选择页面的根元素。一般指<html>元素
E:not	想对某个结构元素使用样式，但是想排除这个节点
E: empty	当元素内容为空时被选中

CSS3 通过选择器决定应用的是哪个元素，通过属性及属性值能够控制页面显示的样式。下面介绍几种典型的 CSS3 实现的页面样式。

1．控制圆角边框样式

CSS3 中通过对边框增加样式，实现圆角边框、弧形边框、设定边框线条样式、设定边框内部样式等效果。使用 border-radius 可以指定圆角的半径，通过设定此属性来绘制圆角边框。各浏览器对 border-radius 属性的支持不同，要想正常应用此属性需针对不同浏览器分别设置，详见表 2.4。

表 2.4　不同浏览器的前缀

浏览器	前缀
Firefox	-moz-
Chrome	-webkit-
Safari	-webkit-

使用 border-radius 属性时，可对边框的 4 个角分别设置，设置方法如下。

（1）border-top-left-radius：用于设置边框左上角半径。

（2）border-top-right-radius：用于设置边框右上角半径。

（3）border-bottom-left-radius：用于设置边框左下角半径。

（4）border-bottom-right-radius：用于设置边框右下角半径。

2．控制背景样式

CSS3 在之前版本基础上对背景样式补充了一些新的内容，追加了几个与背景相关的属性，如表 2.5 所示。

表 2.5　背景相关的属性

属性	Firefox	Chrome	Safari	Opera
background-clip	加-moz-前缀	加-webkit-前缀	加-webkit-前缀	加-webkit-前缀
background-origin	加-moz-前缀	加-webkit-前缀	加-webkit-前缀	加-webkit-前缀
background-size	不加前缀	加-webkit-前缀	加-webkit-前缀	加-webkit-前缀
background-break	-moz-background-inline-policy	不支持	不支持	不支持

（1）background-clip：该属性用于设定背景显示是否包括边框，如果该属性设置为 border，则背景范围包括边框区域；如果该属性设置为 padding，则背景范围不包括边框区域。

（2）background-origin：该属性用于设定背景图绘制起点，在默认情况下背景图是从 padding 区域的左上角开始绘制的。通过设置 background-origin 属性可以改变绘制起点，该属性可取值包括三个：border、padding 和 content。当该属性设置为 border 时，将以 border 区域左上角为起点开始绘制背景图；当该属性设置为 padding 时，将以 padding 区域左上角为起点开始绘制背景图；当该属性设置为 content 时，将以 content 区域左上角为起点开始绘制背景图。

（3）background-size：该属性用于设定背景图像的尺寸。

（4）background-break：该属性用于设定内联元素背景图像平铺时的循环方式，可取值包括 bounding-box，each-box 和 continuous。当该属性设置为 bounding-box 时，背景图片在整个元素内平铺；当该属性设置为 each-box 时，背景图片在每一行中平铺；当该属性设置为 continuous 时，下行背景图片将继续前一行的背景图片继续平铺。

3．控制颜色样式

（1）使用 RGBA 设置颜色样式，RGBA 在原来的 RGB 基础上，增加了 alpha 通道值设定。Alpha 通道值的取值范围在 0～1 之间，从透明（取值 0）逐渐过渡到不透明（取值 1）。RGBA 颜色的应用格式为 rgba(r,g,b,a)，参数分别代表红颜色值，绿颜色值，蓝颜色值以及透明度。

（2）使用 HSLA 设置颜色样式，HSLA 的应用格式为 hsla(h,s,l,a)，参数分别代表色调、饱和度、亮度以及 alpha 通道值。

4．控制页面布局

CSS3 提供了多栏布局和盒布局两种页面布局方式，可以使页面布局控制变得更加简单。

（1）多栏布局。通过 column-count 属性实现多栏布局，通过该属性设定数值来设置对应的元素要分为几个栏目进行显示。在 Firefox 浏览器中使用 column-count 属性需增加“-moz-”前缀，在 Chrome 浏览器中使用 column-count 属性需增加“-webkit-”前缀。

（2）盒布局。盒布局有两种方式：水平布局和垂直布局。水平盒布局是将容器内的多个子区域以水平方式横向排列显示，垂直布局是将容器内的多个子区域以垂直方式纵向排列显示。在 CSS3 中将容器的 display 属性设置为 box 时，该容器子元素将以盒布局方式进行显示。与多栏布局相同，在不同浏览器中使用盒布局也要增加相应前缀。

2.2.2 案例

案例 1．设置文字具有阴影的效果。新建一个 Web 项目，命名为“Css3test”，新建一个网页，命名为“First.html”，见例 2.7。

例 2.7 First.html

```
<!DOCTYPE html>
<html>
<head>
<title>
文字阴影</title>
<style>
   h1
   {
   text-shadow: 5px 5px 5px #FF0000;
   }
</style>
</head>
<body>
   <center>
   <h1>文本阴影效果! </h1>
   </center>
</body>
</html>
```

本例中使用了 text-shadow 设置文字的阴影效果，非常简单，运行结果如图 2.7 所示。

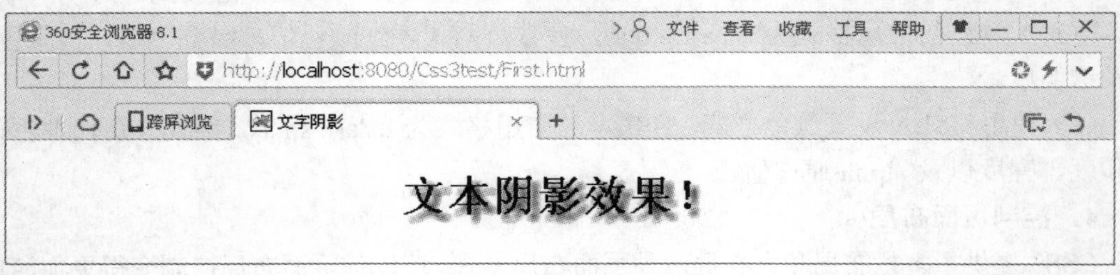

图 2.7 文本阴影效果

案例 2．2D 转换示例，在项目 Css3test 下新建一个网页，命名为“Second.html”。

例 2.8　Second.html

```
<!DOCTYPE html>
<html>
<head>
<title>2D 转换
</title>
<style>
div
{
margin:30px;
width:200px;
height:100px;
background-color:yellow;
/* Rotate div */
transform:rotate(9deg);
-ms-transform:rotate(9deg); /* Internet Explorer */
-moz-transform:rotate(9deg); /* Firefox */
-webkit-transform:rotate(9deg); /* Safari 和 Chrome */
-o-transform:rotate(9deg); /* Opera */
}
</style>
</head>
<body>
<center>
<div>Hello World</div>
</center>
</body>
</html>
```

示例中“transform:rotate(9deg);”表示实现 2D 转换的功能，rotate(9deg) 指把元素顺时针旋转 9°。不同的浏览器需要添加不同的前缀，比如 Internet Explorer 需要添加前缀“-ms-”，Firefox 需要添加前缀“-moz-”。另外还有一个常用的转换方法 translate()，实现元素从当前位置移动。例如 translate(50px,100px)，表示把元素从左侧移动 50 像素，从顶端移动 100 像素。本例运行结果如图 2.8 所示。

案例 3．CSS3 过渡示例，在项目 Css3test 下新建一个网页，命名为“Third.html”。

例 2.9　Third.html

```
<!DOCTYPE html>
<html>
<head>
<title>CSS3 过渡</title>
<style>
```

```
div
{
width:100px;
height:100px;
background:yellow;
transition:width 2s, height 2s;
-moz-transition:width 2s, height 2s, -moz-transform 2s; /* Firefox 4 */
-webkit-transition:width 2s, height 2s, -webkit-transform 2s; /* Safari and
Chrome */
-o-transition:width 2s, height 2s, -o-transform 2s; /* Opera */
}
div:hover
{
width:200px;
height:200px;
transform:rotate(180deg);
-moz-transform:rotate(180deg); /* Firefox 4 */
-webkit-transform:rotate(180deg); /* Safari and Chrome */
-o-transform:rotate(180deg); /* Opera */
}
</style>
</head>
<body>
<center>
<div>请把鼠标指针放到黄色的 div 元素上，来查看过渡效果。</div>
<p><b>注释：</b>本例在 Internet Explorer 中无效。</p>
</center>
</body>
</html>
```

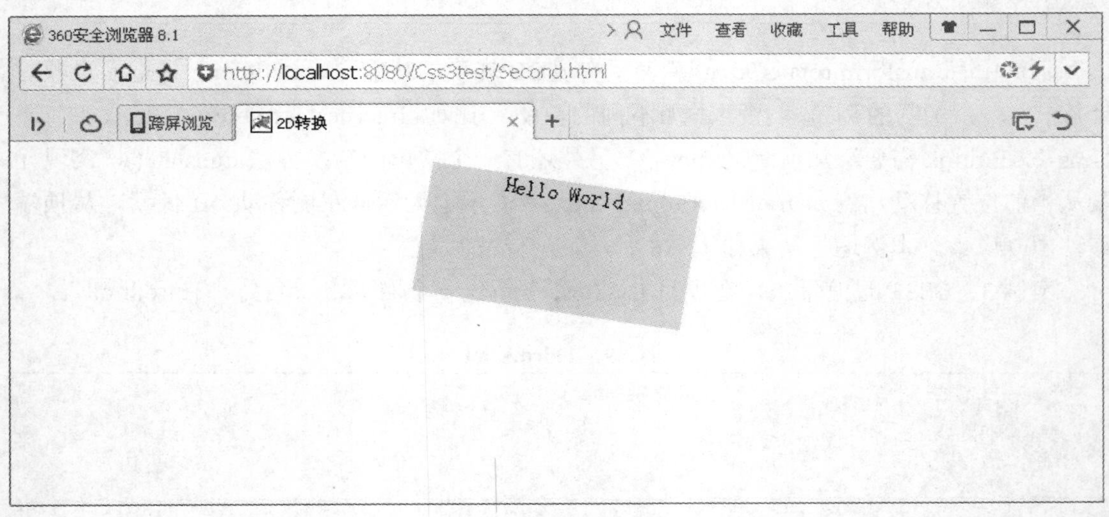

图 2.8　2D 转换效果

CSS 过渡是元素从一种样式逐渐改变为另一种的效果，要实现这一点，必须规定两项内容：规定把效果添加到哪个 CSS 属性上；规定效果的时长。本例中“transition:width 2s, height 2s;”表示应用于宽度和高度属性的过渡效果，时长都为 2s。过渡效果开始于指定的 CSS 属性改变值时，CSS 属性改变的典型时间是鼠标指针位于元素上时，语句“div:hover”表示当鼠标指针悬浮于<div>元素上时，开始 CSS 过渡。本例未过渡的运行效果如图 2.9 所示。过渡后的效果如图 2.10 所示。

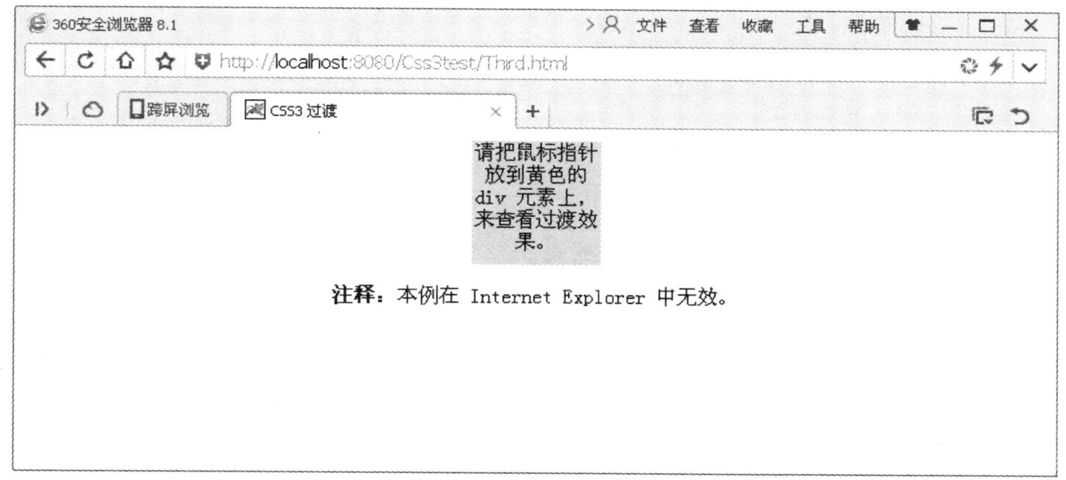

图 2.9　CSS 过渡前界面

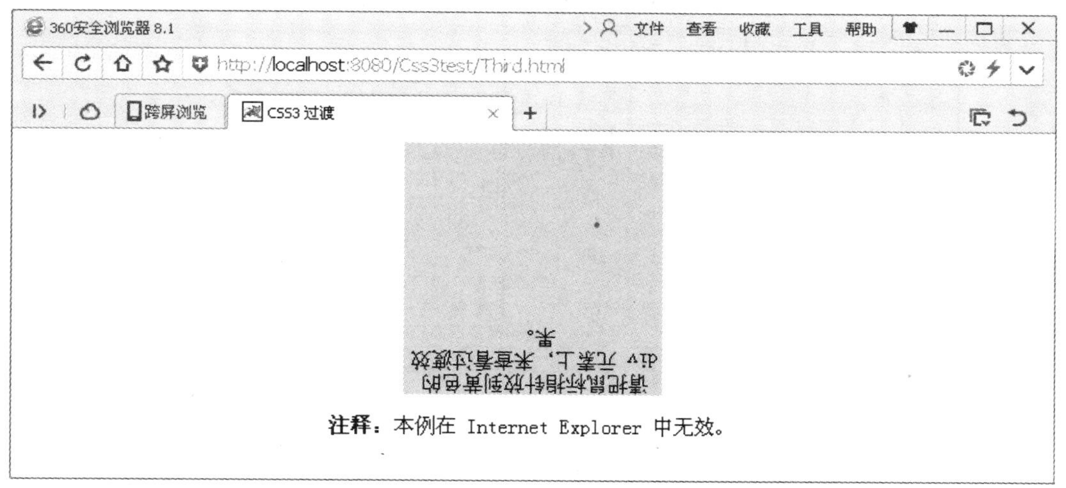

图 2.10　CSS 过渡后界面

2.3　JSP

2.3.1　JSP 基础

JSP 是基于 Java 语言运行在服务器端的动态网页技术，应用开发模式采用的就是浏览

/服务器模式。由浏览器发出请求，当 Web 服务器接收到的请求是 JSP 文件时，首先执行嵌入到 HTML 中的 JSP 代码，通过 JSP 引擎进行编译先把 jsp 文件翻译成 Java 文件，再将 Java 文件编译成字节码.class 文件，处理完成后将结果再嵌入到 HTML 中并返回给浏览器端。JSP 的工作原理如图 2.11 所示。

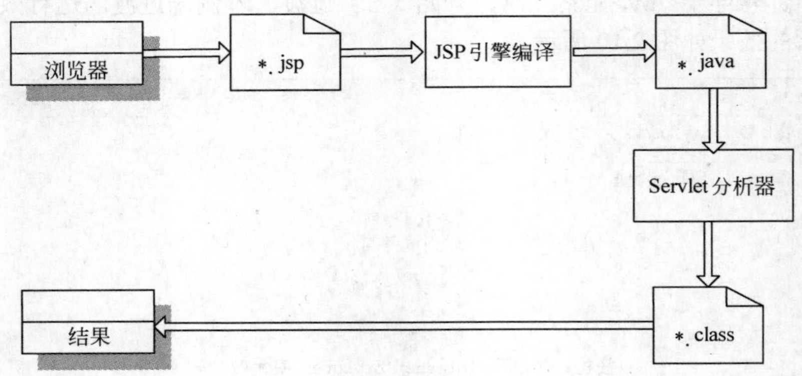

图 2.11　JSP 工作原理

JSP 页面是在静态的 HTML 网页文件中加入 JSP 标记和 Java 程序片段构成的。这样的好处就是将业务逻辑从界面层次分离出来，方便页面的静态或动态内容的修改，提高开发效率。JSP 页面元素结构如图 2.12 所示。

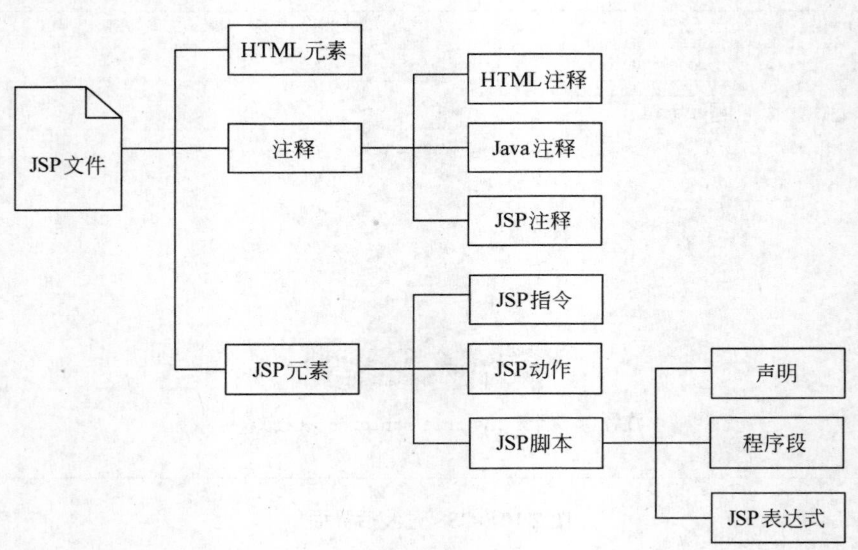

图 2.12　JSP 页面的组成元素

HTML 元素前面已经介绍过，这里详细介绍其他元素内容。

1．注释语句

注释语句是对程序代码的描述。由于 JSP 允许用户将 Java、JSP、HTML 标记放在一个页面上，所以 JSP 页面就有了多种注释的方法。

（1）HTML 注释，具体语法如下：

```
<!--注释内容-->
```

注释的内容不会改变，在浏览器端通过查看源文件可以查看到注释的具体内容。

（2）脚本语言的注释，类似于 Java 语言的注释，具体语法如下：

```
<% //注释内容 %>
<% /*注释内容* %>
```

使用这种注释方式，在浏览器端看不到注释的具体内容。

（3）JSP 注释语句，具体语法如下：

```
<%--注释内容--%>
```

使用这种注释方式，在传输到客户端的过程中会被过滤掉，不会发送到客户端，所以在浏览器端看不到注释的具体内容。

2．JSP 指令元素

JSP 指令为 JSP 引擎而设计，告诉引擎该如何处理 JSP 页面，而不直接产生任何可见输出。指令元素主要用来提供整个 JSP 网页相关的信息，并且用来设定 JSP 页面的相关属性。指令的语法格式如下：

```
<%@ directive {attr="value"}%>
```

其中，directive 为指令名，attr 为指令元素的属性名，value 为属性值，一个指令可包含多个属性，属性之间用空格分隔，每条指令以“<%@>”标记开始，以“%>”标记结束。

JSP 指令有三种，分别为页面设置指令 page、页面包含指令 include 和标记库指令 taglib。

1）page 指令

page 指令用于定义 JSP 文件中有效的属性。该指令可以放在 JSP 页面中的任意位置。page 指令包含多种属性，通过设置这些属性可以影响到当前的 JSP 页面。page 指令中除 import 属性外，其他属性只能在指令中出现一次。具体的语法格式如下：

```
<%@ page
[ language="java" ]
[ extends="package.class" ]
[ import="{package.class | package.*}" ]
[ session="true | false" ]
[ buffer="none | 8kb | sizekb" ]
[ autoFlush="true | false" ]
[ isThreadSafe="true | false" ]
[ info="text" ]
[ errorPage="relativeURL" ]
[ isErrorPage="relativeURL" ]
```

```
[ contentType="mimeType [ ;charset=characterSet ]" | "text/html ; charset=
ISO-8859-1" ]
[ pageEncoding="ISO-8859-1" ]
[ isELlgnored="true | false" ]
%>
```

page 指令的属性及其用法如表 2.6 所示。在使用 page 指令时，不需要列出所有的属性，根据页面需要进行设置即可。

表 2.6　page 指令的属性及其用法

属性	功能	示例
language	用于指定在脚本元素中使用的脚本语言，默认 Java。在 JSP 2.0 规范中，只能是 Java	<%@ page language="java" %>
contentType	设置发送到客户端文档的响应报头的 MIME 类型和字符编码。如使用多个，则以分号分开	<%@ page contentType="text/html;charset=GB2312"%>
session	控制页面是否参与会话，默认 true。如果存在已有会话，则预定义 session 变量，绑定到已有会话中，否则创建新会话，将其绑定到 session	<%@ page session="true" %>
buffer	指定 out 对象（JspWriter）使用的缓冲区大小，以 kb 为单位，默认 8kb。none 表示不使用缓冲区。这样要求设置报头或状态代码的 jsp 元素要出现在文件的顶部，任何 HTML 内容之前	<%@ page buffer="24kb" %>
pageEncoding	只用于更改字符编码。Servlet 默认 MIME 是 text/plain，JSP 默认 MIME 是 text/html	<%@ page pageEncoding="GB2312"%>
import	page 指令中唯一容许在同一文档中出现多次的属性，属性的值可以以逗号隔开。指定 JSP 页面转换成 Servlet 应该输入的包。对于没有明确指定包的类，将根据 JSP 页面所在的包（生成的 Servlet 的目录）决定类的包的位置	<%@ page import="java.util. *" %> <%@ page import="java.io. *" %> 或 <%@ page import="java.util.*,java.io.*" %>
autoFlush	控制当缓冲区满后，采取自动清空输出缓冲区(默认 true)，还是在缓冲区溢出后抛出异常(false)。在 buffer=none 的时候，autoFlush=false 是错误的	
isThreadSafe	采用显式的同步来代替该方法。控制由 JSP 页面生成的 Servlet 是否允许并发访问(默认为 true，允许)。这种阻止并发访问的实现是基于 SingleThreadModel 接口。所以，应避免使用 isThreadSafe 属性	
info	定义一个可以在 Servlet 中通过 getServletInfo 方法获取的字符串。JSP 容器做的是在 Servlet 中生成 getServletInfo 方法返回 info 属性指定的 String	<%@ page info="hello!" %>
errorPage	用来指定一个 JSP 页面，由该页面来处理当前页面中抛出但没有捕获的任何异常。指定的页面可以通过 exception 变量访问异常信息	<%@ page errorPage="error. jsp" %>
isErrorPage	表示当前页是否可以作为其他 JSP 页面的错误页面，true 或 false。错误页面应该放在 WEB-INF 目录下面，只让服务器访问，也不会生成转发的调用，客户端只能看到最初的请求页面 URL，看不到错误页面的 URL	<%@ page isErrorPage= "true" %>

续表

属性	功能	示例
isELlgnored	定义在 JSP 页面中是否执行或忽略 EL 表达式。默认值依赖于 web.xml 的版本。Servlet 2.3 之前默认 true，Servlet 2.4 默认 false	<%@ page isELlgnored= "true" %>

2）include 指令

include 指令用于在当前的 JSP 页面中使用该指令的位置嵌入其他的文件，如果被包含文件有可以执行的代码，则显示代码执行后的结果。include 指令的语法格式如下：

```
<%@ include file="URL"%>
```

其中，file 是属性名，URL 表示被包含文件名及其路径。

include 指令在 JSP 引擎编译阶段加载被包含的页面，并将原页面与被包含页面合成一个新的 JSP 页面，并由 JSP 引擎将这个新的 JSP 页面翻译成.java 文件，所以，在使用 include 指令包含文件时，应注意以下两个问题。

（1）include 指令包含文件的文件名不能是变量，文件名后也不能带任何参数。被包含的文件中最好不使用<html><body>等标签，因为使用它们可能影响原 JSP 页面的标签。

（2）如果在文件名中包含路径信息，则路径必须是相对于当前 JSP 网页文件的路径，一般情况下该文件必须和当前 JSP 页面在同一项目中。

3）taglib 指令

taglib 指令用于引入一些特定的标记库以简化 JSP 页面的开发。这些标记可以是 JSP 标准标记库（JSP Standard Tag Library，JSTL）中的标记，也可以是开发人员自己定义和开发的标记。使用标记库的主要好处是增加了代码的重用度，使页面易于维护。使用 JSP 标记库的语法格式如下：

```
<%@ taglib prefix="tagPrefix" uri="taglibURI" %>
```

其中，prefix 指出要引入的标记的前缀，uri 用于指出所引用标记资源的位置，可采用相对和绝对地址两种。例如：

```
<%@ taglib prefix="s" uri="/struts-tags"%>
```

表示要使用 struts 标记库，标记库的前缀是 s。

3．JSP 动作元素

JSP 动作元素是在 JSP 页面请求或执行阶段根据具体情况采取相应的处理。如动态插入文件、调用 JavaBean 等。Servlet 容器在处理 JSP 页面时，如果遇到动作元素，会根据其标识进行特殊的处理。JSP 动作元素的语法格式有以下两种。

（1）空标记格式：

```
<prefix:tag attribute=value attribute-list.../>
```

（2）非空标记格式：

```
<prefix:tag attribute=value attribute-list...>
```

```
    ...
</prefix:tag>
```

其中，prefix 为前缀，JSP 规定了一系列的标准动作，它们用 jsp 作为前缀。常用的 JSP 动作元素如表 2.7 所示。

表 2.7　JSP 常用动作

名称	说明
<jsp:include>	在页面被请求的时候引入一个文件
<jsp:forward>	将请求转到一个新的页面
<jsp:plugin>	根据浏览器类型为 Java 插件生成 Object 或 Embed 标记
<jsp:useBean>	寻找或实例化一个 JavaBean
<jsp:setProperty>	设置 JavaBean 属性
<jsp:getProperty>	输出 JavaBean 属性
<jsp:param>	不同页面之间传递参数

1）<jsp:include>

该指令允许 JSP 页面在请求的时间内包含静态或动态的资源，包含的资源可以是 txt 文件、JSP 文件、HTML 文件或 Servlet 文件。

<jsp:include>的语法格式有以下两种。

```
<jsp:include page="{relativeURI|<%expression%>}" flush="true|false" />
```

或

```
<jsp:include page="{relativeURI|<%expression%>}" flush="true|false" >
<jsp:param name="ParameterName" value="ParameterValue" .../>
</jsp:include>
```

语法说明：

page="{relativeURI|<%expression%>}"为相对路径或代表相对路径的表达式。若以"/"开头，那么路径是参照 JSP 应用的上下关系路径；若路径是以文件名或目录名开头，则路径就是正在使用 JSP 文件的当前路径。

flush="true|false"中默认为 false，但要使用缓冲区设置，必须设置为 true。

<jsp:param>用来传递一个或多个参数给动态文件，用户可以在一个页面中使用多个<jsp:param>来传递多个参数。

2）<jsp:forward>

该指令用于页面的转发，即将一个 JSP 的内容传送到指定的 JSP 程序或者 Servlet 中处理。请求被转向的资源必须同 JSP 发送请求在同一个上下文环境。

<jsp:forward >动作指令的语法格式有以下两种。

```
<jsp:forward page={"relativeURL" | "<%= expression %>"} />
```

或

```
<jsp:forward page={"relativeURL" | "<%= expression %>"} >
```

```
<jsp:param name="parameterName" value="{parameterValue | <%= expression %>}"/>
</jsp:forward>
```

语法说明：

page={"{relativeURI|<%expression%>"}为要转向的资源，可以用表达式或字符串表示。

使用<jsp:param>指令，其转向的资源传递参数。

3）<jsp:param>

该元素用于页面之间传递参数，一般作为<jsp:include>、<jsp:forword>或<jsp:plugin>元素的子元素使用。

<jsp:param>的语法格式为：

```
<jsp:param name="parameterName" value="{parameterValue | <%= expression %>}"/>
```

name 表示传递参数的名称。

value 表示传递参数的值，该值可以是一个字符串或变量值。

4）<jsp:useBean>、<jsp:setProperty>和<jsp:getProperty>

JSP 使用<jsp:useBean>元素引入 JavaBean 对象，使用<jsp:setProperty>和<jsp:getProperty>元素实现在页面中对 JavaBean 的属性进行取值和赋值。

4. JSP 脚本元素

JSP 中脚本元素包括三部分：声明语句、脚本段和 JSP 表达式，在 JSP 页面中需要通过特殊的约定来表示这些元素。

1）声明语句

声明语句用来在 JSP 页面中声明变量或者定义方法。任何一个变量在 JSP 页面中进行了声明，它的作用域范围就是当前页面。

声明的语法格式为：

```
<%! 声明变量或方法 %>
```

例如：

```
<%!int i=0;
synchronized void visitor(){
i++;
}
%>
<%visitor();%>
<p>您是第<%=i%>位访客</p>
```

这段代码声明了变量 i，i 的作用域就是当前整个页面，另外声明了同步方法 visitor()，该方法的作用域也是当前整个页面，在本页的其他部分可以被调用，由于定义了该方法为同步方法，所以当前方法被执行时，不允许其他访客使用。

2）程序段

程序段可以包含任何数量的代码，一般指的就是 Java 代码，嵌在“<% %>”标记中。一个 JSP 页面可以有任意数量的程序段，所有同一个转换单元中的脚本程序段，按出现在

JSP 页面的顺序组合在一起，必须构成一个有效的语句序列。脚本段使用格式如下：

<% Java 代码 %>

3）JSP 表达式

使用 JSP 表达式能把 Java 数据向页面直接输出，表达式执行后返回 String 类型的结果值。其使用格式如下：

<%=Java 变量或返回值的方法名称%>

JSP 表达式与程序段中的 out.print()方法实现的功能相同。如果表达式输出的是一个对象，则该对象的 toString()方法被调用，表达式将输出 toString()方法返回的内容。

2.3.2 案例

案例 1. 使用 JSP 技术实现学生注册的功能。新建一个 Web 项目，命名为“Jsptest”，新建一个 JSP 页面，命名为“Index.jsp”，见例 2.10。

例 2.10 Index.jsp

```
<%@ page language="java" import="java.util.*" pageEncoding="GB2312"%>
<html>
<head>
<title>用户注册</title>
</head>
<body>
<center>
<h2>学生注册</h2>
<form action="doSubmit.jsp" method="post">
  <table border=0>
     <tr valign="top">
        <td align="right">姓名: </td>
        <td align="left"><input type="text" name="name" maxlength="50" size=
        "40" value="kitty"/></td>
     </tr>
     <tr valign="top">
        <td align="right">email: </td>
        <td align="left"><INPUT type="text" name="email" maxlength="80"
        size="40" value="yourname@qq.com" /></td>
     </tr>
     <tr valign="top" >
    <td align="right">性别: </td>
        <td align="left">
        <INPUT type="radio" name="sex" value="男" checked="true"/>男
    <INPUT type="radio" name="sex" value="女"/>女
      </td>
    </tr>
        <tr valign="top" >
    <td align="right">注册地区: </td>
```

```
        <td align="left">
        <select name="regTelephone">
      <option value="800-810-2008" >北京</option>
      <option value="800-820-2008" selected="true">上海</option>
    </select>
    </td>
    </tr>
    <tr valign="center" >
    <td align="right">个人简介: </td>
       <td align="left">
       <textarea rows="5" cols="40" name="intro"></textarea>
    </td>
    </tr>
    <tr valign=top>
      <td colspan="2" align="center">
        <INPUT type="submit" value="注册"/><INPUT type="reset"/>
      </td>
    </tr>
 </table>
 </form>
</center>
</body>
</html>
```

再建一个页面 doSubmit.jsp，用来获取学生填写的数据信息。

例 2.10　doSubmit.jsp

```
<%@ page language="java" import="java.util.*" pageEncoding="GB2312"%>
<html>
<title>用户注册</title>
<body>
<h2>您提交的内容如下: </h2>
<%
String name=new String(request.getParameter("name").getBytes
("ISO8859_1"),"gbk");
String email=new String(request.getParameter("email").getBytes
("ISO8859_1"),"gbk");
String sex=new String(request.getParameter("sex").getBytes
("ISO8859_1"),"gbk");
String regTelephone=new String(request.getParameter("regTelephone")
.getBytes("ISO8859_1"),"gbk");
String intro=new String(request.getParameter("intro").getBytes
("ISO8859_1"),"gbk");
out.print(name);
out.print("<br>");
```

```
    out.print(email);
    out.print("<br>");
    out.print(sex);
    out.print("<br>");
    out.print(regTelephone);
    out.print("<br>");
    out.print(intro);
    %>
    </body>
    </html>
```

本示例中 Index.jsp 页面第一行是 page 指令的使用，接下来使用了 form 表单，运用单行文本框、单选按钮、多行文本框等多个控件进行了页面的布局。doSubmit.jsp 页面嵌入了 Java 脚本程序段，使用了 JSP 中的内置对象 request，通过 request.getParameter 获取 Index.jsp 页面中的数据信息，并进行了字符编码的转换。Index.jsp 页面运行的结果如图 2.13 所示。输入数据提交后的结果如图 2.14 所示。

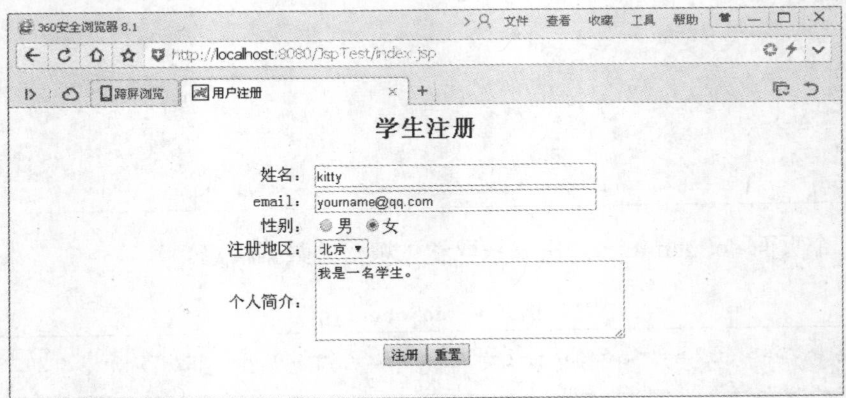

图 2.13　学生注册界面

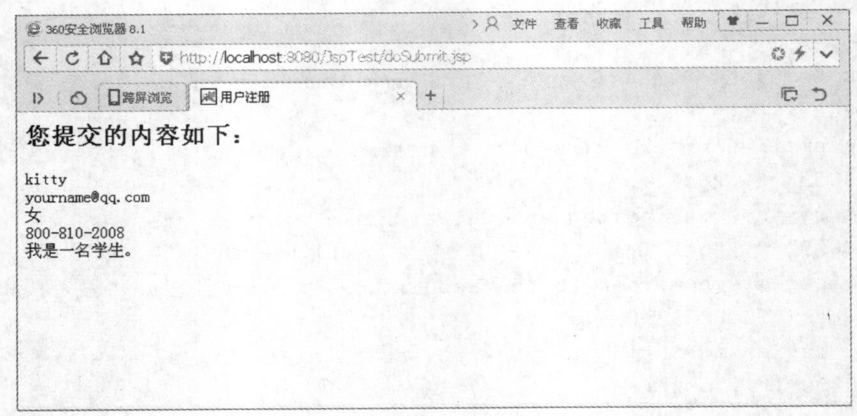

图 2.14　数据信息的获取界面

2.4 Servlet

2.4.1 Servlet 基础

Servlet 是 1997 年由 Sun 和其他几个公司提出的一项技术，使用该技术能将 HTTP 请求和响应封装在标准 Java 类中，从而实现各种 Web 应用方案。Servlet 是使用 Java 语言编写的服务器端程序，它能够接受客户端的请求并产生响应。与常规的 CGI 程序相比，Servlet 具有更好的可移植性和安全性，以及更强大的功能等特点。

Servlet 是对支持 Java 的 Web 服务器的一种扩充，每当请求到达服务器时，Servlet 负责对请求做出相应的响应。Servlet 最常见的功能包括以下几种。

（1）基于客户端的响应，给客户端生成并返回一个包含动态内容的 HTML 页面。

（2）可生成一个 HTML 片段，并能将其嵌入到现有 HTML 页面中。

（3）能够在其内部调用其他的 Java 资源并与多种数据库进行交互。

（4）可同时与多个客户机进行连接，包括接收多个客户机的输入并将结果返回给多个客户机。

（5）在不同的情况下，可将服务器与 Applet 的连接保持在不同的状态。

（6）对特殊的处理采用 MIME 类型过滤数据。

（7）将定制的处理提供给所有服务器的标准例行程序。例如，Servlet 可以修改如何认证用户。

使用 Servlet 主要有以下几个优势。

1．高效性

传统 CGI 中，对每个请求都要启动一个新的进程，启动进程所需要的开销在有些情况下就可能很大，而 Servlet 在服务器上仅有一个 Java 虚拟机在运行，每个 Servlet 请求都作为持久性进程中的一个单独线程得以执行，相对于传统 CGI 而言，显然效率要高得多。

2．方便性

Servlet 提供了大量的实用工具例程。例如，自动解析和编码 HTML 表单数据、读取和设置 HTTP 头、处理 Cookie、跟踪会话等。

3．功能强大

许多传统 CGI 程序很难完成的工作使用 Servlet 就可轻松完成。例如，Servlet 能够直接和 Web 服务器交互，而普通的 CGI 程序则不能。Servlet 还能够在各个应用程序之间共享数据，使得数据库连接池之类的功能很容易实现。

4．跨平台性

Servlet 采用 Java 语言编写，在有 Java 运行环境的任何操作系统上都可运行。

5．成本低

许多廉价甚至免费的 Web 服务器可供个人或小规模网站使用，而且对于现有的服务器，即使它不支持 Servlet，要加上这部分功能也往往是免费的（或只需要极少的投资）。

6．可扩展性

Servlet 采用 Java 语言编写，而且得到了广泛的支持，因此基于 Servlet 的应用具有很好的扩展性。

使用 Servlet 必须掌握它的生命周期，Servlet 生命周期如图 2.15 所示。

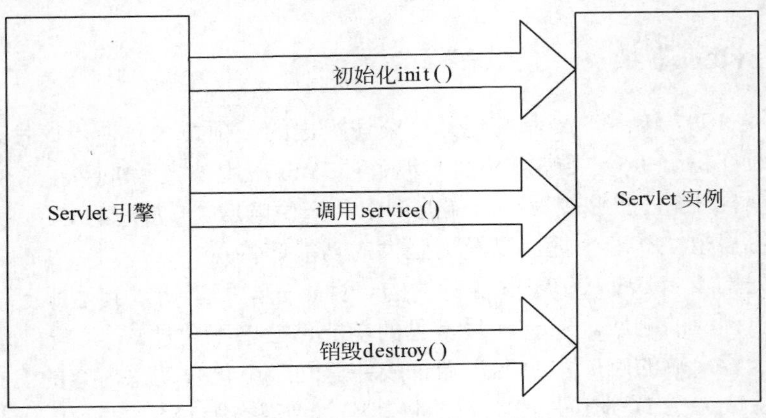

图 2.15 Servlet 生命周期

1）初始化 Servlet 实例

Servlet 加载和实例化是由容器负责完成的。加载和实例化 Servlet 其实指的是将 Servlet 类载入 JVM（Java 虚拟机）中并初始化。将 Servlet 类载入 JVM 中存在三种可能：当服务器启动时，第一次接收请求时或根据管理员要求。

当服务器启动时，首先 Web 容器会定位 Servlet 类，然后加载它，Web 容器加载 Servlet 类以后，就会实例化该类的一个或者多个实例，Servlet 被实例化后，Web 容器会在客户端请求以前首先初始化它，其方式就是调用它的 init()方法，并传递实现 ServletConfig 接口的对象。执行完 init()方法后，Servlet 就会处于“已初始化”状态。在初始化阶段，Servlet 实例可能会抛出 ServletException 异常或 UnavailableException 异常。

2）调用

Servlet 初始化完毕以后，就可以用来处理客户端的请求了。当客户端发来请求时，容器会首先为请求创建一个 ServletRequest 对象和 ServletResponse 对象，其中，ServletRequest 代表请求对象，ServletResponse 代表响应对象。然后会调用 service()方法，并把请求和响应对象作为参数传递，从而把请求委托给 Servlet。在每次请求中，ServletRequest 对象负责接收请求，ServletResponse 对象负责响应请求。

在 HTTP 请求的情况下，容器会调用与 HTTP 请求的方法相应的 doXXX()方法，例如，若 HTTP 请求的方式为 GET，容器会调用 doGet()方法，若 HTTP 请求的方式为 POST，容器会调用 doPost()方法。

Servlet 在处理客户端请求的时候有可能会抛出 ServletException 异常或者 UnavailableException 异常。

3）卸载 Servlet

Servlet 的卸载是由 Web 容器定义和实现的，因为资源回收或其他原因，当 Servlet 需要销毁时，Web 容器会在所有 Servlet 的 service()线程完成之后（或在容器规定时间后）调用 Servlet 的 destroy()方法，以此来释放系统资源，比如数据库的连接等。

在 destroy()方法调用之后，容器会释放 Servlet 实例，该实例随后会被 Java 的垃圾收集器所回收。如果再次需要这个 Servlet 处理请求，Servlet 容器会创建一个新的 Servlet 实例。

在应用程序中，所有的 Servlet 都必须直接或者间接地实现 javax.servlet.Servlet 接口，而在实际的开发过程中最常使用的则是继承 javax.servlet.Servlet 接口的实现类 javax.servlet.GenericServlet 或 javax.servlet.http.HttpServlet。

2.4.2 案例

案例 1．一个普通的 Servlet 只需扩展 javax.servlet.GenericServlet 即可，GenericServlet 类定义了一个普通的、协议无关的 Servlet，使用 GenericServlet 类可使编写 Servlet 变得简单。新建一个 Web 项目，命名为"ServletTest"，新建一个包命名为"com"，然后创建一个 Java 类，命名为"FirstServlet.java"，见例 2.11。

例 2.11　FirstServlet.java

```
package com;
import java.io.IOException;
import java.io.PrintWriter;
import javax.servlet.GenericServlet;
import javax.servlet.ServletException;
import javax.servlet.ServletRequest;
import javax.servlet.ServletResponse;
public class FirstServlet extends GenericServlet{
public void service(ServletRequest request, ServletResponse response)
        throws ServletException, IOException {
      response.setCharacterEncoding("GBK"); //设置响应的编码类型为 GBK
      PrintWriter out=response.getWriter(); //获取输出对象
      out.println("<html>");
      out.println("<head>");
      out.println("<title>Servlet 简单例子</title>");
      out.println("</head>");
      out.println("<body>");
      out.println("<center>");
      out.println("<h2>这是第一个 Servlet 的例子</h2>");
      out.println("</center>");
      out.println("</body>");
      out.println("</html>");
      out.close();     //关闭输出对象
   }
}
```

Servlet 与普通的 Java 程序不同的地方在于 Servlet 需要配置 web.xml 文件，设置<servlet>元素和<servlet-mapping>元素，其中，<servlet>元素用来定义 Servlet 的名字和具体的类路径，<servlet-mapping>元素用来为 Servlet 配置运行的映射路径。

例 2.11　web.xml

```
<!-- 配置 Servlet -->
<servlet>
    <servlet-name>FirstServlet</servlet-name>
    <servlet-class>com.FirstServlet</servlet-class>
</servlet>
<!-- 配置 Servlet 映射路径 -->
<servlet-mapping>
    <servlet-name>FirstServlet</servlet-name>
    <url-pattern>/servlet</url-pattern>
</servlet-mapping>
```

打开浏览器，输入地址“http://localhost:8080/ServletTest/servlet”，Web 容器会根据映射路径/servlet 找到要运行的 Servlet 类名为 FirstServlet，再根据类名 FirstServlet，找到 com 包下的 FirstServlet.java 类，然后运行该类，结果如图 2.16 所示。

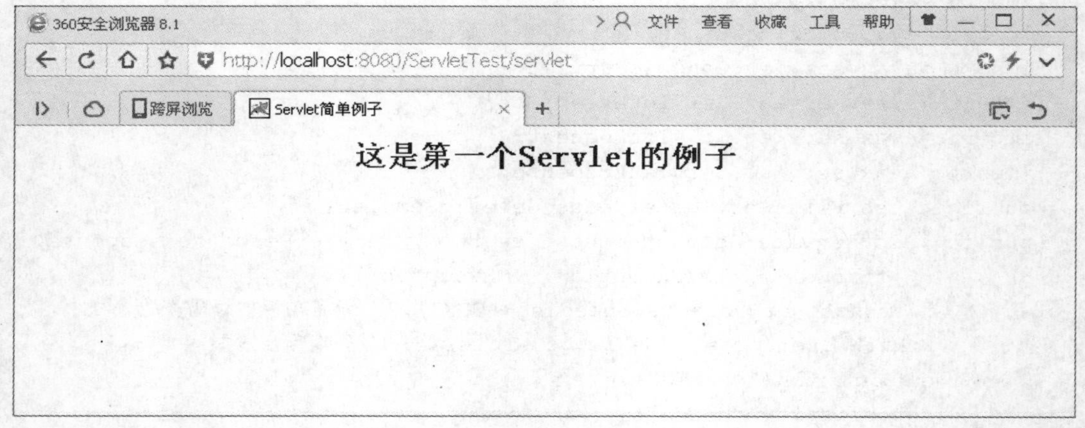

图 2.16　简单 Servlet

案例 2. 创建用于 Web 应用的 Servlet 类，需要扩展 javax.servlet.http.HttpServlet，HttpServlet 可用于处理 HTTP 请求。在 Web 项目 ServletTest 下，再新建一个 Java 类，命名为“SecondServlet.java”。

例 2.12　SecondServlet.java

```
package com;
import java.io.IOException;
import java.io.PrintWriter;
import javax.servlet.ServletException;
import javax.servlet.http.HttpServlet;
import javax.servlet.http.HttpServletRequest;
import javax.servlet.http.HttpServletResponse;
public class SecondServlet extends HttpServlet {
```

```
protected void doGet(HttpServletRequest req, HttpServletResponse resp)
            throws ServletException, IOException {
resp.setCharacterEncoding("GBK");         //设置响应的编码类型为 GBK
PrintWriter out=resp.getWriter();         //获取输出对象
out.println("<html>");
out.println("<head>");
out.println("<title>HttpServlet 简单例子</title>");
out.println("</head>");
out.println("<body>");
String name=req.getParameter("name");   //获取请求的参数
if(name==null||name.equals("")){
    name="kitty";
}
    out.println("<h2>你好，"+name+"<br>这是使用 HttpServlet 的例子</h2>");
    out.println("</body>");
    out.println("</html>");
    out.close();                          //关闭输出对象
    }
    protected void doPost(HttpServletRequest req, HttpServletResponse resp)
            throws ServletException, IOException {
    this.doGet(req, resp);
    }
}
```

例 2.12　web.xml

```
<!-- 配置 Servlet -->
<servlet>
   <servlet-name>SecondServlet</servlet-name>
   <servlet-class>com.SecondServlet </servlet-class>
</servlet>
<!-- 配置 Servlet 映射路径 -->
<servlet-mapping>
<servlet-name> SecondServlet </servlet-name>
   <url-pattern>/httpServlet</url-pattern>
</servlet-mapping>
```

本例的 Servlet 类能处理 HTTP 请求，doGet（HttpServletRequest req, HttpServletResponse resp）方法中实例化请求对象 req 和响应对象 resp，因为要向客户端输出内容，所以使用语句“resp.setCharacterEncoding("GBK");”来设置响应的编码类型为 GBK，支持汉字的输出。运行结果如图 2.17 所示，因为没有传递任何参数，name 的值为空，所以赋值为 kitty。

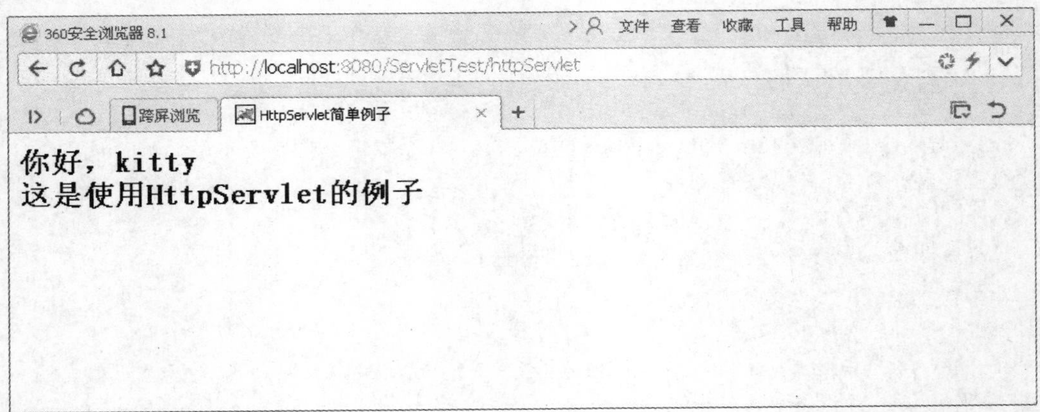

图 2.17 HttpServlet 应用实例

2.5 数据库操作

2.5.1 数据库连接

JDBC（Java Database Connectivity，Java 数据库连接）是一套面向对象的应用程序接口，它制定了统一的访问各类关系数据库的标准接口，为各个数据库厂商提供了标准接口的实现。通过使用 JDBC 技术，开发人员可以用纯 Java 语言和标准的 SQL 语句编写完整的数据库应用程序，并且真正地实现了软件的跨平台性。JDBC 为开发人员提供了一个标准的 API，据此可以构建更高级的工具和接口，使开发人员能够编写数据库应用程序。

1．安装驱动程序

使用 JDBC 操作数据库首先必须要安装驱动程序，大多数数据库都有 JDBC 驱动程序，常见的驱动程序如表 2.8 所示。

表 2.8 数据库驱动程序

数据库名称	类包名	驱动名称与 URL 地址
SQL Server 2000	msbase.jar mssqlserver.jar msutil.jar	com.microsoft.jdbc.sqlserver.SQLServerDriver jdbc:microsoft:sqlserver://localhost:1433;DatabaseName=数据库名称
SQL Server 2005	sqljdbc.jar	com.microsoft.sqlserver.jdbc.SQLServerDriver jdbc:sqlserver://localhost:1433;databaseName=数据库名称
MySQL	mysql-connector-java-3.0.16-ga-bin.jar	com.mysql.jdbc.Driver jdbc:mysql://localhost:3306/数据库名称
Oracle	class12.jar	oracle.jdbc.driver.OracleDriver jdbc:oracle:thin:@dssw2k01:1521:数据库名称
DB2	db2jcc.jar	com.ibm.db2.jdbc.net.DB2Driver jdbc:db2://localhost:6789/数据库名称
Derby	derby.jar	org.apache.derby.jdbc.EmbeddedDriver jdbc:derby://localhost:1527:数据库名称;create=false

2．JDBC 核心编程接口

使用 JDBC 方式连接数据库，主要有下面几个核心接口。

（1）Driver：数据库的驱动程序，任何一种数据库驱动程序都提供一个 java.sql.Driver 接口的驱动类，在加载某个数据库驱动程序的驱动类时，都创建自己的实例对象并向 java.sql.DriverManage 类注册该实例对象。

（2）DriverManager：负责加载各种不同驱动程序（Driver），并根据不同的请求，向调用者返回相应的数据库连接（Connection）。管理 JDBC 驱动程序的基本服务，作用于用户和驱动程序之间，负责追踪可用的驱动程序，并在数据库和相应驱动程序之间建立连接。另外，DriverManager 类也处理驱动程序登录时间限制及登录和跟踪消息的显示等事务。DriverManager 注册一般通过 Class 静态类中的 forName()方法进行调用。例如“Class.forName("com.mysql.jdbc.Driver");”表示加载 MySQL 数据库的驱动程序。

（3）Connection：数据库连接，负责与数据库间通信，执行 SQL 以及事务处理等，都是在某个特定 Connection 环境中进行的。可以产生用以执行 SQL 的 Statement。加载驱动类并在 DriverManager 类中注册后，即可用来与数据库建立连接。当调用 DriverManager 类中 getConnection()方法发出连接请求时，DriverManager 类将检查每个驱动程序，并查看该类是否可以建立连接。

（4）Statement：用来执行静态的 SQL 语句，并返回执行结果。

（5）PreparedStatement：继承并扩展了 Statement 接口，用来执行动态的 SQL 语句。PreparedStatement 接口包含已编译的 SQL 语句，并且包含于 PreparedStatement 对象中的 SQL 语句可以具有一个或多个参数。该语句为每个参数保留一个问号“？”作为占位符。每个问号的值必须在该语句执行之前，通过适当的 setXXX()方法来提供。由于 PreparedStatement 对象已预编译过，所以其执行速度要快于 Statement 对象。

（6）CallableStatement：用于调用数据库中的存储过程。

（7）SQLException：代表在数据库连接的创建和关闭或 SQL 语句的执行过程中发生了例外情况（即错误）。

（8）ResultSet：结果集 java.sql.ResultSet 接口类似于一个数据表，通过该接口的实例可以获得检索结果集以及对应的数据表相关信息。ResultSet 实例通过执行查询数据库的语句生成。一个 Statement 对象在同一时刻只能打开一个 ResultSet 对象，然后通过字段的序号或者字段的名字来获取某个字段的值。

3．使用 JDBC 操作数据库步骤

（1）新建一个 Web 项目。

（2）复制数据库的驱动程序压缩包。

（3）加载 JDBC 驱动程序。

例如，加载 MySQL 数据库的语句如下：

```
Class.forName("com.mysql.jdbc.Driver").newInstance();
```

（4）创建数据库连接。

从 DriverManager 中，通过 JDBC URL、用户名、密码来获取相应的数据库连接：

//定义 MySQL 数据库的连接地址

```
public final String DBURL = "jdbc:mysql://localhost:3306/test" ;
// MySQL 数据库的连接用户名
public final String DBUSER = "root" ;
// MySQL 数据库的连接密码
public final String DBPASS = "mysqladmin" ;
Connection conn = DriverManager.getConnection(DBURL,DBUSER,DBPASS) ;
```

（5）执行 SQL 语句。

在获取 Connection 之后，便可以创建 Statement 用以执行 SQL 语句。下面是一个插入数据的例子。

```
Statement stmt = conn.createStatement();
stmt.executeUpdate( "INSERT INTO MyTable( name ) VALUES ( 'my name' ) " );
```

（6）获得查询结果。

查询（SELECT）的结果存放于结果集（ResultSet）中，可以按照顺序依次访问，代码如下。

```
Statement stmt = conn.createStatement();
ResultSet rs = stmt.executeQuery( "SELECT * FROM MyTable" );
while ( rs.next() ){
    int numColumns = rs.getMetaData().getColumnCount();
    for ( int i = 1 ; i <= numColumns ; i++ )
{
        //与大部分 Java API 中下标的使用方法不同，字段的下标从 1 开始
        //当然，还有其他很多的方式（ResultSet.getXXX()）获取数据
        System.out.println( "COLUMN " + i + " = " + rs.getObject(i) );
    }
}
```

（7）关闭连接。

在关闭数据库连接时应该以 ResultSet、Statement、Connection 的顺序进行。对于 ResultSet，Statement，Connection 的关闭有这样一种关系：关闭一个 Statement 会把它的所有的 ResultSet 关闭掉，关闭一个 Connection 会把它的所有的 Statement 关闭掉。调用 ResultSet、Statement、Connection 的 close()方法来释放资源和关闭连接。

```
rs.close();
stmt.close();
conn.close();
```

2.5.2 案例

案例 1. 使用 JDBC 将用户注册信息保存到 MySQL 数据库中，然后再查询出来并在 JSP 页面中显示。首先新建一个 Web 项目，命名为“MysqlTest”，导入数据库的驱动程序包文件，放在 web-int/lib 文件夹下，再新建一个 JSP 文件，命名为“register.jsp”，用于界面布局，用户输入注册信息，代码见例 2.13。

例 2.13 register.jsp

```
<%@ page language="java" import="java.util.*" pageEncoding="gb2312"%>
<html>
<title>用户注册</title>
<body>
<center>
<h2>用户注册</h2>
<FORM action="DoSubmit.jsp" method="post">
  <table border=0>
    <tr valign="top">
      <td align="right">姓名: </td>
      <td align="left"><input type="text" name="name" maxlength="50"
      size="40"
value="kitty"/></td>
    </tr>
    <tr valign="top" >
      <td align="right">性别: </td>
      <td align="left">
        <INPUT type="radio" name="sex" value="男" />男
        <INPUT type="radio" name="sex" value="女" />女
      </td>
    </tr>
    <tr valign="top">
      <td align="right">电话: </td>
      <td align="left"><INPUT type="text" name="regTelephone" maxlength=
      "80" size="40"/>
</td>
     </tr>
     <tr valign="top">
       <td align="right">email: </td>
       <td align="left"><INPUT type="text" name="email" maxlength="80" size=
       "40"  /></td>
    </tr>
    <tr valign="top" > </tr>
    <tr valign="center" >
      <td align="right">个人简介: </td>
      <td align="left">
      <textarea rows="5" cols="40" name="intro"></textarea>
      </td>
    </tr>
    <tr valign=top>
```

```
      <td colspan="2" align="center">
        <INPUT type="submit" value="注册"/><INPUT type="reset"/>
      </td>
    </tr>
  </table>
</FORM>
</center>
</body>
</html>
```

建立 DoSubmit.JSP 文件，使用 request 对象获取 register.jsp 页面的信息，使用 JSP 表达式将用户信息显示到页面上。然后通过 JDBC 的方式连接数据库，使用 INSERT INTO 语句将用户信息插入到表 users 中，然后再通过 SELECT 语句查询出来，以表格的方式显示到页面上。

例 2.13　DoSubmit.JSP

```
<%@page contentType="text/html;charset=GBK" import="java.sql.*"%>
<html>
<title>用户注册</title>
<body>
<%
Connection con = null;
Statement stmt = null;
ResultSet rs = null;
request.setCharacterEncoding("GB2312");
String name = request.getParameter("name");
String sex = request.getParameter("sex");
String regTelephone = request.getParameter("regTelephone");;
String email = request.getParameter("email");
String intro = request.getParameter("intro");
%>
<h4>您提交的内容如下: </h4>
regTelephone:<%= regTelephone %><br/>
email: <%= email %><br/>
name: <%= name %><br/>
sex: <%= sex %><br/>
intro: <%= intro %><br/>
<h4>使用 JDBC 将用户注册信息保存到数据库中</h4>
<%
try {
Class.forName("com.mysql.jdbc.Driver").newInstance();
```

```
con = DriverManager.getConnection("jdbc:mysql://localhost:3306/mytest?
user=root&password=123456");
stmt = con.createStatement();
String upd = "INSERT INTO users(name,sex,regTelephone,email,intro) "+"VALUES
('"+name+"','"+
            sex+"','"+regTelephone+"','"+
           email+"','"+intro+"')";
stmt.executeUpdate(upd);
String query = "SELECT * FROM users";
rs = stmt.executeQuery(query);
%>
<h4>从 users 取出所有注册者的信息</h4>
<table border="1">
<tr>
<th>姓名</th><th>性别</th><th>电话</th><th>Email</th><th>个人爱好</th>
</tr>
<%  while ( rs.next() ) {
    out.println("<tr>");
    out.println("<td>" + rs.getString("name") + "</td>");
    out.println("<td>" + rs.getString("sex") + "</td>");
    out.println("<td>" + rs.getString("regTelephone") + "</td>");
    out.println("<td>" + rs.getString("email") + "</td>");
    out.println("<td>" + rs.getString("intro") + "</td>");
    out.println("</tr>");
    }
}catch(SQLException sqle){
out.println("sqle="+sqle);
}finally{
    try { rs.close();
      stmt.close();
      if(con != null) con.close();
    }catch(SQLException sqle){
      out.println("sqle="+sqle);
    }
}
%>
</body>
</html>
```

打开浏览器，运行 register.jsp，并填写个人信息，结果如图 2.18 所示，单击“注册”按钮，结果如图 2.19 所示。

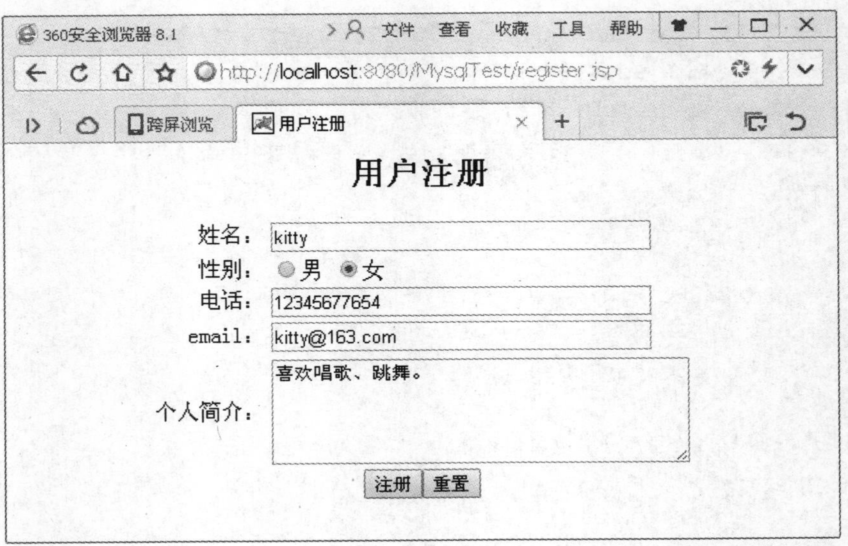

图 2.18　用户注册界面

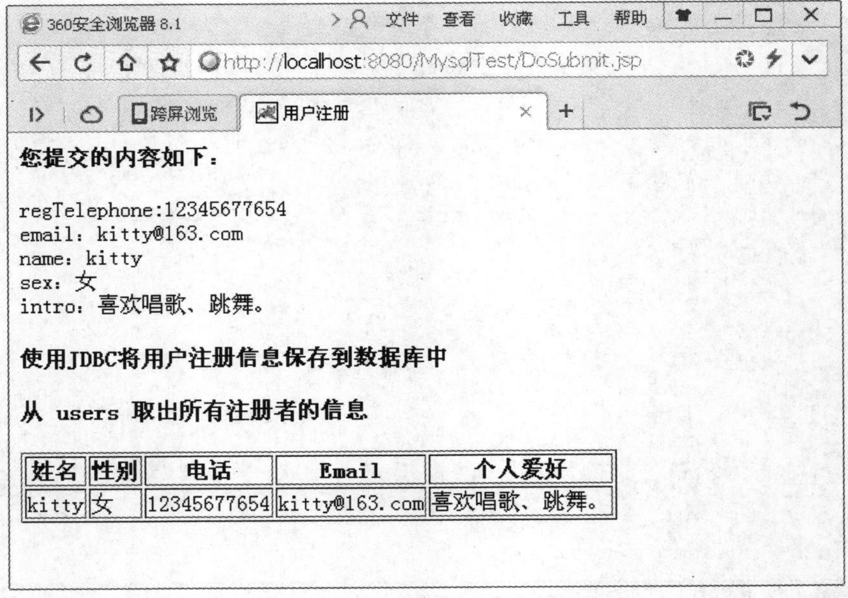

图 2.19　数据库操作界面

2.6　Ajax

2.6.1　Ajax 基础

Jesse James Garrett 在 2005 年的 2 月发表的 *Ajax: A New Approach to Web Applications XML* 文章中提出 Ajax 的概念，Ajax 就是异步的 JavaScript 与 XML。它是由几种技术结合

使用形成的新功能。主要包括：

（1）使用 XHTML 和 CSS 的基于标准的表示技术。

（2）使用 DOM 进行动态显示和交互。

（3）使用 XML 和 XSLT 进行数据交换和处理。

（4）使用 XMLHttpRequest 进行异步数据检索。

（5）使用 JavaScript 将以上技术融合在一起。

Ajax 技术能够提高网站请求的响应速度。使用传统的 Web 应用模型时，客户端的用户行为或动作触发一个连接到 Web 服务器的 HTTP 请求时，用户要等待服务器完成处理后，再返回一个 HTML 页面到客户端，如图 2.20 所示。

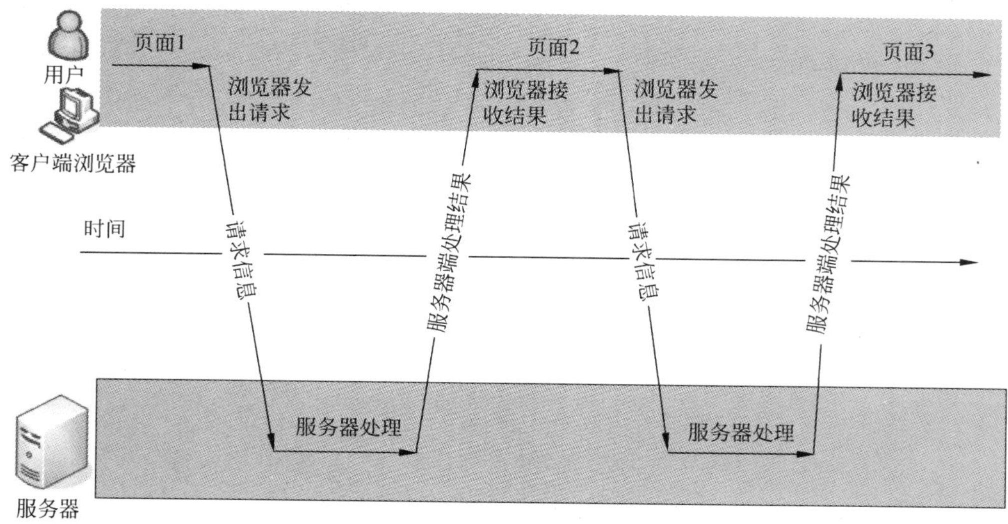

图 2.20　传统的 Web 应用模型

与此不同，Ajax 通过在用户和服务器之间引入一个 Ajax 引擎，用异步的方式实现用户与程序的交互，Ajax 模型如图 2.21 所示。

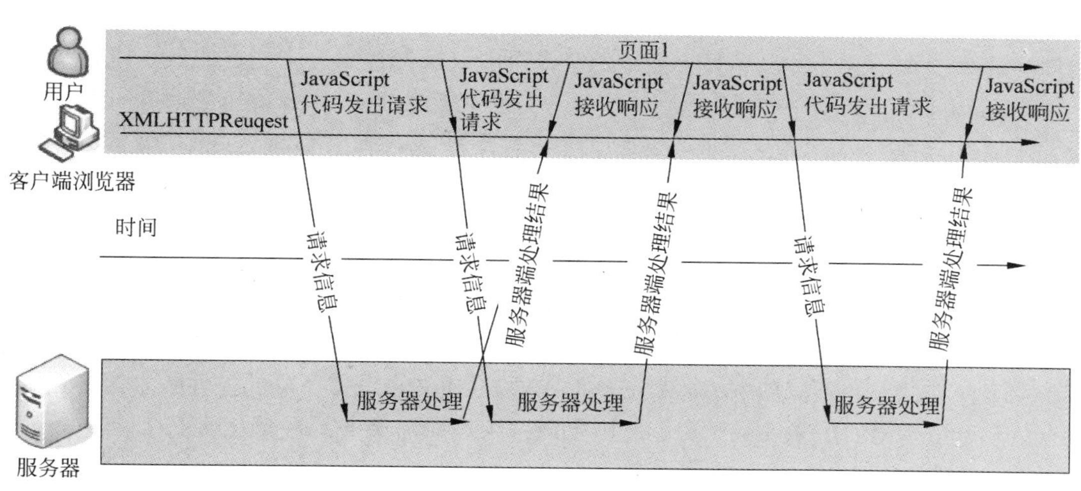

图 2.21　Ajax 模型

Ajax 模型下，应用可以仅向服务器发送并取回必需的数据。在服务器和浏览器之间交换的数据大量减少，响应更快，同时很多的处理工作都可以在发出请求的客户端机器上完成，所以 Web 服务器的处理时间也减少了。而在服务器进行处理时，用户则无须等待。

2.6.2 XMLHttpRequest 对象

Ajax 技术的基础是 XMLHttpRequest 对象，用于在后台与服务器之间交换数据，这意味着可以在不向服务器提交整个页面的情况下，实现局部更新网页，客户端通过该对象向服务器请求数据，服务器接收数据并处理后，向客户端反馈数据。XMLHttpRequest 对象提供了对 HTTP 的完全访问，包括做出 POST 以及普通的 GET 请求的能力。XMLHttpRequest 可以同步或异步返回 Web 服务器的响应，并且能以文本或者一个 DOM 文档形式返回内容。尽管名为 XMLHttpRequest，但并不限于和 XML 文档一起使用：它可以接收任何形式的文本文档。

1．创建 XMLHttpRequest 对象

XMLHttpRequest 最早是在 IE5.0 中以 ActiveX 组件的形式出现的，后来 Mozilla、Safari、Opera 等浏览器厂商都支持了 XMLHttpRequest 对象。为了适应所有的现代浏览器，包括 IE 5 和 IE 6，需要检查浏览器是否支持 XMLHttpRequest 对象。如果支持，则创建 XMLHttpRequest 对象。如果不支持，则创建 ActiveXObject，主要代码如下。

```
var xmlHttp;
function createXMLHttpRequest() {
    if (window.ActiveXObject) {
        xmlHttp = new ActiveXObject("Microsoft.XMLHttpRequest");
    }
    else if (window.XMLHttpRequest) {
        xmlHttp = new XMLHttpRequest();
}
```

可以看到，创建 XMLHttpRequest 对象相当容易。首先，要创建一个全局作用域变量 xmlHttp 来保存这个对象的引用。createXMLHttpRequest 方法完成创建 XMLHttpRequests 实例的具体工作。这个方法中只有简单的分支逻辑（选择逻辑）来确定如何创建对象。对 window.ActiveXObject 的调用会返回一个对象，也可能返回 null，if 语句会把调用返回的结果看作是 true 或 false（如果返回对象则为 true，返回 null 则为 false），以此指示浏览器是否支持 ActiveX 控件。

window.ActiveXObject 为 true 时表示当前的浏览器为 IE 6.0 及以下的版本，要使用 new ActiveXObject(控件名)的方式来创建一个 XMLHttpRequest 对象。

window.XMLHttpRequest 为 true 时表示当前浏览器是 IE 7 或其他浏览器，就可以使用 new XMLHttpRequest()的方式来创建一个 XMLHttpRequest 对象。

需要注意的是，不同版本 IE 中用于建立 XMLHttpRequest 对象的控件版本很多。如果没有成功建立 XMLHttpRequest 对象，则不能继续后面与服务器端交互的工作。

2．XMLHttpRequest 对象常用方法

XMLHttpRequest 对象创建成功后，就能用于和服务器交换数据，常用的方法如下。

（1）void abort()：顾名思义，这个方法就是要停止请求。

（2）string getAllResponseHeaders()：该方法返回值是一个字符串，包含 HTTP 请求的所有响应头信息，包括 Content-Length、Date 和 URI。其中每一个键名和键值用冒号分开，每一组键之间用 CR 和 LF（回车加换行符）来分隔。

（3）string getRequestHeader(string header)：该方法与 getAllResponseHeaders()是对应的，返回 HTTP 请求的响应头中指定的键名 header 对应的值，不过它有一个参数表示希望得到的头信息，并把这个值作为字符串返回。

（4）void setRequestHeader(string header, string value)：该方法为 HTTP 请求中一个给定的头信息设置值。它有两个参数，第一个字符串表示要设置的头信息，第二个字符串表示要在头信息中放置的值。需要说明，这个方法必须在调用 open()之后才能调用。

（5）void open(string method, string url, boolean asynch, string username, string password)：该方法会建立对服务器的调用。其中，method 表示 HTTP 调用方法，一般使用“GET”或“POST”，url 表示调用的服务器的地址，asynch 表示是否采用异步方式，默认值是 true，true 表示异步，如果这个参数为 false，处理就会等待，直到从服务器返回响应为止。由于异步调用是使用 Ajax 的主要优势之一，所以倘若将这个参数设置为 false，从某种程度上讲与使用 XMLHttpRequest 对象的初衷不太相符。不过，在某种情况下这个参数设置为 false 也是有用的，比如在持久存储页面之前可以先验证用户的输入。后两个参数可以不指定，username 和 password 分别表示用户名和密码，提供 http 认证机制需要的用户名和密码。

（6）void send（content）：该方法向服务器发出请求。如果采用异步方式，这个方法就会立即返回，否则它就会等待直到收到响应为止。Content 可以不指定，也可以是 DOM 对象的实例、输入流，或者字符串。

例如，使用 GET 请求的代码如下：

```
xmlhttp.open("GET","/ajax/demo_get.asp",true);
xmlhttp.send();
```

这个例子可能得到的是缓存的结果。为了避免这种情况，需要向 URL 添加一个唯一的 ID，修改代码如下。

```
xmlhttp.open("GET"," ajax _get.asp?t=" + Math.random(),true);
xmlhttp.send();
```

使用 POST 请求的代码如下。

```
xmlhttp.open("POST"," ajax_post.asp",true);
xmlhttp.send();
```

如果需要像 HTML 表单那样 POST 数据，请使用 setRequestHeader() 来添加 HTTP 头，然后在 send()方法中规定需要发送的数据，示例如下。

```
xmlhttp.open("POST","ajax_test.asp",true); xmlhttp.setRequestHeader
("Content-type","application/x-www-form-urlencoded"); xmlhttp.send
("fname=Bill&lname=Gates");
```

3. XMLHttpRequest 对象常用属性

XMLHttpRequest 对象用于和服务器交换数据的状态属性如表 2.9 所示。当请求被发送到服务器时，需要执行一些基于响应的任务，每当 readyState 改变时，就会触发 onreadystatechange 事件。在 onreadystatechange 事件中，规定当服务器响应已做好被处理的准备时所执行的任务。当 readyState 等于 4 且状态为 200 时，表示响应已就绪，主要代码如下。

```
xmlhttp.onreadystatechange=function()
  {
  if (xmlhttp.readyState==4 && xmlhttp.status==200) {
    document.getElementById("myDiv").innerHTML=xmlhttp.responseText;
    }
  }
```

表 2.9　XMLHttpRequest 和服务器交换数据的属性

属性	描述
onreadystatechange	存储函数（或函数名），每当 readyState 属性改变时，就会调用该函数
readyState	存有 XMLHttpRequest 的状态，从 0～4 发生变化。 0: 请求未初始化 1: 服务器连接已建立 2: 请求已接收 3: 请求处理中 4: 请求已完成，且响应已就绪
status	200: "OK",404: 未找到页面

使用 XMLHttpRequest 对象的 responseText 或 responseXML 属性能够获得来自服务器的响应，属性的描述如表 2.10 所示。

表 2.10　XMLHttpRequest 对象服务器响应属性

属性	描述
responseText	获得字符串形式的响应数据
responseXML	获得 XML 形式的响应数据

1）responseText 属性

如果来自服务器的响应不是 XML，需要使用 responseText 属性，该属性返回字符串形式的响应，常用的方法如下。

```
document.getElementById("myDiv").innerHTML=xmlhttp.responseText;
```

2）responseXML 属性

如果来自服务器的响应是 XML，而且需要作为 XML 对象进行解析，需要使用 responseXML 属性。例如请求 books.xml 文件，并解析响应的主要代码如下。

```
xmlDoc=xmlhttp.responseXML;
txt="";
```

```
x=xmlDoc.getElementsByTagName("ARTIST");
for (i=0;i<x.length;i++)
  {
    txt=txt + x[i].childNodes[0].nodeValue + "<br />";
  }
document.getElementById("myDiv").innerHTML=txt;
```

2.6.3 案例

案例 1. 使用 Ajax 技术实现页面无刷新的功能。首先新建一个 Web 项目，命名为"AjaxTest"，再新建一个 JSP 文件，命名为"index.jsp"，代码见例 2.14。

例 2.14　index.jsp

```
<%@ page language="java"  pageEncoding="utf-8"%>
<script type="text/javascript" language="javascript">
//根据不同的浏览器创建不同的 XMLHttpRequest 对象
function createXmlHttpRequest()
  {
var xmlreq = false;
    if (window.XMLHttpRequest) {
    xmlreq = new XMLHttpRequest();
   } else if (window.ActiveXObject) {
    try {                                              //创建较新版本的对象
      xmlreq = new ActiveXObject("Msxml2.XMLHTTP");
    } catch (e1) {
      try {
      xmlreq = new ActiveXObject("Microsoft.XMLHTTP");
    } catch (e2) {
    }
    }
   }
   return xmlreq;
   }
     function userNameCheck()
  {
      var username = document.all.username.value;    //获得 text 的值
      var request = createXmlHttpRequest();           //创建 request 对象
      request.open("get","ValidationServlet?username="+username);
      //建立到服务器的新请求
      request.send();                                 //向服务器发送请求
      request.onreadystatechange=function()
      //指定当 readyState 属性改变时的事件处理句柄
      {
        if (request.readyState==4)
       //提取当前 HTTP 的就绪状态,状态 4 表示: 响应已完成, 可以访问服务器响应并使用它
```

```
        if (request.status==200)
        //HTTP 状态,我们期望的状态码是 200，它表示一切顺利。
        //如果就绪状态是 4 而且状态码是 200，就可以处理服务器的数据了，
        //而且这些数据应该就是要求的数据
        {
          var value = request.responseText;        //服务器返回响应文本
          if (value=="true")
          {
            document.all.unc.innerHTML="该用户名已存在";
           }
          else
          {
            document.all.unc.innerHTML="该用户名可以注册";
           }
         }
      }
}
</script>
<html>
  <head>
    <title>AjaxTest</title>
  </head>
    <body>
     用户姓名: <input type="text" name="username" onblur="userNameCheck()"/>
<font color="red" size="-1" id="unc"></font>
  </body>
</html>
```

当输入用户名后，使用 Ajax 技术的 XMLHttpRequest 对象与服务器交互，调用 ValidationServlet.java 程序进行相应的处理，创建 ValidationServlet.java 文件，代码如下。

例 2.14　ValidationServlet.java

```
package com;
import java.io.*;
import java.text.*;
import javax.servlet.*;
import javax.servlet.http.*;
public class ValidationServlet extends HttpServlet {
protected void doGet(HttpServletRequest request, HttpServletResponse
response) throws IOException {
    this.doPost(request, response);
    }
protected void doPost(HttpServletRequest request, HttpServletResponse
response) throws IOException {
    String username=request.getParameter("username");
```

```
    if(username.equals("kitty"))
      response.getWriter().print("true");
    else
      response.getWriter().print("false");
  }
}
```

例 2.14　web.xml 部分代码

```
<servlet>
   <servlet-name>ValidationServlet</servlet-name>
   <servlet-class>com.ValidationServlet</servlet-class>
</servlet>
<servlet-mapping>
    <servlet-name>ValidationServlet</servlet-name>
    <url-pattern>/ValidationServlet</url-pattern>
</servlet-mapping>
```

打开浏览器运行 index.jsp 文件，当输入“kitty”后，页面返回响应结果“该用户已存在”，输入其他的姓名，显示可以注册。运行结果见图 2.22 和图 2.23。

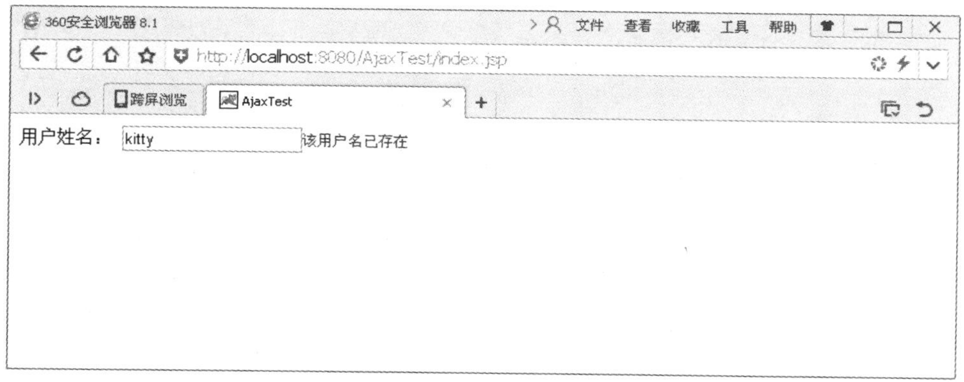

图 2.22　用户名已经存在的运行界面

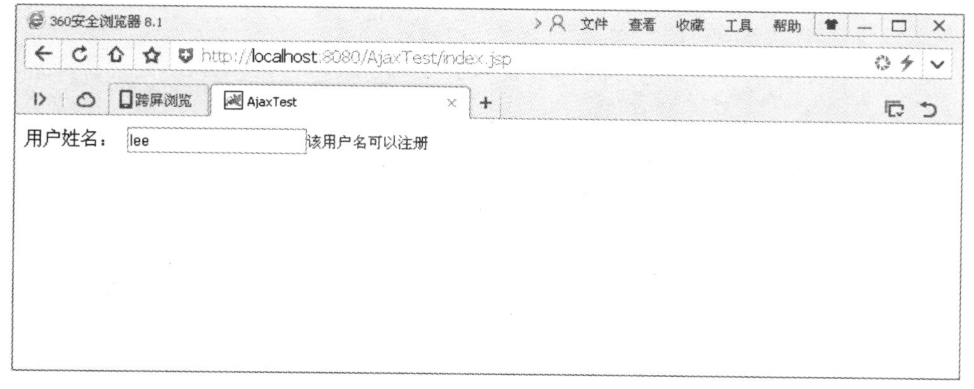

图 2.23　用户名验证通过界面

思考与练习

1．HTML5 有哪些新功能？

2．CSS3 选择器主要有几种方式？

3．简述 JSP 工作原理。

4．简述 Servlet 生命周期。

5．使用 MySQL 数据库实现用户注册的功能。

6．XMLHttpRequest 对象有哪些常用的方法和属性？

第二部分　Struts2 篇

第3章 Struts2 开发

Struts2 框架是 Apache 开源社区原有的 Struts 框架和 Open Symphony 社区 WebWork2 框架的合并版本，它集成了这两大流行的 MVC 框架各自的优点，主要以 WebWork 的设计思想为核心，提供了更加灵活的控制层和组件实现技术。

- Struts2 的体系结构
- Struts2 的安装与配置
- Struts2 框架的主要配置文件

3.1 Struts2 结构

3.1.1 Struts2 体系结构

Struts2 框架提供了更灵活的控制层和组件实现技术，Struts2 框架主要的功能组件有 Action 组件、拦截器组件、国际化本地资源包以及 XML 配置文件等。图 3.1 为 Struts2 框架的体系结构图。

（1）HttpServletRequest 代表了浏览器客户端的一次 HTTP 请求和服务器程序处理结果的一次 HTTP 响应输出。

（2）ActionMapper 其实是 HttpServletRequest 和 Action 调用请求的一个映射，它屏蔽了 Action 对于 Request 等 Java 类的依赖。Struts2 中它的默认实现类是 DefaultActionMapper，ActionMapper 很大的用处是可以根据自己的需要来设计 URL 格式，它自己也有 Restful 的实现，具体可以参考文档 docs\actionmapper.html。

（3）FilterDispatcher 代表 Struts2 框架的过滤器组件，是 Struts2 的核心控制器，负责拦截所有的客户端请求，通过 web.xml 文件被加入到 Web 应用当中，当有客户端请求到达时，它就会进行拦截，然后将根据配置文件将请求转发给相应的业务逻辑控制器进行处理。Struts2 框架包含一系列的标准过滤器组件链，该组件链主要由 ActionContextCleanUp 和核心过滤器组件 FilterDispatcher 构成。ActionContextCleanUp 主要应用在整合 SiteMesh 框架。

（4）Action 是 Struts2 的业务逻辑控制器，负责处理客户端的请求并将处理结果输出给客户端。

（5）ActionProxy 是 Action 的代理，由 ActionProxyFactory 创建，它本身不包括 Action 实例，DefaultActionProxy 是默认的 ActionProxy 代理。ActionProxy 的作用是如何取得 Action，ActionProxy 创建一个 ActionInvocation 的实例，同时 ActionInvocation 通过代理模式调用 Action。但在调用之前 ActionInvocation 会根据配置加载 Action 相关的所有 Interceptor。该组件在 Struts2 框架中发挥着非常重要的作用。它是 Action 和 Xwork 中间的一层。正因为 ActionProxy 的存在导致 Action 调用更加简捷。

（6）ActionInvocation 是 Xworks 中 Action 调度的核心。ActionInvocation 是一个接口，它的作用是如何执行 Action，拦截器的功能就是在 ActionInvocation 中实现的。DefaultActionInvocation 是 Webwork 对 ActionInvocation 的默认实现。

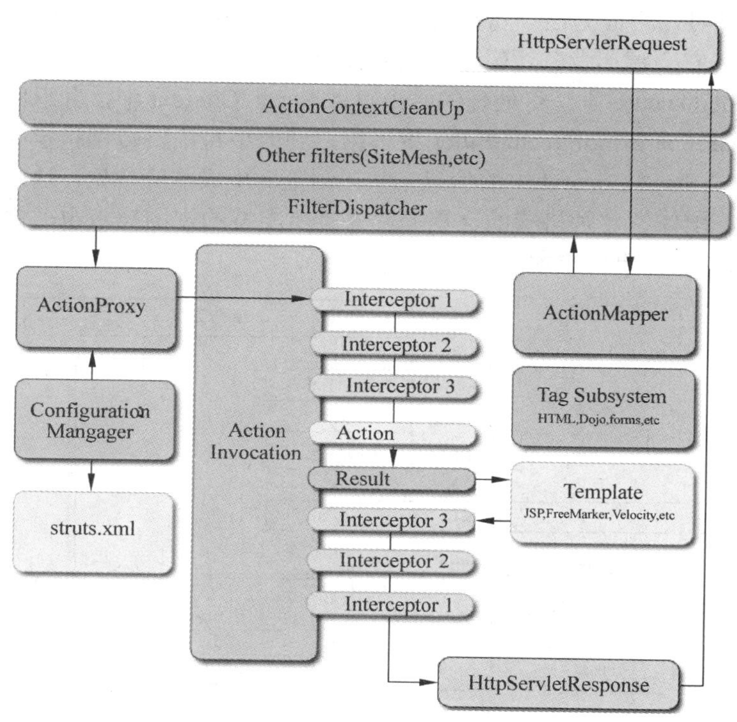

图 3.1　Struts2 体系结构

（7）Interceptor 代表 Struts2 框架的拦截器组件，利用拦截器进行 AOP 编程（面向切面编程），实现权限验证等功能。

（8）Template 是开发人员自己开发的各个部分的程序，Struts2 支撑多种表现层的技术，如 JSP、FreeMarker 等。

（9）ConfigurationManager 提供对客户端应用程序配置文件的访问，也就是 Struts2 中配置文件的解析器。

（10）Struts.xml 文件是 Struts2 框架的配置文件，主要负责配置业务逻辑控制器 Action，以及用户自定义的拦截器等，是 Struts2 各个组件之间的纽带。

3.1.2 工作流程

一个请求在 Struts2 框架中的基本流程如图 3.2 所示。

（1）首先浏览器端发送一个 HttpServletRequest 请求。

（2）核心控制器 StrutsPrepareAndExecuteFilter 根据请求决定调用合适的 Action。

（3）Struts2 的拦截器链自动对请求进行相关应用的拦截，如 validation（数据验证）或文件的上传下载等功能。

拦截器的调度流程大致为：ActionInvocation 初始化时，根据配置文件的设置，加载 Action 相关的所有 Interceptor，然后通过 ActionInvocation.invoke 方法调用 Action 实现。

（4）回调 Action 的 execute 方法，该 execute 方法先获取用户请求参数，然后执行某种数据库的操作，既可以将数据保存到数据库，也可以从数据库中查询数据。实际上，Action 只是一个控制器，它会调用业务逻辑组件来处理用户的请求。

（5）Action 的 execute 方法将处理的结果存入 Stack Context 中，并返回一个字符串，核心控制器 StrutsPrepareAndExecuteFilter 将根据返回的字符串跳转到指定的视图资源，该视图资源将会读取 Stack Context 中的信息，并在浏览器生成响应数据。这些响应数据可以是 HTML 页面、图像、各种格式的文档等，并且所支持的视图技术也非常多，如 JSP、Velocity、FreeMarker 等模板技术。

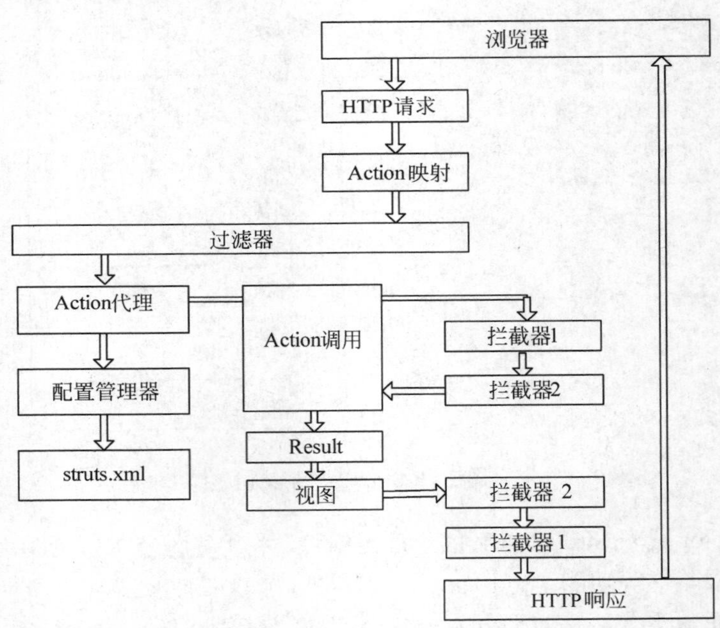

图 3.2 Struts2 工作流程

在实际中，使用 Struts2 框架开发用户登录功能，需要用户创建一个登录界面 login.jsp，一个系统主页面 index.jsp，一个 Action 类 LoginAction.java，一个拦截器类 LoginInterceptor.java，另外需要对配置文件 web.xml、struts.xml 进行相应的设置。那么该模块的实际工作过程如图 3.3 所示。

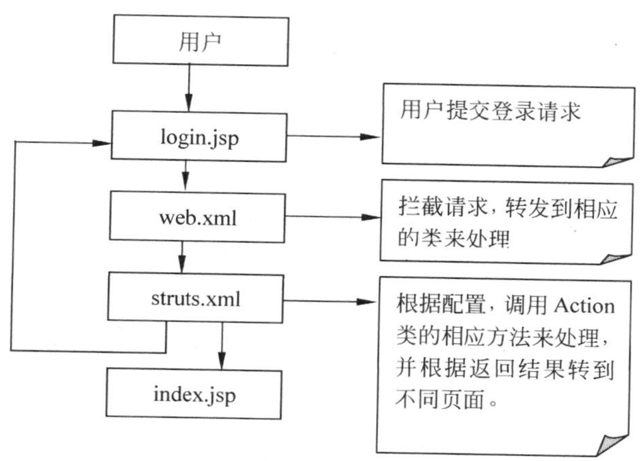

图 3.3　实际模块的工作过程

用户在浏览器地址栏中输入“http://localhost:8080/Test/login.jsp”地址，调用 login.jsp 文件，在登录界面上填写相应的用户名和密码，然后提交请求给 Action 类处理，Struts2 框架根据配置文件 web.xml 里的设置对请求进行过滤，符合要求就交给 Struts2 框架，Struts2 框架会根据配置文件 struts.xml 调用相应的 Action 类 LoginAction.java 来处理，如果该 Action 类定义了拦截器，那么就拦截请求，调用 LoginInterceptor.java 对用户名、密码等信息进行验证，然后再将控制权转移回 Action 类 LoginAction.java，如果处理结果为成功，则转向系统主页面 index.jsp，否则转回登录页面 login.jsp 重新输入值。

3.1.3　安装与配置

使用 Struts2 框架进行 Web 开发或者运行 Struts2 的程序就必须先配置好 Struts2 的运行环境。首先配置 JDK 环境变量，然后安装 Web 服务器，可以选择 Tomcat 作为运行的服务器。然后安装 Struts2 框架的 JAR 文件包。

方式 1：当开发工具不支持 Struts2 框架时，需要开发人员手工下载 JAR 包并添加到项目中去。

登录 http://struts.apache.org/网站下载 Struts2 完整版 struts-2.5-all.zip，将下载的 zip 文件解压缩，打开其文件夹，里面包含以下 4 个目录（见图 3.4）。

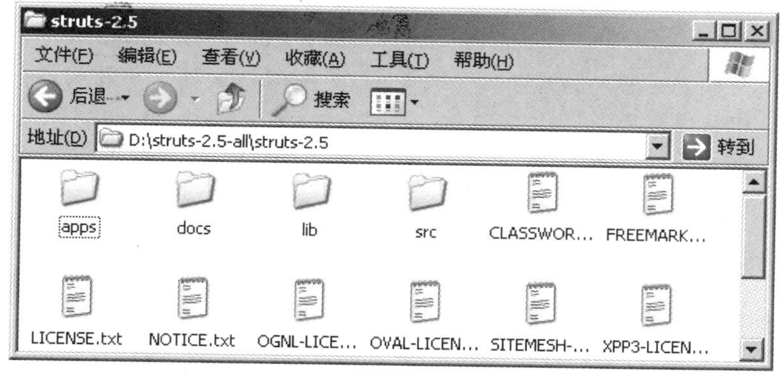

图 3.4　struts-2.5 目录

不同版本的 Struts2 框架系统库，它们的核心库文件的文件名略有差别，struts-2.5 版本主要有以下几个文件夹。

apps 目录下的文件为 DEMO 示例，是学习 Struts2 非常有用的资料。

docs 目录下的文件为系统的帮助文件。

src 为 Struts2 框架源代码文件所在的目录。

lib 包含 Struts2 框架的核心类库，以及 Struts2 的第三方插件类库。

打开 Struts 2 开发包的 lib 文件夹，把 struts2-core-2.5.jar、log4j-api-2.5.jar、ognl-3.1.4.jar、commons-logging-1.1.3.jar、freemarker-2.3.23.jar、commons-io-2.4.jar、commons-lang-2.4.jar、javassist-3.20.0.GA.jar、commons-fileupload-1.3.1.jar 复制到项目的\WebRoot\WEB-INF\lib 目录下。如果需要在 Web 应用中使用 Struts2 的更多特性，则需要将相应的 JAR 文件复制到 Web 应用的 WEB-INF/lib 目录下即可。

方式 2：当开发工具支持 Struts2 框架时，可以采用菜单项的方式安装 Struts2 框架的 JAR 包。本书使用 MyEclipse 2015 作为开发工具，添加 Struts2 框架的步骤如下。

（1）建立一个 Web 项目。打开 MyEclipse 2015 建立一个 Web 项目，命名为“Struts2Test”，如图 3.5 所示。

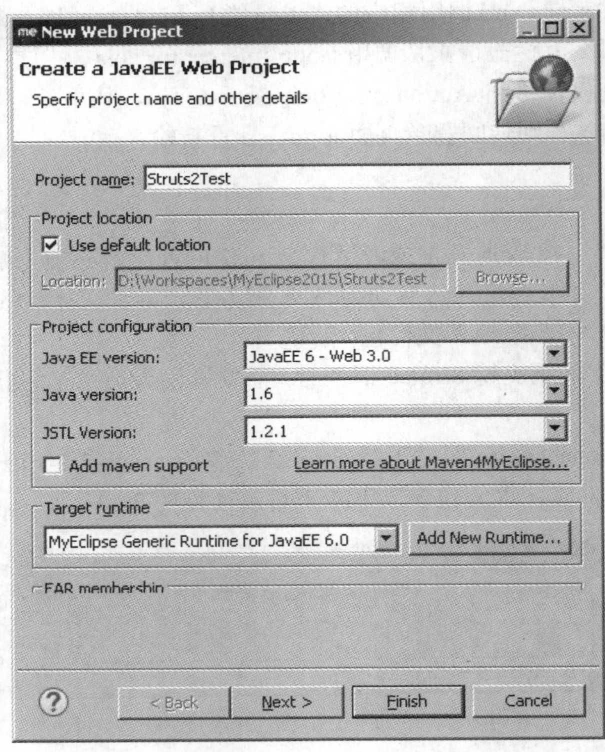

图 3.5　新建 Web 项目

（2）加载 Struts2 类库。

用鼠标右键单击项目名，在弹出的菜单项上选择 MyEclipse（见图 3.6），然后选择 Project Facets[Capabilities]菜单，最后选择 Install Apache Struts (2.x) Facet，弹出如图 3.7 所示窗口。

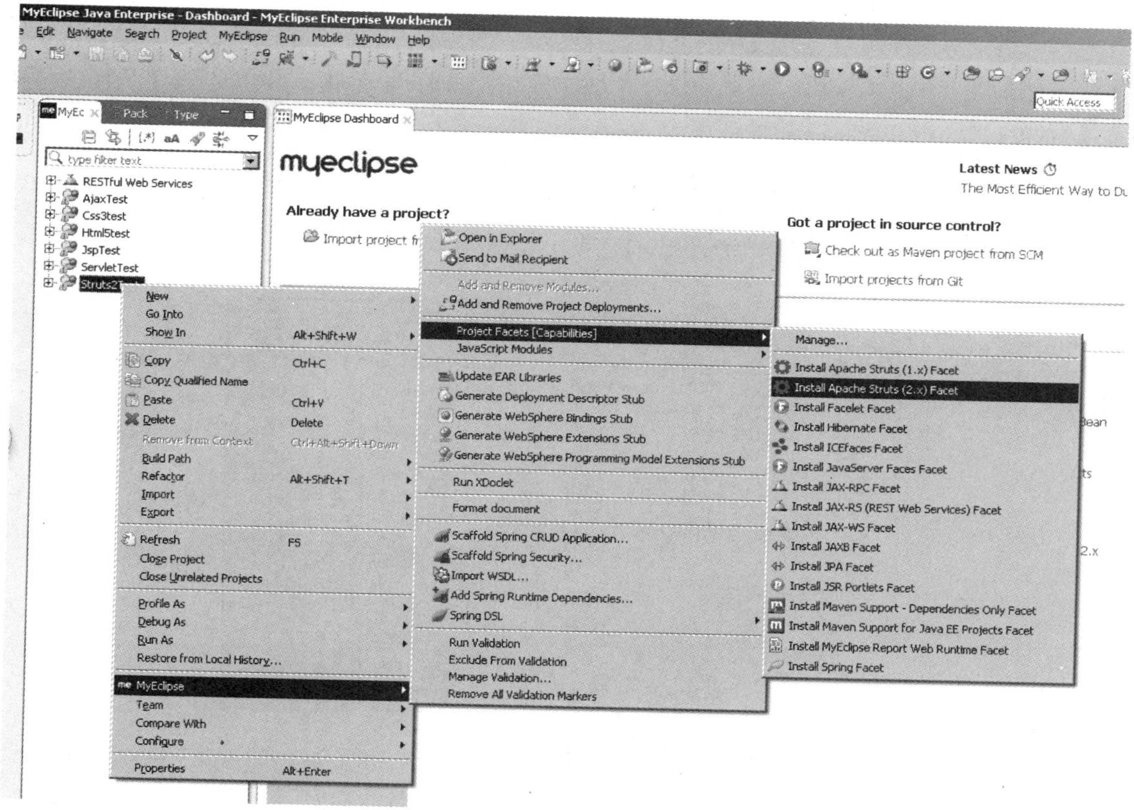

图 3.6　加载 Struts2 类库

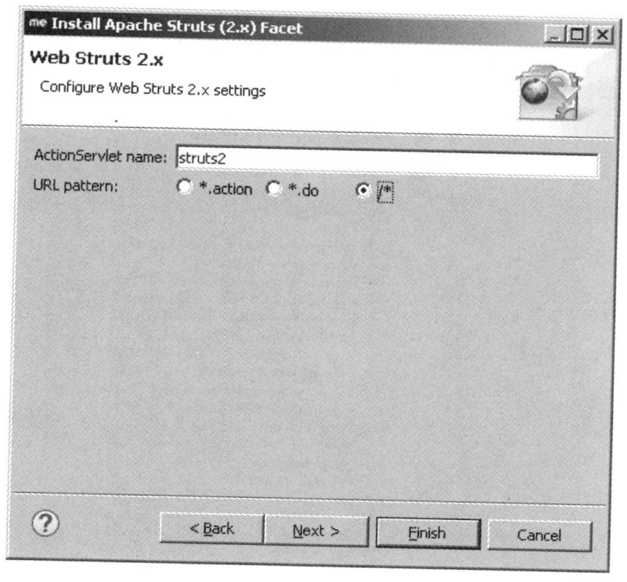

图 3.7　选择过滤文件类型

选择配置文件中对文件类型的过滤，*.action 表示将对扩展名是.action 的文件进行过滤；*.do 表示将对扩展名是.do 的文件进行过滤；/*表示将对所有的文件进行过滤。

然后单击 Next 按钮，出现如图 3.8 所示窗口，选择要添加的 Struts2 类库文件，默认是 Core，单击 Finish 按钮完成。

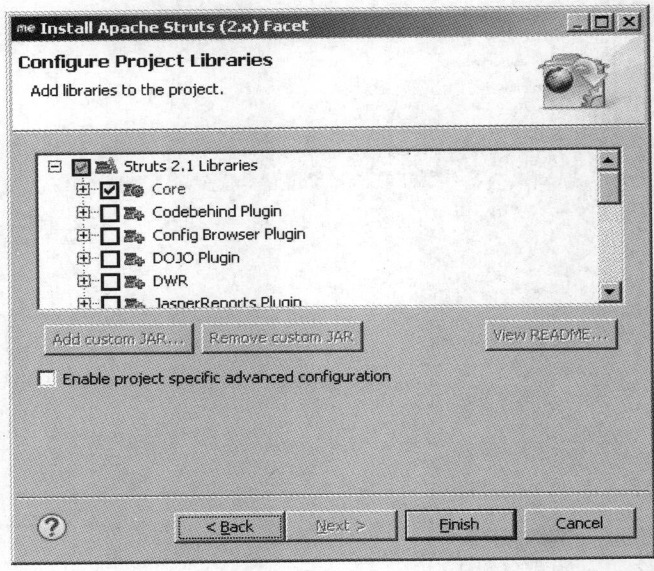

图 3.8　选择 Struts2 类库

Struts2 框架加载成功后，将该项目名展开，可以看到该项目下导入了很多 Struts2 类库，如图 3.9 所示。

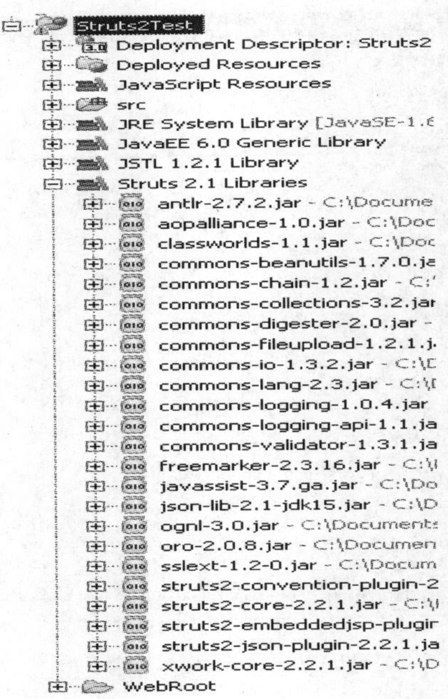

图 3.9　加载后的包文件

注意：web.xml 文件存储在 WEB-INF 目录下，struts.xml 存储在 classes 目录下，lib 下存储的是所必需的类库包，如 Struts2 核心类库包等。

3.2 配置文件 web.xml

Struts2 框架能够为程序提供良好的管理机制，这样开发人员就能够脱离繁杂的管理工作而专心于业务。然而框架并不可能知道开发人员的业务，只有开发人员把自己的业务通过配置文件注册给框架，框架才知道自己要管理的资源是什么。Struts2 框架中的配置文件 web.xml 由框架自动加载，对其自身进行配置。

3.2.1 文件的作用

Struts2 框架就是通过 web.xml 配置了核心控制器，核心控制器也就是过滤器，对用户请求和处理程序响应的内容进行处理。

在 Struts2 中，开发人员可以自定义过滤器，要求所有过滤器必须实现 java.Serlvet.Filter 接口，这个接口中含有三个过滤器类必须实现的方法。

（1）init(FilterConfig)：Servlet 过滤器的初始化方法，Servlet 容器创建 Servlet 过滤器实例后将调用这个方法。

（2）doFilter(ServletRequest,ServletResponse,FilterChain)：完成实际的过滤操作，当用户请求与过滤器关联的 URL 时，Servlet 容器将先调用过滤器的 doFilter 方法，返回响应之前也会调用此方法。FilterChain 参数用于访问过滤器链上的下一个过滤器。

（3）destroy()：Servlet 容器在销毁过滤器实例前调用该方法，这个方法可以释放 Servlet 过滤器占用的资源。

定义好过滤器后，需要在 web.xml 中进行配置。web.xml 文件存放在项目中 WebRoot/WEB-INF 的文件夹下。根据版本不同，里面的内容也有所不同。低版本的 web.xml 代码如下。

```
<?xml version="1.0" encoding="UTF-8"?>
<web-app version="2.5"
    xmlns="http://java.sun.com/xml/ns/javaee"
    xmlns:xsi="http://www.w3.org/2001/XMLSchema-instance"
    xsi:schemaLocation="http://java.sun.com/xml/ns/javaee
    http://java.sun.com/xml/ns/JavaEE/web-app_2_5.xsd">
    <filter>
        <filter-name>struts 2</filter-name>
        <filter-class>org.apache.struts2.dispatcher.FilterDispatcher
        </filter-class>
    </filter>
    <filter-mapping>
        <filter-name>struts 2</filter-name>
        <url-pattern>/*</url-pattern>
```

```
    </filter-mapping>
</web-app>
```

而对于 Struts2.1.6 及以上版本的框架，web.xml 代码如下。

```
<?xml version="1.0" encoding="UTF-8"?>
<web-app version="2.5"
    xmlns="http://java.sun.com/xml/ns/javaee"
    xmlns:xsi="http://www.w3.org/2001/XMLSchema-instance"
    xsi:schemaLocation="http://java.sun.com/xml/ns/javaee
    http://java.sun.com/xml/ns/javaee/web-app_2_5.xsd">
    <filter>
        <filter-name>struts2</filter-name>
        <filter-class>
        org.apache.struts2.dispatcher.ng.filter.StrutsPrepareAndExecuteFilter
        </filter-class>
    </filter>
    <filter-mapping>
        <filter-name>struts2</filter-name>
        <url-pattern>*.action</url-pattern>
    </filter-mapping>
</web-app>
```

从上述的例子可以看出，不同版本的 web.xml 文件主要有以下两处不同的地方。

（1）<web-app version="2.5"
xmlns="http://java.sun.com/xml/ns/javaee"
xmlns:xsi="http://www.w3.org/2001/XMLSchema-instance"
xsi:schemaLocation="http://java.sun.com/xml/ns/javaee
http://java.sun.com/xml/ns/Javaee/web-app_2_5.xsd">

文件头中 Javaee 变成小写。

（2）<filter-class>
org.apache.struts2.dispatcher.ng.filter.StrutsPrepareAndExecuteFilter
</filter-class>

核心控制器的类名发生了变化，由原来的 org.apache.struts2.dispatcher.FilterDispatcher 变成 org.apache.struts2.dispatcher.ng.filter.StrutsPrepareAndExecuteFilter。

3.2.2 常用属性

下面详细介绍 web.xml 文件中常用的一些属性。

```
<web-app version="2.5"
    xmlns="http://java.sun.com/xml/ns/javaee"
    xmlns:xsi="http://www.w3.org/2001/XMLSchema-instance"
    xsi:schemaLocation="http://java.sun.com/xml/ns/javaee
      http://java.sun.com/xml/ns/Javaee/web-app_2_5.xsd">
```

这段代码是普通的 XML 文档定义，定义了当前的文件版本是 2.5 版本，通过 xmlns 引入了命名空间 http://java.sun.com/xml/ns/javaee，通过 xmlns:xsi 定义了 XML 遵循的标签规范，通过 xsi:schemaLocation 定义 xmlschema 的地址，也就是 XML 书写时需要遵循的语法，由两部分组成，前面部分就是命名空间的名字，后面是 xsd（xmlschema）的地址。

接下来是对核心控制器的定义，也可以是用户自定义的过滤器，基本语法格式如下。

```
<filter>
<filter-name>过滤器名</filter-name>
    <filter-class>过滤器对应类</filter-class>
    <init-param>
        <param-name>参数名称</param-name>
        <param-value>参数值</param-value>
    </init-param>
</filter>
<filter-mapping>
<filter-name>过滤器名</filter-name>
    <url-pattern>URL 关联方式</url-pattern>
</filter-mapping>
```

核心控制器的定义包含以下基本元素。

（1）<filter>元素表示对过滤器进行定义。

（2）<filter-name>元素是<filter>元素的子元素，表示过滤器的名字，该名字用来对其具体的类进行调用。

（3）<filter-class>元素也是<filter>元素的子元素，表示过滤器具体的类存放的路径。

（4）<init-param>元素表示初始化参数的定义，其子元素<param-name>表示参数名称，<param-value>表示定义的参数值。

（5）<filter-mapping>元素指定让 struts2 框架来处理用户的哪些请求（URL）。

（6）子元素<filter-name>表示过滤器的名字，与前面<filter>元素的子元素的名字一致。

（7）<url-pattern>表示过滤器的 URL 映射规则。过滤器必须和特定的 URL 关联才能发挥作用，

当用户发送一个请求后，web.xml 中配置的 Struts2 核心控制器就会过滤该请求。过滤器的映射规则有以下三种。

（1）完全匹配，例如下面的代码。

```
<filter-mapping>
    <filter-name>过滤器名</filter-name>
    <url-pattern>xxx.action</url-pattern>
</filter-mapping>
```

（2）路径匹配，例如下面的代码匹配了根路径下的全部请求。

```
<filter-mapping>
    <filter-name>过滤器名</filter-name>
    <url-pattern>/*</url-pattern>
```

```
</filter-mapping>
```

（3）扩展名匹配，例如下面的代码匹配了所有扩展名为.action 的文件。

```
<filter-mapping>
    <filter-name>过滤器名</filter-name>
    <url-pattern>*.action</url-pattern>
</filter-mapping>
```

如果用户的请求是以.action 结尾，过滤器就会进行过滤，将该请求转入 Struts2 框架处理。Struts2 框架接收到*.action 请求后，将根据*.action 请求前面的“*”来决定调用哪个业务。

另外，配置过滤器时，还可以指定一系列的初始化参数，主要的参数如下。

（1）config：该参数的值是一个以英文逗号“,”隔开的字符串，每个字符串都是一个 XML 配置文件。Struts2 框架将自动加载该属性指定的系列配置文件。如果没有指定该属性则默认使用 struts-default.xml,struts-plugin.xml,struts.xml 这三个配置文件。下面的代码指定 Struts2 框架自动加载 mystruts2.xml 文件。

```
<init-param>
  <!-- 配置 Struts2 的配置文件 -->
<param-name>config</param-name>
 <param-value>
 mystruts2.xml
   </param-value>
</init-param>
```

（2）actionPackages，用来配置 Struts2 框架默认加载的 Action 包结构。参数的值是一个字符串类型的包空间，如果有多个包空间，可以用英文“,”符号隔开，这样，Struts2 框架将扫描指定的包空间下的所有 Action 类。

例如：

```
<filter>
<init-param>
    <param-name>actionPackages</param-name>
    <param-value>com.test.action</param-value>
</init-param>
</filter>
```

这样 Struts2 就会去 com.test.action 包下面找所有实现了 Action 的类。

（3）configProviders：如果用户需要实现自己的 ConfigurationProvider 类，用户可以提供一个或多个实现了 ConfigurationProvider 接口的类，然后将这些类的类名设置成该属性的值，多个类名之间以英文逗号“,”隔开。

例如：

```
<init-param>
```

```
<!-- 配置 Struts2 框架的配置提供者类 -->
<param-name>configProviders</param-name>
  <param-value>com.struts2.test.web.MyConfigurationProvider</param-value>
</init-param>
```

（4） 配置 Struts2 常量，每个<init-param>元素配置一个 Struts 2 常量，其中，<param-name>子元素指定了常量 name，而<param-value>子元素指定了常量 value。在这里配置的常量等价于在 struts.properties 文件中配置的属性。

```
<init-param>
<!-- 配置 Struts2 框架的常量 -->
<param-name>truts.enable.DynamicMethodInvocation</param-name>
<param-value>false</param-value>
</init-param>
```

3.2.3 案例

案例 1．批量设置请求编码。

为了避免提交数据的中文乱码问题，需要在每次使用请求之前设置 request.setCharacter Encoding("gb2312")编码格式，这样确实很麻烦。Filter 可以批量拦截修改 Servlet 的请求和响应。下面编写 EncodingFilter.java 文件，代码见例 3.1。

例 3.1 EncodingFilter.java

```
package com;
public class EncodingFilter implements Filter {
public void init(FilterConfig config) throws ServletException
{ }
public void destroy()
{ }
public void doFilter(ServletRequest request, ServletResponse response,
FilterChain chain) throws IOException, ServletException
  {
    request.setCharacterEncoding("gb2312");
chain.doFilter(request, response);
}
}
```

类 EncodingFilter 实现了 Filter 接口，Filter 接口中定义的三个方法都要在 EncodingFilter 中实现，其中，doFilter()的代码实现主要的功能：为请求设置 gb2312 编码，执行 chain.doFilter()会继续下面的操作。转换成对应 HttpServletRequest 和 HttpServletResponse 才能进行下面的 session 操作和页面重定向。

为了让 filter 发挥作用还需要在 web.xml 中进行配置。

例 3.1　web.xml 部分代码

```
<filter>
<filter-name>EncodingFilter</filter-name>
<filter-class>com.EncodingFilter</filter-class>
</filter>
<filter-mapping>
<filter-name>EncodingFilter</filter-name>
<url-pattern>/*</url-pattern>
</filter-mapping>
```

Filter 标签用来定义过滤器，filter-mapping 标签告诉服务器把哪些请求交给过滤器处理，这里的“/*”表示所有请求，这样，所有的请求都会先被 EncodingFilter 拦截，并在请求里指定 gb2312 字符编码。

案例 2．用 filter 控制用户访问权限。

出于信息安全和其他一些原因的考虑，项目中的一些页面要求用户满足了一定条件之后才能访问。例如，让用户输入账号和密码，如果输入的信息正确就在 session 里做一个成功的标记，这里的成功标志就是 session 中的 username 有值，其后在请求保密信息的时候判断 session 中是否有已经登录成功的标记，存在则可以访问，不存在则禁止访问。假设要保护的页面是 admin/index.jsp，编写 SecurityFilter.java，控制用户访问权限。代码见例 3.2。

例 3.2　SecurityFilter.java

```
package com;
public class SecurityFilter implements Filter {
public void doFilter(ServletRequest request, ServletResponse response,
FilterChain chain) throws IOException, ServletException {
HttpServletRequest req = (HttpServletRequest) request;
HttpServletResponse res = (HttpServletResponse) response;
HttpSession session = req.getSession();
   if (session.getAttribute("username") != null) {
  chain.doFilter(request, response);
}
else {
res.sendRedirect("../failure.jsp");
}
}
```

例 3.2　web.xml 部分代码

```
<filter>
<filter-name>SecurityFilter</filter-name>
<filter-class>com.SecurityFilter</filter-class>
</filter>
<filter-mapping>
<filter-name>SecurityFilter</filter-name>
<url-pattern>/admin/*</url-pattern>
</filter-mapping>
```

定义 SecurityFilter 过滤器，让它过滤匹配/admin/*的所有请求，/admin/路径下的所有请求都会接受SecurityFilter的检查 因为Filter本来设计成为多种协议服务，HTTP仅是其中一种，将ServletRequest和ServletResponse转换成HttpServletRequest和HttpServlet Response才能进行下面的session操作和页面重定向。得到了HTTP请求之后，可以获得请求对应的session，判断session中的username变量是否为null，如果不为null，说明用户已经登录，就可以调用doFilter继续请求访问的资源。如果为null，说明用户还没有登录，禁止用户访问，并使用页面重定向跳转到failure.jsp页面显示提示信息。因为/failure.jsp的位置在/admin/目录的上一级，所以加上两个点才能正确跳转到failure.jsp，两个点“..”代表当前路径的上一级路径。

3.3 配置文件 struts.properties

3.3.1 文件的作用

Struts2提供了很多可配置的属性，通过这些属性的设置，可以改变框架的行为，从而满足不同的Web应用的需求。这些属性可以在struts.properties文件中进行设置，该文件是Struts2框架的全局属性文件，也是自动加载的文件。

配置文件struts.properties是标准的Java属性文件格式，使用“#”号作为注释字符，该文件是由一系列的key-value对组成，每个key就是一个Struts2的属性，该key对应的value就是一个Struts2的属性，该文件位于classpath下，通常放在Web应用程序的/WEB-INF/classes目录下。struts.properties文件里的代码见例3.3。

例 3.3　struts.properties

```
### 指定加载 Struts2 配置文件管理器，默认为 org.apache.struts2.config.
DefaultConfiguration
### 开发者可以自定义配置文件管理器，该类要实现 Configuration 接口，可以自动加载
Struts2 配置文件。
# struts.configuration=org.apache.struts2.config.DefaultConfiguration
### 设置默认的 locale 和字符编码
# struts.locale=en_US
struts.i18n.encoding=UTF-8
### 指定 struts 的工厂类
# struts.objectFactory = spring
### 指定 spring 框架的装配模式
### 装配方式有：name, type, auto, and constructor (name 是默认装配模式)
struts.objectFactory.spring.autoWire = name
### 该属性指定整合 spring 时，是否对 bean 进行缓存，值为 true or false,默认为 true
struts. objectFactory.spring.useClassCache = true
### 指定类型检查
#struts.objectTypeDeterminer = tiger
#struts.objectTypeDeterminer = notiger
### 该属性指定处理 MIME-type multipart/form-data，文件上传
# struts.multipart.parser=cos
```

```
# struts.multipart.parser=pell
struts.multipart.parser=jakarta
# 指定上传文件时的临时目录，默认使用 javax.servlet.context.tempdir
struts.multipart.saveDir=
struts.multipart.maxSize=2097152
### 加载自定义属性文件 (不要改写 struts.properties!)
# struts.custom.properties=application,org/apache/struts2/extension/custom
### 指定请求 url 与 action 映射器，默认为#org.apache.struts2.dispatcher.
mapper.DefaultActionMapper
#struts.mapper.class=org.apache.struts2.dispatcher.mapper.DefaultAction
Mapper
### 指定 action 的后缀，默认为 action
struts.action.extension=action
### 被 FilterDispatcher 使用
### 如果为 true 则通过 jar 文件提供静态内容服务
### 如果为 false 则静态内容必须位于 <context_path>/struts
struts.serve.static=true
### 被 FilterDispatcher 使用
### 指定浏览器是否缓存静态内容，测试阶段设置为 false，发布阶段设置为 true
struts.serve.static.browserCache=true
### 设置是否支持动态方法调用，true 为支持，false 不支持
struts.enable.DynamicMethodInvocation = true
### 设置是否可以在 action 中使用斜线，默认为 false 不可以，想使用需设置为 true
struts.enable.SlashesInActionNames = false
### 是否允许使用表达式语法，默认为 true
struts.tag.altSyntax=true
### 设置当 struts.xml 文件改动时，是否重新加载
### - struts.configuration.xml.reload = true
### 设置 struts 是否为开发模式，默认为 false,测试阶段一般设为 true
struts.devMode = false
### 设置是否每次请求，都重新加载资源文件，默认值为 false
struts.i18n.reload=false
###标准的 UI 主题
### 默认的 UI 主题为 xhtml,可以为 simple,xhtml 或 ajax
struts.ui.theme=xhtml
###模板目录
struts.ui.templateDir=template
#设置模板类型. 可以为 ftl, vm, or jsp
struts.ui.templateSuffix=ftl
###定位 velocity.properties 文件. 默认 velocity.properties
struts.velocity.configfile = velocity.properties
### 设置 velocity 的 context
struts.velocity.contexts =
### 定位 toolbox
struts.velocity.toolboxlocation=
```

```
### 指定 Web 应用的端口
struts.url.http.port = 80
### 指定加密端口
struts.url.https.port = 443
### 设置生成 url 时，是否包含参数.值可以为: none, get or all
struts.url.includeParams = get
### 设置要加载的国际化资源文件，以逗号分隔
# struts.custom.i18n.resources=testmessages,testmessages2
### 对于一些 web 应用服务器不能处理 HttpServletRequest.getParameterMap()
### 像 WebLogic, Orion, OC4J 等，须设置成 true,默认为 false
struts.dispatcher.parametersWorkaround = false
### 指定 freemarker 管理器
#struts.freemarker.manager.classname=org.apache.struts2.views.freemarker.
FreemarkerManager
### 设置是否对 freemarker 的模板设置缓存
### 效果相当于把 template 复制到 WEB_APP/templates.
struts.freemarker.templatesCache=false
### 通常不需要修改此属性
struts.freemarker.wrapper.altMap=true
### 指定 xslt result 是否使用样式表缓存。开发阶段设为 true,发布阶段设为 false
struts.xslt.nocache=false
### 设置 struts 自动加载的文件列表
struts.configuration.files=struts-default.xml,struts-plugin.xml,struts.xml
### 设定是否一直在最后一个 slash 之前的任何位置选定 namespace
struts.mapper.alwaysSelectFullNamespace=false
```

3.3.2 常用属性

该文件中包含很多属性，下面进行介绍。

struts.configuration，该属性指定加载 Struts2 配置文件的文件管理器。默认值是 org.apache.struts2.config.DefaultConfiguration。

struts.locale，设置 Web 应用的默认 Locale。

struts.i18n.encoding，设置 Struts2 应用编码的默认使用字符集，如需获取中文请求参数值，应该将该常量值设置为 GBK 或者 GB2312。

struts.objectFactory，该属性默认值是 spring，设置 Struts2 默认的 ObjectFactory Bean。

struts.objectFactory.spring.autoWire，设置 Spring 框架的自动装配模式，该属性默认值是 name，即默认根据 Bean 的 name 进行自动装配。

struts.objectFactory.spring.useClassCache，该属性指定整合 Spring 框架时，是否缓存 Bean 实例，该属性只允许使用 true 和 false 两个属性值，默认值是 true，通常不建议修改该属性的值。

struts.objectTypeDeterminer，该属性指定 Struts2 的类型检测机制，通常支持 tiger 和 notiger 两个属性值。

struts.multipart.parser，该属性指定处理 multipart/form-data 的 MIME 类型（文件上传）

请求的框架，该常量支持 cos、pell 和 jakarta 等常量值，即分别对应使用 cos 的文件上传框架、pell 上传及 common-fileupload 文件上传框架。该属性的默认值为 jakarta。如果需要使用 cos 或者 pell 的文件上传方式，则应该将对应的 JAR 文件复制到 Web 应用中。例如，使用 cos 上传方式，则需要自己下载 cos 框架的 JAR 文件，并将该文件放在 WEB-INF/lib 路径下。

struts.multipart.saveDir，该属性的默认值是 javax.servlet.context.tempdir，该属性指定上传文件的临时保存路径。

struts.multipart.maxSize，该属性设置 Struts2 文件上传中整个请求内容允许的最大字节数。

struts.custom.properties，该属性指定 Struts2 应用加载用户自定义的属性文件，该属性文件配置的常量不会覆盖 struts.properties 文件中配置的常量。如果需要加载多个自定义属性文件，多个自定义属性文件的文件名应以英文逗号“,”隔开。

struts.mapper.class，指定将 HTTP 请求映射到指定 Action 的映射器，Struts2 提供了默认的映射器：org.apache.struts2.dispatcher.mapper.DefaultActionMapper。默认映射器根据请求的前缀与 Action 的 name 属性完成映射。

struts.action.extension，该属性指定需要 Struts2 处理的请求后缀，默认值是 action，即所有匹配*.action 的请求都由 Struts2 处理。如果用户需要指定多个请求后缀，则多个后缀之间以英文逗号“,”隔开。

struts.serve.static，该属性设置是否通过 JAR 文件提供静态内容服务，该属性只支持 true 和 false 属性值，该属性的默认属性值是 true。

struts.serve.static.browserCache，该属性设置浏览器是否缓存静态内容。当应用处于开发阶段时，如果希望每次请求都获得服务器的最新响应，则可设置该属性为 false。

struts.enable.DynamicMethodInvocation，该属性设置 Struts2 是否支持动态方法调用，该属性的默认值是 true。如果需要关闭动态方法调用，则可设置该属性为 false。

struts.enable.SlashesInActionNames，该属性设置 Struts2 是否允许在 Action 名中使用斜线，该属性的默认值是 false。如果希望允许在 Action 名中使用斜线，则可设置该属性为 true。

struts.tag.altSyntax，该属性指定是否允许在 Struts2 标签中使用表达式语法，因为通常都需要在标签中使用表达式语法，故此属性应该设置为 true，该属性的默认值是 true。

struts.devMode，该属性设置 Struts2 应用是否使用开发模式。如果设置该属性为 true，则可以在应用出错时显示更多、更友好的出错提示。该属性只接受 true 和 false 两个值，该属性的默认值是 false。通常，应用在开发阶段，将该属性设置为 true，当进入产品发布阶段后，则该属性设置为 false。

struts.i18n.reload，该属性设置是否每次 HTTP 请求到达时，系统都重新加载资源文件。该属性默认值是 false。在开发阶段将该属性设置为 true 会更有利于开发，但在产品发布阶段应将该属性设置为 false。开发阶段将该属性设置为 true，将可以在每次请求时都重新加载国际化资源文件，从而可以让开发者看到实时开发效果；产品发布阶段应该将该属性设置为 false，是为了提供响应性能，每次请求都需要重新加载资源文件会大大降低应用的性能。

struts.ui.theme，该属性指定视图标签默认的视图主题，该属性的默认值是 xhtml。

struts.ui.templateDir，该属性指定视图主题所需要模板文件的位置，该属性的默认值是 template，即默认加载 template 路径下的模板文件。

struts.ui.templateSuffix，该属性指定模板文件的后缀，该属性的默认属性值是 ftl。该属性还允许使用 ftl、vm 或 jsp，分别对应 FreeMarker、Velocity 和 JSP 模板。

struts.configuration.xml.reload，该属性设置当 struts.xml 文件改变后，系统是否自动重新加载该文件。该属性的默认值是 false。

struts.velocity.configfile，该属性的默认值为 velocity.properties。该属性指定 Velocity 框架所需的 velocity.properties 文件的位置。

struts.velocity.contexts，该属性指定 Velocity 框架的 Context 位置，如果该框架有多个 Context，则多个 Context 之间以英文逗号“,”隔开。

struts.velocity.toolboxlocation，该属性指定 Velocity 框架的 toolbox 的位置。

struts.url.http.port，该属性指定 Web 应用所在的监听端口。该属性通常没有太大的用途，只是当 Struts2 需要生成 URL 时（例如 url 标签），该常量才提供 Web 应用的默认端口。

struts.url.https.port，该属性类似于 struts.url.http.port 常量的作用，区别是该常量指定的是 Web 应用的加密服务端口。

struts.url.includeParams，该属性指定 Struts2 生成 URL 时是否包含请求参数。该属性接受 none、get 和 all 三个值，分别对应于不包含、仅包含 GET 类型请求参数和包含全部请求参数。

struts.custom.i18n.resources，该属性指定 Struts2 应用所需要的国际化资源文件，如果有多份国际化资源文件，则多个资源文件的文件名以英文逗号“,”隔开。

struts.dispatcher.parametersWorkaround，该属性的默认值是 false。对于某些 Java EE 服务器，不支持 HttpServlet Request 调用 getParameterMap()方法，此时可以设置该常量值为 true 来解决该问题。对于 WebLogic、Orion 和 OC4J 服务器，通常应该设置该常量为 true。

struts.freemarker.manager.classname，该属性指定 Struts2 使用的 FreeMarker 管理器。该属性的默认值是 org.apache.struts2.views.freemarker.FreemarkerManager，这是 Struts2 内建的 FreeMarker 管理器。

struts.freemarker.wrapper.altMap，该属性只支持 true 和 false 两个值，默认值是 true，通常无须修改该常量值。

struts.xslt.nocache，该属性指定是否关闭 XSLT Result 的样式表缓存。当应用处于开发阶段时，该常量通常被设置为 true；当应用处于产品使用阶段时，该常量通常被设置为 false。

struts.configuration.files，该属性指定 Struts2 框架默认加载的配置文件，如果需要指定多个默认加载的配置文件，则多个配置文件的文件名之间以英文逗号“,”隔开。默认值是 struts-default.xml,struts-plugin.xml,struts.xml，所以 Struts2 框架默认加载 struts.xml 文件。

实际应用中，struts.properties 不推荐使用，因为所有的设置都可以通过 struts.xml 里的常量来实现。

3.4 配置文件 struts.xml

3.4.1 文件的作用

配置文件 struts.xml 是 Struts2 框架的核心配置文件，主要用于配置和管理开发人员编写的 Action，以及 Action 包含的 result 定义、Bean 的配置、常量的配置、包的配置和作用于 Action 的拦截器的配置等。

该文件通常放在 Web 应用程序的 WEB-INF/classes 目录下，将被 Struts2 框架自动加载。struts.xml 文件的基本结构如下所示。

```
<!DOCTYPE struts PUBLIC
       "-//Apache Software Foundation//DTD Struts Configuration 2.0//EN"
"http://struts.apache.org/dtds/struts-2.0.dtd">
<struts>    <!-- Struts2 的 Action 必须放在一个指定的包空间下定义 -->
<package name="default" extends="struts-default">
 <action name="login" class="org.qiujy.web.struts.action.LoginAction">
<result name="success">/success.jsp</result>
<result name="error">/error.jsp</result>
</action>
</package>
</struts>
```

前三行是 XML 的头，定义了基本信息。文件的根元素是<struts>标签，其他标签都是包含在它里面的，很多元素都是可以重复定义的，以配置不同的内容。

3.4.2 常用属性

1．包配置

Struts2 框架使用包来管理 Action 和拦截器等，每个 package 就是多个 Action、多个拦截器、多个拦截器引用的集合，从而简化维护工作，提高了代码的重用性。另外，package 元素可以扩展其他的包，从而“继承”原有包的所有定义，也可以添加自己的包特有的配置，以及修改原有包的部分配置。

package 元素的常用属性如表 3.1 所示。

表 3.1 package 的常用属性

属性名	必选/可选	说明
name	必选	指定包名，这个名字将作为引用该包的键。注意，包的名字必须是唯一的，在一个 struts.xml 文件中不能出现两个同名的包
extends	可选	允许一个包继承一个或多个先前定义的包
abstract	可选	将其设置为 true，可以把一个包定义为抽象的。抽象包不能有 action 定义，只能作为“父”包被其他包所继承
namespace	可选	将保存的 action 配置为不同的命名空间

例如，配置一个名为 stu 的包的代码如下。

```
<package name="stu" extends="struts-default">
```

2．命名空间的配置

Struts2 以命名空间的方式来管理 Action，主要针对大型项目 Action 重名的问题，因为不在同一个命名空间的 Action 可以使用相同的 Action 名字，同一个命名空间不能有同名的 Action。

例 3.4　命名空间示例部分代码

```
<!--default 包在默认的命名空间中-->
<package name="default" extends="struts-default">
<action name="foo" class="cn.com.web.LoginAction">
        <result name="success">/foo.jsp</result>
    </action>
<action name= “bar" class="cn.com.web. LoginAction></action>
</package>
<!--mypackage1 包在根命名空间中-->
<package name="mypackage1" namespace="/">
    <action name="moo" class="cn.com.web.LoginActionTwo">
        <result name="success">/moo.jsp</result>
    </action>
</package>
<!--mypackage2 包在/accp 命名空间中-->
<package name="mypackage2" namespace="/accp">
 <action name="foo" class="cn.com.web.LoginActionThree">
<result name="success">/foo2.jsp</result>
</action>
</package>
```

当发起/moo.action 请求时，框架会在根命名空间“/”中查找 moo.action，如果没找到再到默认命名空间下查找。在此例中，mypackage 中存在 moo.action，因此执行 cn.com.web.LoginActionTwo 类。

如果发起/accp/foo.action 请求时，框架会在/accp 命名空间下查找 foo.action，找到后执行 cn.com.web.LoginActionThree 类。

如果发起/accp/bar.action 请求时，框架会在/accp 命名空间下查找 bar.action，没有找到，那么转到默认命名空间下查找，此时查找 bar.action 文件，执行 cn.com.web.LoginAction 类。

3．Action 的配置

Action 主要配置 Action 类的调用，Struts2 框架的核心功能是 Action，开发好 Action 后，需要在 struts.xml 中进行配置，Action 元素配置 Action 的物理路径以及映射路径，用来告诉 Struts2 框架，针对某个 URL 的请求应该交给哪个 Action 类进行处理。详细的属性在第 4 章介绍。

```
<action name="login" class="org.qiujy.web.struts.action.LoginAction">
```

```
<result name="success">/success.jsp</result>
<result name="error">/error.jsp</result>
</action>
```

name 表示 Action 的名字，Struts2 框架根据 Action 的名字查找相应的类，调用时 class 表示 Action 类具体存放的物理路径。

4．包含配置

利用 include 元素，可以将一个 struts.xml 配置文件分割成多个配置文件，然后在 struts.xml 中使用 include 元素引入其他配置文件。比如一个网上购物程序，可以把用户配置、商品配置、订单配置分别放在三个配置文件 user.xml、goods.xml 和 order.xml 中，然后在 struts.xml 中将这三个配置文件引入。

```
<struts>
      <include file="user.xml"/>
      <include file="goods.xml"/>
      <include file="order.xml"/>
</struts>
```

5．常量配置

通过 struts.xml 文件中的常量配置，可以指定 Struts2 框架的属性，其实这些属性也可以在其他配置文件中指定，例如，在 web.xml 配置文件的<init-param>元素中可以指定常量，也可以在 struts.properties 文件中定义属性来实现。反过来，struts.properties 配置文件中的所有属性都可以通过<constant>标记配置在 struts.xml 中。

```
<struts>
      <!--设置开发模式-->
      <constant name="struts.devMode" value="true"/>
      <!--设置编码形式为 GB2312-->
      <constant name="struts.i18n.encoding" value="GB2312"/>
      <!--省略其他配置信息-->
</struts>
```

6．Bean 的配置

Struts2 框架是一个具有高度可扩展性的框架，其大部分的核心组件都不是以直接编码的方式写在代码中的，而是以可配置的方式来管理 Struts2 的核心组件，这样就使得这些核心组件具有可插可拔的功能，降低了代码的耦合度。

当开发人员需要扩展该框架的核心组件，或者替换 Struts2 的核心组件时，只需要提供自己的组件实现类，并将该组件实现类部署在 Struts.xml 中就可以。使用<bean>元素在 struts.xml 文件中定义 Bean，通常有如下两个作用。

（1）创建该 Bean 的实例，将该实例作为 Struts2 框架的核心组件使用。

（2）Bean 包含的静态方法需要注入一个值。

例如，下面的 struts.xml 文件中的 Bean 配置，该 Bean 实现了 ObjectFactory 接口，实现类是 MyObjectFactory。配置代码片段如下。

```
<struts>
    <bean  type="com.opensymphony.xwork2.ObjectFactory"  name="myfactory"
    class="com.opensymphony.xwork2.myapp.MyObjectFactory"/>
</struts>
```

bean 元素具有如下几个属性。

（1）class：必填属性，它指定 Bean 实例的实现类。

（2）type：可选属性，它指定 Bean 实例实现的 Struts2 的规范，该规范通常是通过某个接口来体现，因此该属性的值通常是一个 Struts2 接口。如果需要将 Bean 实例作为 Struts2 组件来使用，则应该指定该属性的值。

（3）name：可选属性，该属性指定 Bean 实例的名字，对于有相同 type 类型的多个 Bean，它们的 name 属性不能相同。

（4）scope：可选属性，该属性指定 Bean 实例的作用域，属性值只能是 default、singleton、request、session 或者 thread 之一。

（5）static：可选属性，该属性指定 Bean 是否使用静态方法注入，通常而言，当指定了 type 属性时，该属性值不应该指定为 true。

（6）optional：可选属性，该属性指定该 Bean 是否是一个可选的 Bean。

3.4.3 案例

案例 1. 这是一个比较完整的 struts.xml 文件，里面演示了各种元素的使用方法与用途，并进行了详细的注释。

例 3.5　struts.xml

```
<?xml version="1.0" encoding="GBK"?>
<!--下面指定 Struts2.1 配置文件的 DTD 信息-->
<!DOCTYPE struts PUBLIC
        "-//Apache SoftwareFoundation//DTD Struts Configuration 2.1//EN"
        "http://struts.apache.org/dtds/struts-2.1.dtd">
<!-- struts 是 Struts2 配置文件的根元素-->
<struts>
        <!--下面元素可以出现零次，也可以出现无数次-->
        <constant name="" value="" />
        <!--下面元素可以出现零次，也可以出现无数次-->
        <bean type="" name="" class="" scope="" static=""optional="" />
        <!--下面元素可以出现零次，也可以出现无数次-->
        <include file="" />
        <!-- package 元素是 Struts 配置文件的核心，该元素可以出现零次，或者无数次-->
        <package name="必填的包名" extends="" namespace="" abstract=""
                externalReferenceResolver>
                <!--该元素可以出现，也可以不出现，最多出现一次-->
                <result-types>
                        <!--该元素必须出现，可以出现无数次-->
                        <result-type name=""class="" default="true|false">
```

```
                <!--下面元素可以出现零次，也可以无数次-->
                <param name="参数名">参数值</param>*
            </result-type>
        </result-types>
        <!--该元素可以出现，也可以不出现，最多出现一次-->
        <interceptors>
            <!--该元素的interceptor元素和interceptor-stack至少出现
            其中之一，
            也可以二者都出现-->
            <!--下面元素可以出现零次，也可以无数次-->
            <interceptor name=""class="">
                <!--下面元素可以出现零次，也可以无数次-->
                <param name="参数名">参数值</param>*
            </interceptor>
            <!--下面元素可以出现零次，也可以无数次-->
            <interceptor-stack name="">
                <!--该元素必须出现，可以出现无数次-->
                <interceptor-ref name="">
                    <!--下面元素可以出现零次，也可以无数次-->
                    <param name="参数名">参数值</param>*
                </interceptor-ref>
            </interceptor-stack>
        </interceptors>
        <!--下面元素可以出现零次，也可以无数次-->
        <default-interceptor-ref name="">
            <!--下面元素可以出现零次，也可以无数次-->
            <param name="参数名">参数值</param>
        </default-interceptor-ref>
        <!--下面元素可以出现零次，也可以无数次-->
        <default-action-ref name="">
            <!--下面元素可以出现零次，也可以无数次-->
            <param name="参数名">参数值</param>*
        </default-action-ref>?
        <!--下面元素可以出现零次，也可以无数次-->
        <global-results>
            <!--该元素必须出现，可以出现无数次-->
            <result name=""type="">
                <!--该字符串内容可以出现零次或多次-->
                映射资源
                <!--下面元素可以出现零次，也可以无数次-->
                <param name="参数名">参数值</param>*
            </result>
        </global-results>
        <!--下面元素可以出现零次，也可以无数次-->
        <global-exception-mappings>
```

```
                <!--该元素必须出现，可以出现无数次-->
                <exception-mapping name=""exception="" result="">
                        异常处理资源
                        <!--下面元素可以出现零次，也可以无数次-->
                        <param name="参数名">参数值</param>**
                </exception-mapping>
        </global-exception-mappings>
        <action name=""class="" method="" converter="">
                <!--下面元素可以出现零次，也可以无数次-->
                <param name="参数名">参数值</param>*
                <!--下面元素可以出现零次，也可以无数次-->
                <result name=""type="">
                        映射资源
                        <!--下面元素可以出现零次，也可以无数次-->
                        <param name="参数名">参数值</param>*
                </result>
                <!--下面元素可以出现零次，也可以无数次-->
                <interceptor-ref name="">
                        <!--下面元素可以出现零次，也可以无数次-->
                        <param name="参数名">参数值</param>*
                </interceptor-ref>
                <!--下面元素可以出现零次，也可以无数次-->
                <exception-mapping name=""exception="" result="">
                        异常处理资源
                        <!--下面元素可以出现零次，也可以无数次-->
                        <param name="参数名">参数值</param>*
                </exception-mapping>
        </action>
    </package>*
    <!-- unknown-handler-stack元素可出现零次或1次-->
    <unknown-handler-stack>
        <!-- unknown-handler-ref元素可出现零次或多次-->
        <unknown-handler-ref name=" ">...</unknown-handler-ref>*
    </unknown-handler-stack>?
<struts>
```

思考与练习

1. 简述 Struts2 体系结构。
2. 命名空间是什么？怎样配置？
3. Struts.xml 文件有什么作用？

第4章　业务控制器 Action

在使用Struts2进行Web应用开发时，Action是应用的核心，从而需要编写大量的Action类来完成业务逻辑控制，本章主要介绍如何实现Action类，并进行相应的配置。

- Action 类的编写
- Action 类的配置
- Action 类的主要传值方式

4.1　Action 概述

在使用 Struts2 进行 Web 应用开发时，Action 是应用的核心，作为 MVC 模式中的 Controller（即控制器）的一部分，因此把 Action 称为业务控制器。Action 是需要由用户开发和实现的核心组件。Action 的具体工作职责如下。

（1）取得 View 页面提交的数据或请求参数。

（2）对取得的数据进行数据验证，例如格式验证。

（3）对数据进行类型转换。

（4）调用 Model 对象的业务方法，完成业务处理。

（5）取得 Model 的业务数据并保存或传递给 View 对象。

在设计方面，Struts2 框架的 Action 组件不仅对早期版本中的 Action 组件进一步完善，功能进一步扩展，而且改进了 Servlet 在应用开发中所存在的不足，最终达到不依赖 Servlet 容器使用普通的 Java 类编程。Action 与 Servlet 的区别主要有以下几个方面。

（1）依赖性：Servlet 代码大量依赖 Servlet API；Action 可以是一个简单的 Java 类，不依赖于任何 Java API。

（2）获取用户输入：使用 Servlet 获取用户输入的数据需要编写代码，例如获取用户的姓名，使用语句“request.getParameter("username");”，Struts2 框架会调用 setXXX 方法，直接将用户输入数据注入到 Action 的同名属性中。

（3）数据类型转换：Servlet 获取数据只能是 String 类型，如果转换其他类型则必须编写代码；Struts 框架可以直接进行类型转换，无须额外的编码。

（4）处理方法：Servlet 只能根据请求方式编写 doXXX 方法（大多数为 doGet 或 doPost 方法）。Action 默认为 execute，也可以根据实际需要编写多个处理方法以响应不同的请求。

（5）复用性：Servlet 中所有的处理代码都在一个方法中完成；Action 将不同的功能独立出单独的方法，更易于复用。

（6）耦合度：Servlet 调用视图时，必须给出视图的路径及其名称，耦合度较高；Action 进行视图选择时，无须给出视图名称。减少了与视图的耦合度。

4.2 Action 类的实现

Action 类就是一个普通的 Java 类，类中包含属性，每个属性都有一对 getXXX()和 setXXX()方法。通常会直接把 HTTP 请求参数封装在 Action 类中，作为 Action 的属性。对属性进行命名时，HTTP 请求参数的名字应该与 Action 中属性的名字保持一致，相应的 getXXX()和 setXXX()方法名字也要保持一致，注意方法中名字的首字母需要大写，这样通过 setXXX()方法，Action 把 HTTP 请求参数的参数值赋给与之同名的属性，通过 getXXX()方法，将 Action 中的属性值进行输出。假设 HTTP 请求参数为 name，那么 Action 类中含有属性 name，同时包含一对方法 getName()和 setName()。

编写 Action 类一般有三种方法：编写一个简单的 POJO 类；实现 Action 接口；继承 ActionSupport 类。下面分别详细介绍。

4.2.1 简单 POJO

由于 Struts2 采用低侵入式设计，所以 Struts2 的 Action 可以不用继承或实现任何类和接口，一个简单的 POJO（Plain Old Java Objects，简单 Java 对象）可以作为 Action 类，但是它需要满足以下两个条件。

（1）提供用于保存用户输入数据的私有属性，并提供该属性对应的 setXXX 和 getXXX 方法。

（2）必须要包含无参的且返回字符串类型的公共方法。

具体示例见例 4.1。

例 4.1　HelloWorldAction.java

```
package com;
public class HelloWorldAction{
    private String message;
        public String getMessage() {
        return message;
    }
    public void setMessage(String message) {
        this.message = message;
    }
    public String execute() {
        return "success";
```

```
    }
}
```


在该类中定义了一个私有属性 message，那么就有一对公共方法 getMessage()和 setMessage(String message)实现对该属性的取值和赋值操作。该类中有一个 execute()方法，该方法是调用 HelloWorldAction 时默认执行的方法。

例 4.1 struts.xml

```
<?xml version="1.0" encoding="UTF-8" ?>
<!DOCTYPE struts PUBLIC "-//Apache Software Foundation//DTD Struts Confi-
guration 2.1//EN" "http://struts.apache.org/dtds/struts-2.1.dtd">
<struts>
    <package name="default" extends="struts-default">
        <action name="HelloWorld" class="com.HelloWorldAction">
            <result name="success">/hello.jsp</result>
            <result name="error">/error.jsp</result>
        </action>
    </package>
</struts>
```

在 struts.xml 中对 action 类进行了配置，action 类的名字叫 HelloWorld，具体的 Java 源文件存放在 com 包下，文件名叫 HelloWorldAction。执行该类后，如果返回的字符串是"success"，则跳转到 hello.jsp，如果返回的字符串是"error"，则跳转到 error.jsp。

例 4.1 hello.jsp

```
<%@ page language="java" import="java.util.*" pageEncoding="GB2312"%>
<html>
  <head>
      <title>Hello World</title>
   </head>
    <body>
     Hello World!<br>
    </body>
</html>
```

例 4.1 error.jsp

```
<%@ page language="java" import="java.util.*" pageEncoding="GB2312"%>
<html>
  <head>
      <title>Hello World</title>
   </head>
    <body>
     出现了错误!<br/>
```

```
    </body>
</html>
```

打开浏览器，输入运行路径“http://localhost:8080/Struts2Test/HelloWorld”，调用HelloWorld，回车后运行结果如图 4.1 所示。

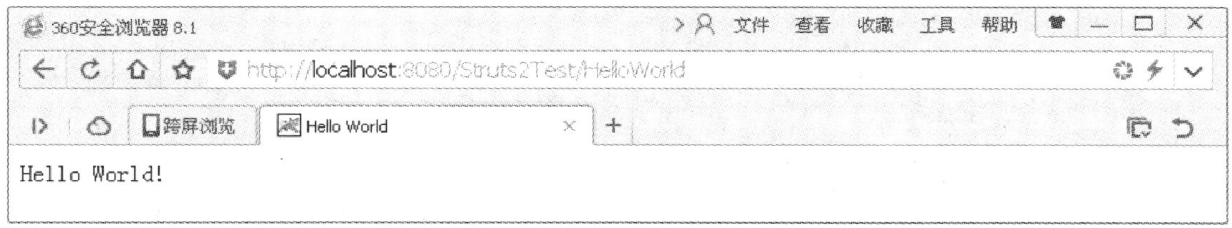

图 4.1 简单的 POJO 类实现 Action

4.2.2 实现 Action 接口

对于简单的 Action 而言，是无须继承和实现任何类和接口的，但是在实际应用中，Action 通常需要进行大量的、复杂的业务处理，例如输入校验、国际化等。为了使开发的 Action 更加规范，开发更加简便，Struts2 框架提供了 Action 接口。

Action 接口的代码片段如下。

```
public interface Action {
//定义 Action 接口里包含的一些结果字符串
    public static final String SUCCESS = "success";
public static final String ERROR = "error";
    public static final String INPUT = "input";
    public static final String LOGIN = "login";
    public static final String NONE = "none";
    //定义处理用户请求的 execute()方法
    public String execute() throws Exception;
}
```

该接口规范规定了实现该接口的 Action 类应该包含一个 execute()方法，该方法返回一个字符串，此外，该接口还定义了 5 个字符串常量，它的作用是统一 execute()方法的返回值。

例如，当 Action 类处理成功后，有人喜欢返回 welcome 字符串，有人喜欢返回 success 字符串，如此不利于项目的统一管理，Struts2 的 Action 接口定义加上了如上的 5 个字符串常量：ERROR，NONE，INPUT，LOGIN，SUCCESS，分别代表了特定的含义。当然，如果开发者依然希望使用特定的字符串作为逻辑视图名，开发者依然可以返回自己的视图名。

通过实现 Action 接口的方式编写 Action 类时，需要满足以下三个条件。

（1）定义类时实现接口，例如 Public class userAction implements Action{}。

（2）实现 execute()方法。由于在 Action 接口中定义了 Action 默认的入口 execute 方法，Action 类中需要实现 execute()方法，这也是 Action 类的默认执行方法。

（3）规范 Action 类返回的“结果状态”的名称。

具体示例见例 4.2。

例 4.2 UserAction.java

```
package com;
import com.opensymphony.xwork2.*;
public class UserAction implements Action{
    public UserAction(){
    }
    private String message;
    public String getMessage() {
        return message;
    }
    public void setMessage(String message){
        this.message = message;
    }
    public String execute(){
        return SUCCESS;
    }
}
```

该例以实现接口的方式定义了 Action 类，能够观察出来，与例 4.1 中 HelloWorldAction.java 有两个地方不同，一是定义类时使用了 implements Action 关键字，二是 execute()方法返回的字符串是规范的字符。

Action 类配置文件与上例相同，修改 hello.jsp 文件中输出字符串为“欢迎你！”。

打开浏览器，输入运行的路径“http://localhost:8080/Struts2Test/UserAction”，回车后运行结果如图 4.2 所示。

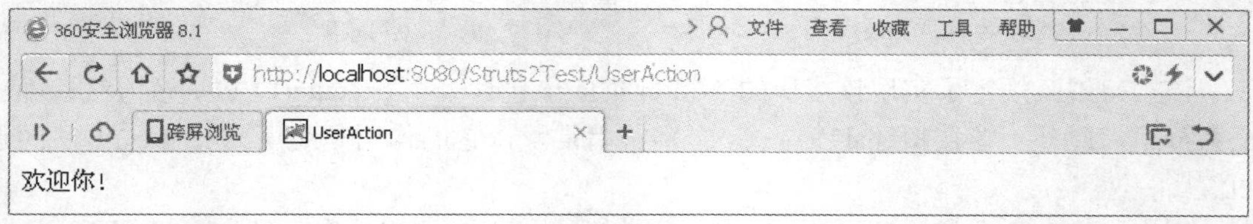

图 4.2 实现接口的方式实现 Action 类

4.2.3 继承 ActionSupport 类

在 Struts2 框架中，ActionSupport 类是一个工具类，该类实现了 Action 接口，并且实现了用于提供用户验证功能的 Validateable 和 ValidationAware 接口和用于提供本地化和国际化支持的 LocaleProvider 和 TextProvider 接口。

示例见例 4.3。

例 4.3　ActionSupport 类的部分代码

```
public class ActionSupport implements Action, Validateable, ValidationAware,
TextProvider, LocaleProvider, Serializable {
protected static Logger LOG = LoggerFactory.getLogger(ActionSupport.class);
private final ValidationAwareSupport validationAware = new Validation
AwareSupport();
private transient TextProvider textProvider;
private Container container;
public void setActionErrors(Collection<String> errorMessages) { //设置 Action
的校验错误信息
validationAware.setActionErrors(errorMessages);
}
public Collection<String> getActionErrors() { //返回 Action 的校验错误信息
return validationAware.getActionErrors();
}
public void setActionMessages(Collection<String> messages) { //设置 Action
的信息
validationAware.setActionMessages(messages);
}
public Collection<String> getActionMessages() { //返回 Action 的信息
return validationAware.getActionMessages();
}
//返回校验错误信息
public Collection<String> getErrorMessages() {
return getActionErrors();
}
//返回错误信息
public Map<String, List<String>> getErrors() {
return getFieldErrors();
}
//设置表单域校验错误信息
public void setFieldErrors(Map<String, List<String>> errorMap) {
validationAware.setFieldErrors(errorMap);
}
//返回表单域错误校验信息
public Map<String, List<String>> getFieldErrors() {
return validationAware.getFieldErrors();
}
//控制 locale 的相关信息
public Locale getLocale() {
ActionContext ctx = ActionContext.getContext();
if (ctx != null) {
return ctx.getLocale();
} else {
LOG.debug("Action context not initialized");
return null;
}
```

```
}
public boolean hasKey(String key) {
return getTextProvider().hasKey(key);
}
//返回国际化信息
public String getText(String aTextName) {
return getTextProvider().getText(aTextName);
}
public String getText(String aTextName, String defaultValue) {
return getTextProvider().getText(aTextName, defaultValue);
}
public String getText(String aTextName, String defaultValue,String obj) {
return getTextProvider().getText(aTextName, defaultValue, obj);
}
public String getText(String aTextName, List<Object> args) {
return getTextProvider().getText(aTextName, args);
}
public String getText(String key, String[] args) {
return getTextProvider().getText(key, args);
}
public String getText(String aTextName, String defaultValue, List<Object>
args) {
return getTextProvider().getText(aTextName, defaultValue, args);
}
public String getText(String key, String defaultValue, String[] args) {
return getTextProvider().getText(key, defaultValue, args);
}
public String getText(String key, String defaultValue, List<Object> args,
ValueStack stack) {
return getTextProvider().getText(key, defaultValue, args, stack);
}
public String getText(String key, String defaultValue, String[] args,
ValueStack stack) {
return getTextProvider().getText(key, defaultValue, args, stack);
}
//用于访问国际化资源包的方法
public ResourceBundle getTexts() {
return getTextProvider().getTexts();
}
public ResourceBundle getTexts(String aBundleName) {
return getTextProvider().getTexts(aBundleName);
}
//添加错误信息
public void addActionError(String anErrorMessage) {
validationAware.addActionError(anErrorMessage);
```

```
}
public void addActionMessage(String aMessage) {
validationAware.addActionMessage(aMessage);
}
添加字段校验的错误信息
public void addFieldError(String fieldName, String errorMessage) {
validationAware.addFieldError(fieldName, errorMessage);
}
//默认 Input 方法，直接访问 input 字符串
public String input() throws Exception {
return INPUT;
}
public String doDefault() throws Exception{
return SUCCESS;
}
//默认处理用户请求的方法，直接返回 SUCCESS 字符串
public String execute() throws Exception {
return SUCCESS;
}
//清理错误信息的方法
public void clearErrorsAndMessages() {
validationAware.clearErrorsAndMessages();
}
/**
* A default implementation that validates nothing
* Subclasses should override this method to provide validations
*/
//包含空校验的方法
public void validate() {
}
}
```

ActionSupport 类功能强大，通过继承该类开发 Action 类，可以重写父类中的方法实现相应的功能，这样就简化了 Action 类的开发。

将例 4.2UserAction.java 中的代码修改如下。

```
package com;
import com.opensymphony.xwork2.*;
public class UserAction extends ActionSupport{
    public UserAction(){
    }
    private String message;
    public String getMessage() {
        return message;
    }
```

```
        public void setMessage(String message) {
            this.message = message;
        }
        public String execute(){
            return SUCCESS;
        }
    }
```

运行结果和例 4.2 相同，实际应用中这种方式被广泛应用。

Action 类在实际使用中经常会用到 ActionContext 对象。ActionConext 是 Action 执行的上下文，提供一系列相关方法用于访问保存在 HttpRequest、HttpSession、ServletContext 中的数据，并将其存储在 Map 中。ActionConext 常用方法如表 4.1 所示。

表 4.1　ActionConext 常用方法

方法名	方法描述
Object get(String key)	获取 ActionConext 中指定键名的元素对象
Map getSession()	获取 session 元素对象
Map getApplication()	获取 application 元素对象
void put(String key,Object value)	向 Map 对象中添加一个具有键名标识的元素
Object get(Object key)	从 Map 对象中获取指定的元素

每次的 request 请求都会建立一个新的 ActionContext 对象，Struts2 会根据每个执行 HTTP 请求的线程来创建对应的 ActionContext 对象，即一个线程有一个唯一的 ActionContext 对象。使用静态方法 ActionContext.getContext() 来获取当前线程的 ActionContext 对象。

需要注意的是，ActionContext 仅在由于 request 而创建的线程中有效，而在服务器启动的线程中无效，例如 filter 的 init 方法。

4.2.4　案例

案例 1. 本例演示登录业务逻辑，在视图中输入姓名和密码，如果姓名为空就显示“登录出错，姓名不能为空!”，如果姓名不为空，就将姓名保存到 session 中，然后通过 hello.jsp 页面读取信息并显示出来。新建 Web 项目，命名为“Login”，创建登录页面 index.jsp，主要代码见例 4.4。

例 4.4　index.jsp

```
<%@ page language="java" import="java.util.*" pageEncoding="GB2312"%>
<%@taglib prefix="s" uri="/struts-tags" %>
<html>
<head>
<title>用户注册</title>
</head>
<body>
    <center>
```

```
        <h2>用户注册</h2>
        <s:form action="LoginAction" theme="simple">
        <s:textfield name="name" lable="姓名" >姓名:</s:textfield><br/>
        <br/>
        <s:password name="password" lable="密码" >密码:</s:password><br/>
        <br/>
            <s:submit value="登录"/>
            <s:reset value="重置"/>
        </s:form>
    </center>
</body>
</html>
```

该页面中引入了 Struts2 标签库，定义前缀为 s，在表单标签<s:form>里定义了姓名、密码两个文本框，以及登录、重置两个按钮。单击【登录】按钮，将该表单的数据提交给 LoginAction 处理，系统根据配置文件寻找相应的 Action 类文件。

例 4.4　LoginAction.java

```
package com;
import com.opensymphony.xwork2.*;
public class LoginAction extends ActionSupport{
    public LoginAction() {
    }
    private String name;
    private String password;
    public String getName() {
        return name;
    }
    public void setName(String name) {
        this.name = name;
    }
    public String getPassword() {
        return password;
    }
    public void setPassword(String password) {
        this.password = password;
    }
    public String execute() {
        if (this.name==null||this.name == "")
            return ERROR;
        else {
            ActionContext ac = ActionContext.getContext();
            ac.getSession().put("login", this.name);
            return SUCCESS;
```

```
            }
        }
    }
```


类中有两个属性 name 和 password，能够获取表单中对应名字控件的数据，通过 if 语句进行判断，如果姓名为空就返回 ERROR，否则就通过 ActionContext ac= ActionContext.getContext();语句获取 ActionContext 对象，通过 ac.getSession();语句获取 session 对象，最后通过 put("login", this.name)；把登录名称放入到 session 中。

例 4.4　struts.xml

```
<?xml version="1.0" encoding="UTF-8" ?>
<!DOCTYPE struts PUBLIC "-//Apache Software Foundation//DTD Struts Confi-
guration 2.1//EN" "http://struts.apache.org/dtds/struts-2.1.dtd">
<struts>
<package name="default" extends="struts-default">
<action name="LoginAction" class="com.LoginAction" >
            <result name="success">/hello.jsp</result>
            <result name="error">/error.jsp</result>
</action>
    </package>
</struts>
```

例 4.4　Hello.jsp

```
<%@ page language="java" import="java.util.*" pageEncoding="GB2312"%>
<%@taglib prefix="s" uri="/struts-tags" %>
<html>
<head>
<title>用户注册</title>
</head>
<body>
    <center>
         欢迎你 <%=session.getAttribute("login") %> <br>
  </center>
  </body>
</html>
```

例 4.4　Error.jsp

```
<%@ page language="java" import="java.util.*" pageEncoding="GB2312"%>
<html>
  <head>
       <title>验证</title>
     </head>
```

```
    <body>
        登录出错，姓名不能为空!<br>
  </body>
</html>
```

打开浏览器，运行 index.jsp 结果见图 4.3，输入用户名、提交密码后结果见图 4.4 所示。

图 4.3　运行界面

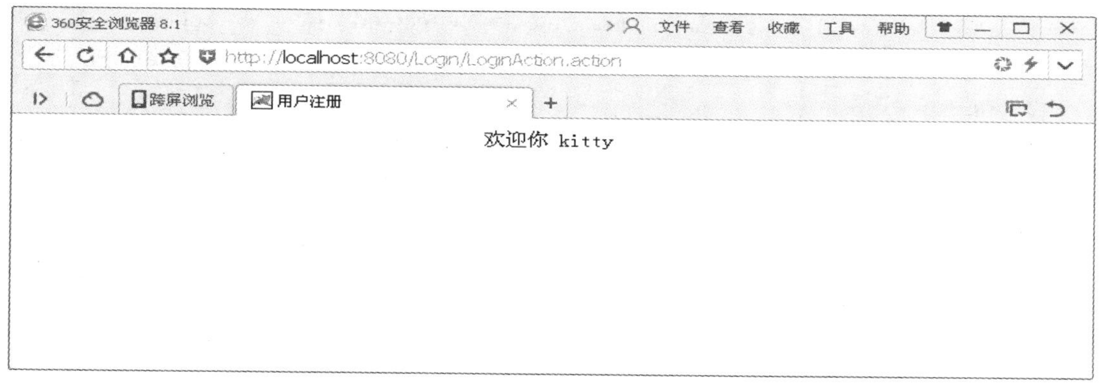

图 4.4　获取界面的数据信息

4.3　Action 配置

4.3.1　Action 配置

1. Action 元素配置

Struts2 框架的 Action 主要是在 struts.xml 文件中配置的，struts.xml 文件可以被比喻成视图和 Action 之间联系的纽带，每个 Action 都是一个业务逻辑处理单元，Action 负责接收客户端请求，处理客户端请求，然后把处理结果返回给客户端。

在 struts.xml 文件中，通过<action>元素对 Action 进行配置。struts.xml 文件中的 action 元素的完整属性如表 4.2 所示：

表 4.2 <action>元素的属性介绍

属性名称	是否必须	功能描述
name	是	请求的 Action 名称
class	否	Action 处理类对应具体路径
method	否	指定 Action 中的方法名，如果没有指定 method 则默认执行 Action 中的 execute()方法
converter	否	指定 Action 使用的类型转换器

例如：

```
<struts>
    <package name="default" extends="struts-default">
        <action name="UserAction" class="com.UserAction">
            <result name="success">/hello.jsp</result>
            <result name="error">/error.jsp</result>
        </action>
    </package>
</struts>
```

在上述代码中，为 Action 指定了 name、class 和 method 属性。该 Action 类的名字叫作 UserAction，对应着 com 包下的 UserAction 类，调用该类时自动执行 execute()方法。

2．<result>元素配置

通常需要为 Action 指定一个或多个视图，这些视图的名称或类型通过<result>元素进行配置。一个<result>代表一个可能的输出。当 Action 类中的方法执行完成时，返回一个字符串类型的结果代码，框架根据这个结果代码选择对应的 result，向用户输出。<result>元素的基本语法如下。

```
<result name ="逻辑视图名" type ="视图结果类型"/>
        <param name ="参数名">参数值</param>
</result>
```

其中，name 属性指定 Action 返回的逻辑视图名称，取值如下。

（1）success：表示请求处理成功，该值也是默认值。

（2）error：表示请求处理失败。

（3）none：表示请求处理完成后不跳转到任何页面。

（4）input：表示输入时如果验证失败应该跳转到什么地方。

（5）login：表示登录失败后跳转的目标。

type 属性表示返回结果类型，支持的结果类型有以下几种。

（1）chain：用来处理 Action 链。

（2）chart：用来整合 JFreeChart 的结果类型。

（3）dispatcher：用来转向页面，通常处理 JSP，该类型也为默认类型。

（4）freemarker：处理 FreeMarker 模板。

（5）httpheader：控制特殊 HTTP 行为的结果类型。

（6）jasper：用于 JasperReports 整合的结果类型。

（7）jsf：JSF 整合的结果类型。

（8）redirect：重定向到一个 URL。

（9）redirect-action：重定向到一个 Action。

（10）stream：向浏览器发送 InputStream 对象，通常用来处理文件下载，还可用于返回 AJAX 数据。

（11）tiles：与 Tiles 整合的结果类型。

（12）velocity：处理 Velocity 模板。

（13）xslt：处理 XML/XLST 模板。

（14）plaintext：显示原始文件内容，如文件源代码。

其中，最常用的类型就是 dispatcher 和 redirect-action。dispatcher 类型是默认类型，通常不写，主要用于与 JSP 页面整合。redirect-action 类型用于当一个 Action 处理结束后，直接将请求重定向到另一个 Action。如下列配置：

```
<action name="struts" class="org.action.StrutsAction" >
    <result name="success">/welcome.jsp</result>
    <result name="error">/hello.jsp</result>
</action>
<action name="login" class="org.action.StrutsAction">
    <result name="success" type="redirect-action">struts</result>
</action>
```

param 元素表示传递参数，需要指定参数名和参数值。例如：

```
<param name ="stuid">2016001</param>
```

3．动态方法调用

在实际的应用中，Action 会包含多个处理业务逻辑的方法，针对不同的客户端请求，Action 会调用不同的方法进行处理。Struts2 提供两种方式实现动态方法调用。使用动态方法调用前必须设置 Struts2 允许动态方法调用，它是通过设置

```
struts.enable.DynamicMethodInvocation = true
```

来完成的。

1）指定 method 属性

Action 类中可以声明多个方法，方法的声明与系统默认的 execute 方法的声明只有方法名不同，其他的如参数、返回值类型都必须相同。

调用不同的方法需要在 struts.xml 配置文件中进行相应的设置，<action>元素使用 method 属性来指定具体执行哪个方法。具体语法如下。

```
<action name=" Action名称" class="包名.Action类名" method="方法名">
   <result>视图 URL </result>
</action>
```

例如，在 action 类 LoginAction 中增加方法 loginCheck()，那么调用该方法时需要在配置文件中进行如下配置。

```
<action name="LoginAction" class="com.LoginAction" method="loginCheck" >
        <result name="success">/hello.jsp</result>
        <result name="error">/error.jsp</result>
</action>
```

2）不指定 action 的 method 属性

在这种方式下 struts.xml 文件不需要为<action>元素配置 method 属性，而是在调用时直接给出调用的方法名，例如在页面中调用 action 类的某个方法，具体语法形式如下。

```
<s:form action="Action类名!方法名.action">
或
<s:form action="Action类名!方法名">
```

这样，Struts2 也会去调用相应的方法，而不调用默认的 execute 方法。例如，将上例的配置文件改成：

```
<action name="LoginAction" class="com.LoginAction" >
        <result name="success">/hello.jsp</result>
        <result name="error">/error.jsp</result>
</action>
```

Form 表单改成：

```
<s:form action=" LoginAction! loginCheck">
```

同样，程序运行时会调用 loginCheck()方法。

3）使用通配符

从前面的例子可以看出，在 struts.xml 中多个 action 的定义除了 name、class 和 method 属性不同以外，其余的都一样，这种定义相当冗余，为了解决这种类型的问题，Struts2 提供了通配符定义方式，使用“*”符号代表通配符，使用“{}”来进行匹配，这样减少配置文件的代码量，从而使得文件更加便于管理。

在使用通配符定义 name 属性时，相当于一个元素 action 映射了多个 Action 类。

（1）在 method 属性中匹配通配符：

```
<package name="demo" extends="struts-default">
     <action name="login_*" class="com.demo.LoginAction" method="{1}">
          <result name="success">/success.jsp</result>
     </action>
</package>
```

其中，method 属性值中的数字 1 表示匹配第一个“*”，当客户端发送 login_admin.action 这样的请求时，action 元素的 name 属性就被设置成 login_admin，method 属性就被设置成 admin。当客户端发送 login_ order.action 这样的请求时，action 元素的 name 属性就被设置成 login_ order，method 属性就被设置成 order。

（2）在 class 属性中匹配通配符：

```
<package name="demo" extends="struts-default">
      <action name=" login_*" class="com.demo.{1}.Action">
            <result name="success">/success.jsp</result>
      </action>
</package>
```

此配置文件中 class 属性匹配了通配符，当客户端发送 login_ admin.action 这样的请求时，action 元素的 class 属性就被设置成 com.demo. admin. Action。当客户端发送 login_order.action 这样的请求时，action 元素的 class 属性就被设置成 com.demo. order. Action。

（3）Struts2 允许在 class 属性和 method 属性中同时匹配通配符，示例如下。

```
<action name="*_*" class="com.demo.{1}" method="{2}" />
```

当客户端发送 book_order.action 这样的请求时，action 元素的 class 属性就被设置成 com.demo.book，method 属性就被设置成 order。那么意味着将会调用 com.demo.book 处理类中的 order 方法来处理用户请求。

（4）此外，在<result>元素中也可以匹配通配符，示例如下。

```
<package name="demo" extends="struts-default">
      <action name=" login_*" class="com.demo.{1}.action">
            <result name="success">/{1}.jsp</result>
      </action>
</package>
```

当客户端发送 login_order.action 这样的请求时，action 元素的 class 属性就被设置成 com.demo.order。当返回为 success 时，调用 order.jsp 页面。

注意：在使用通配符后，除非请求的 URL 与 action 的 name 属性绝对相同，否则将按 action 在 struts.xml 中定义的先后顺序来决定由哪个 action 来处理用户请求。

4.3.2 案例

案例 1. 指定 method 属性实现动态方法调用。新建一个 Web 项目，命名为“Struts2Test”，新建一个类 LoginAction.java，在该类中增加一个方法 loginCheck()。见例 4.5。

例 4.5 方法 loginCheck()的代码

```
public String loginCheck(){
        System.out.println(name);
        if (name.equals(null)||name==""){
        return ERROR;}
        else {
            return SUCCESS;
        }
}
```

修改配置文件，实现方法的调用，代码如下。

例 4.5 struts.xml 部分代码

```
<action name="LoginAction" class="com.LoginAction" method="loginCheck" >
            <result name="success">/hello.jsp</result>
            <result name="error">/error.jsp</result>
</action>
```

例 4.5 Error.jsp

```
<%@ page language="java" import="java.util.*" pageEncoding="GB2312"%>
<html>
  <head>
        <title>验证</title>
     </head>
   <body>
        用户名不能为空 !<br>
  </body>
</html>
```

打开浏览器，输入运行网址“http://localhost:8080/Struts2Test/LoginAction”，程序运行结果如图 4.5 所示。运行时调用 LoginAction.java 类的 loginCheck()方法，对用户名进行判断，如果为空，返回 ERROR，调用 Error.jsp，输出“用户名不能为空 !”。

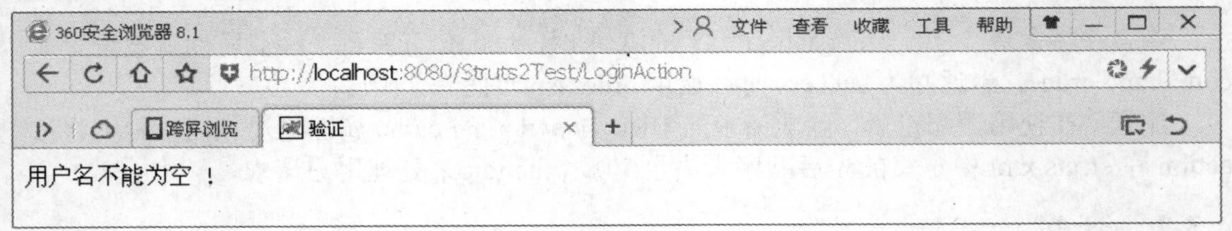

图 4.5 动态方法调用运行结果

4.4 Action 传值方式

在 Struts2 框架中，常用的两种传值方式有属性驱动和模型驱动。

4.4.1 属性驱动

在 Struts2 框架的 Action 里可以直接定义各种 Java 基本类型的属性，使这些属性与 JSP 页面表单中的数据一一对应，这样 Struts2 框架能够取得页面提交的数据（或请求参数）并填充到 Action 的属性中。

具体代码片段如下。

```
<s:form action="regist" method="post">
<s:textfield name="username" label="用户名"/><br/>
    <s:password name="password" label="密码"/><br/>
    <s:submit value="注册"/>
</s:form>
```

这是一个最基本的用户注册的表单，它有两个数据要提交：username、password，那么对应的 Action 也要有两个属性，下面是 Action 定义类 RegistAction 的代码。

```
public class RegistAction extends ActionSupport{
    //获取用户输入的数据，进行数据类型转换
    private String username;
    private String password;
    public String getUsername() {
        return username;
    }
    public void setUsername(String username) {
        this.username = username;
    }
    public String getPassword() {
        return password;
        }
  public void setPassword (String password) {
        this. password = password;
        }
}
```

RegistAction 类中的两个属性和 JSP 表单中的两个属性名字一模一样，每个属性都需要一对 getter/setter 方法，这就是 Struts2 的属性驱动。

```
public String execute() throws Exception {
    System.out.print(username+"--------"+password);
    if (username.equals("kitty") && password.equals("123456")) {
        return "success";
    } else {
        return "error";
    }
}
```

当表单填写完数据后提交到 RegisterAction 后，Struts2 将会自动将根据表单的属性 username、password 调用 Action 中相应的 getUsername()和 getPassword()方法，获取表单中填写的数据，然后执行默认 execute() 方法中的 if 语句，如果用户名等于“kitty”同时密码等于“123456”，则返回“success”。

这种方式非常简单，但是如果在属性值非常多的情况下，编写实现比较复杂，实际项

目开发中多使用类的方式来实现。将上例的属性定义到一个简单的 Java 类中，代码如下。

```
public class User {
    private String username;
    private String password;
    public String getUsername() {
        return username;
    }
    public void setUsername(String username) {
        this.username = username;
    }
public String getPassword() {
        return password;
        }
   public void setPassword (String password) {
        this. password = password;
      }
}
```

修改 Action 定义类 RegistAction 为：

```
public class RegistAction extends ActionSupport{
    //获取用户输入的数据，进行数据类型转换
    private User user;
    public User getUser() {
        return user;
    }
    public void setUser(User user) {
        this.user = user;
    }
}
```

相应地，修改 JSP 页面中属性的名字，格式为对象名.属性名，具体代码如下。

```
<s:form action="regist" method="post">
        <s:textfield name="user.username" label="用户名"/><br/>
        <s:password name="user.password" label="密码"/><br/>
        <s:submit value="用户注册"/>
</s:form>
```

这种方式将属性封装到一个 Java 类 User 中，那么在 Action 类里不需要对每个属性都定义 getter/setter 方法，只需要对 User 定义就可以，程序结构简单，层次分明，减少了大量的代码编写，在实际项目开发中被广泛使用。

4.4.2 模型驱动

ModelDriven 模型驱动 Action 程序其实是将 Web 表单的各个请求数据包装到一个独立

的 POJO 的实体组件类中，然后通过该类的实例获得用户表单请求的各个表单参数。要求必须满足以下条件。

（1）模型驱动的 Action 必须实现 ModelDriven 接口。而且要提供相应的泛型，这里当然就是具体使用的 Java Bean 了。

（2）实现 ModelDriven 的 getModel 方法，其实就是简单地返回泛型的一个对象。

（3）在 Action 中提供一个泛型的私有对象，这里就是定义一个 User 的 user 对象，并提供相应的 getter 与 setter。

因此将上例中的 RegistAction 类修改后部分代码如下。

```
public class RegistModelDrivenAction extends ActionSupport implements
ModelDriven<User> {
    private User user = new User();
    public Object getModel() {
        return user;
    }
...
}
```

基于 ModelDriven 接口的模型驱动在实际中不推荐使用。

思考与练习

1．简述什么是 Action。

2．如何编写 Action？

3．<result>元素有什么作用？

4．什么是属性驱动方式？

第5章 拦 截 器

拦截器是动态拦截 Action 调用的对象，在执行 Action 的方法之前或之后，Struts2 会首先执行 struts.xml 中引用的拦截器。拦截器是 Struts2 框架的基石，许多功能的实现都是构建在拦截器的基础之上的。

- 拦截器的编写
- 拦截器的配置
- 拦截器的应用

5.1 拦截器概述

在软件开发阶段，往往由于前期设计不合理，或者缺乏预见性，可能会导致系统在多个地方需要使用相同的代码，这会造成代码的重复编写，更重要的是给软件日后升级与维护带来极大的不便。例如，有些 Action 需要输入验证，有的文件上传需要预处理，有的需要禁止重复提交，有的需要下拉列表等，利用拦截器可以很好地解决这些问题。

拦截器指在 AOP 中用于在某个方法或字段被访问之前或之后，进行拦截然后加入某些操作，这是 Struts2 框架的一种通用解决方案。

5.1.1 AOP 简介

AOP（Aspect Oriented Programming）是面向切面编程，也叫面向方面编程，是目前软件开发中的一个热点。利用 AOP 可以对业务逻辑的各个部分进行隔离，从而使得业务逻辑各部分之间的耦合度降低，提高程序的可重用性，同时提高了开发的效率。

应用 AOP 主要的目的是将日志记录、性能统计、安全控制、事务处理、异常处理等代码从业务逻辑代码中划分出来，通过对这些行为的分离，将它们独立到方法中，进而在改变这些行为的时候不影响业务逻辑的代码。

使用 Java 的开发人员比较熟悉 OOP（面向对象编程）的方法，那么 OOP 和 AOP 有什么区别呢？OOP 针对业务处理过程的实体及其属性和行为进行抽象封装，以获得更加清晰高效的逻辑单元划分。而 AOP 则是针对业务处理过程中的切面进行提取，它所面对的是处理过程中的某个步骤或阶段，以获得逻辑过程中各部分之间低耦合性的隔离效果。这两种设计思想在目标上有着本质的差异。

如果说面向对象编程是关注将需求功能划分为不同的并且相对独立、封装良好的类，并让它们有着属于自己的行为，依靠继承和多态等来定义彼此的关系的话；面向切面编程则是将需求功能从不相关的类中分离出来，使得很多类共享一个行为，一旦发生变化，不必修改很多类，只需修改这个行为就可以。

5.1.2 拦截器原理

拦截器处理机制来源于 WebWork，在 WebWork 的中文文档中的解释为——拦截器是动态拦截 Action 调用的对象。它提供了一种机制可以使开发人员定义在一个 Action 执行的前后执行的代码，也可以在一个 Action 执行前阻止其执行。同时也是提供了一种可以提取 Action 中可重用部分的方式。

拦截器是 AOP 的一种实现策略。当用户请求 Action 时，Struts2 框架会激活 Action 对象。如果定义了拦截器，在 Action 对象被执行前，激活程序会被另一个对象拦截。在 Action 执行完毕之后，激活程序同样可以被拦截。Struts2 拦截器体系可以动态拦截 Action 调用的对象，开发人员只需要提供拦截器的实现类，并将其配置在 struts.xml 文件中即可。

当一个 Action 需要定义多个拦截器时，通常可以将多个拦截器按一定的顺序连接成一条链，在访问被拦截的方法或者字段时，拦截器链中的拦截器会按照定义的顺序被调用。如图 5.1 所示。

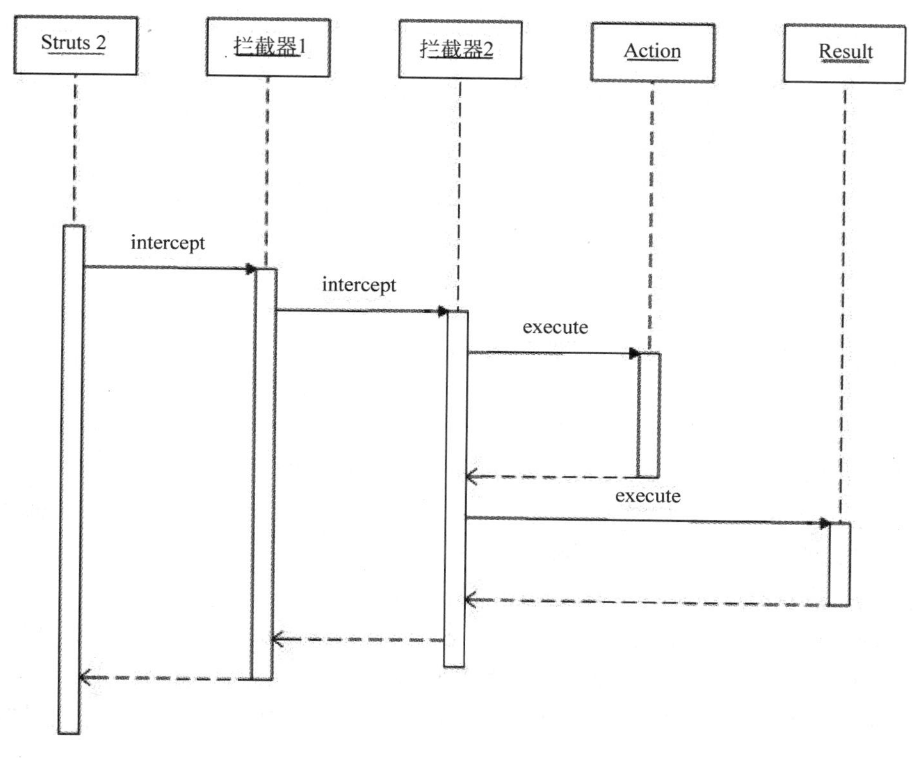

图 5.1　拦截器的工作时序图

Struts2 的拦截器一层一层地把 Action 包裹在最里面，每个 Action 请求都包装在拦截器内部，整个结构就如同一个堆栈，Action 位于堆栈的底部，由于堆栈“后进先出”的特性，如果试图把 Action 拿出来执行，必须首先把位于 Action 上端的 Interceptor 拿出来执行。拦截器可以在 Action 执行之前做准备操作，也可以在 Action 执行之后做回收操作，这样整个执行就形成了一个递归调用。Action 既可以将操作转交给下面的拦截器，也可以直接退出操作，返回客户已经定义好的视图资源。每个位于堆栈中的 Interceptor，除了需要完成它自身的逻辑，还需要完成一个特殊的执行职责。这个执行职责有以下三种选择。

（1）终止整个执行，直接返回一个字符串。

（2）通过递归调用负责调用堆栈中下一个 Interceptor 的执行。

（3）如果在堆栈内已经不存在任何的 Interceptor，调用 Action。

拦截器的执行是通过代理的方式来实现的，当请求到达 Struts2 框架时，Struts2 会查找配置文件，并根据配置实例化相应的拦截器对象，然后将这些对象串成一个列表，最后逐个调用列表中的拦截器。拦截器和 Action 之间的关系如图 5.2 所示。

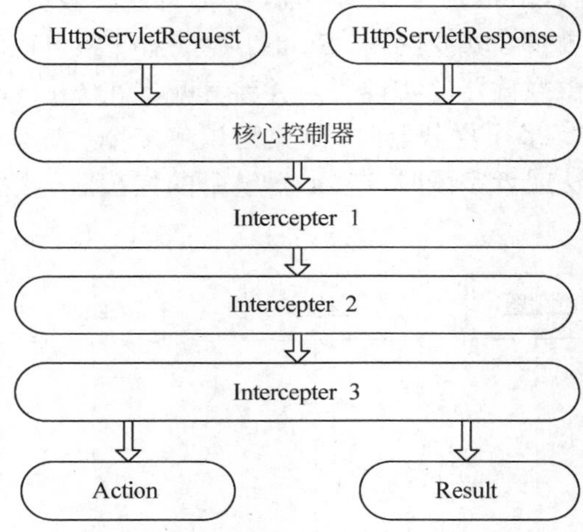

图 5.2　拦截器与 Action 的关系

5.1.3　内置拦截器

Struts2 内建了大量的拦截器，例如解析请求参数、参数类型转换、将请求参数值赋给 Action 的属性和数据校验等。这些拦截器以 name-class 对的形式配置在 struts-default.xml 文件中，其中，name 是拦截器的名字，就是以后使用该拦截器的唯一标识；class 则指定了该拦截器的实现类，常用的内置拦截器如下。

（1）alias：实现在不同请求中相似参数别名的转换。

（2）autowiring：这是个自动装配的拦截器，主要用于当 Struts2 和 Spring 整合时，Struts2 可以使用自动装配的方式来访问 Spring 容器中的 Bean。

（3）chain：构建一个 Action 链，使当前 Action 可以访问前一个 Action 的属性，一般和<result type="chain" .../>一起使用。

（4）conversionError：这是一个负责处理类型转换错误的拦截器，它负责将类型转换错误从 ActionContext 中取出，并转换成 Action 的 FieldError 错误。

（5）createSession：该拦截器负责创建一个 HttpSession 对象，主要用于那些需要有 HttpSession 对象才能正常工作的拦截器中。

（6）debugging：当使用 Struts2 的开发模式时，这个拦截器会提供更多的调试信息。

（7）execAndWait：后台执行 Action，负责将等待画面发送给用户。

（8）exception：这个拦截器负责处理异常，它将异常映射为结果。

（9）fileUpload：这个拦截器主要用于文件上传，它负责解析表单中文件域的内容。

（10）i18n：这是支持国际化的拦截器，它负责把所选的语言、区域放入用户 Session 中。

（11）logger：这是一个负责日志记录的拦截器，主要是输出 Action 的名字。

（12）model-driven：这是一个用于模型驱动的拦截器，当某个 Action 类实现了 ModelDriven 接口时，它负责把 getModel()方法的结果堆入 ValueStack 中。

（13）scoped-model-driven：如果一个 Action 实现了一个 ScopedModelDriven 接口，这个拦截器负责从指定生存范围中找出指定的 Model，并将通过 setModel 方法将该 Model 传给 Action 实例。

（14）params：这是最基本的一个拦截器，它负责解析 HTTP 请求中的参数，并将参数值设置成 Action 对应的属性值。

（15）prepare：如果 Action 实现了 Preparable 接口，将会调用该拦截器的 prepare()方法。

（16）static-params：这个拦截器负责将 XML 中<action>标签下<param>标签中的参数传入 Action。

（17）scope：这是范围转换拦截器，它可以将 Action 状态信息保存到 HttpSession 范围，或者保存到 ServletContext 范围内。

（18）servlet-config：如果某个 Action 需要直接访问 Servlet API，就是通过这个拦截器实现的。注意：尽量避免在 Action 中直接访问 Servlet API，这样会导致 Action 与 Servlet 的高耦合。

（19）roles：这是一个 JAAS（Java Authentication and Authorization Service，Java 授权和认证服务）拦截器，只有当浏览者取得合适的授权后，才可以调用被该拦截器拦截的 Action。

（20）timer：这个拦截器负责输出 Action 的执行时间，这个拦截器在分析该 Action 的性能瓶颈时比较有用。

（21）token：这个拦截器主要用于阻止重复提交，它检查传到 Action 中的 token，从而防止多次提交。

（22）token-session：这个拦截器的作用与前一个基本类似，只是它把 token 保存在 HttpSession 中。

（23）validation：通过执行在 xxxAction-validation.xml 中定义的校验器，从而完成数据校验。

（24）workflow：这个拦截器负责调用 Action 类中的 validate 方法，如果校验失败，则返回 input 的逻辑视图。

大部分时候，开发人员无须手动控制这些拦截器，因为 struts-default.xml 文件中已经配置了这些拦截器，所以只需要在 struts.xml 文件中通过“<include file="struts-default.xml" />”将 struts-default.xml 文件包含进来，并继承其中的 struts-default 包，最后在定义 Action 时，使用“<interceptor-ref name="xx"/>”引用拦截器或拦截器栈，就可以使用相应的拦截器。

5.1.4 案例

案例 1．本例演示拦截器 timer 的用途，用于显示执行某个 Action 方法的耗时，在实际开发中，开发人员能够借此做一个粗略的性能调试。

首先，新建 Action 类 TimerInterceptorAction.java，代码见例 5.1。

例 5.1 TimerInterceptorAction.java

```
package com;
import com.opensymphony.xwork2.ActionSupport;
       public class TimerInterceptorAction extends ActionSupport {
         public String execute() {
              try {
                 //模拟耗时的操作
                Thread.sleep( 500 );
             } catch (Exception e) {
                e.printStackTrace();
             }
             return SUCCESS;
         }
      }
```

例 5.1 struts.xml

```
<?xml version="1.0" encoding="UTF-8" ?>
<!DOCTYPE struts PUBLIC "-//Apache Software Foundation//DTD Struts
Configuration 2.1//EN" "http://struts.apache.org/dtds/struts-2.1.dtd">
<struts>
 <include file ="struts-default.xml"/>
    <package name ="InterceptorDemo" extends ="struts-default" >
       <action name ="Timer" class ="com.TimerInterceptorAction" >
          <interceptor-ref name ="timer" />
          <result>/index.jsp </result >
       </action >
    </package >
</struts>
```

运行该程序，控制台输出结果见图 5.3。在不同的环境中执行 Timer!execute 的耗时，可能时间有些不同，这取决于 PC 的性能。但是无论如何，而且第一次加载 Timer 时，需要进行一定的初始工作，时间可能会多些，当再次重新请求 Timer.action 时，时间就会变为 500ms。

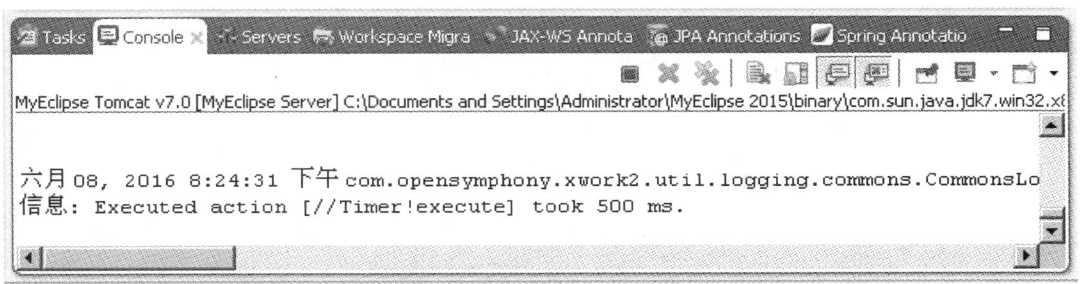

图 5.3　拦截器 timer 的使用

5.2　自定义拦截器

作为框架，可扩展性是不可或缺的。虽然 Struts2 提供如此丰富的拦截器实现，但是这并不意味就失去了创建自定义拦截器的能力，恰恰相反，Struts2 自定义拦截器是相当容易的一件事。

5.2.1　拦截器类的编写

Struts2 提供了 Interceptor 接口，Struts2 规定用户自定义拦截器必须直接或间接实现 com.opensymphony.xwork2.interceptor.Interceptor 接口，该接口的定义如下所示。

```
public interface Interceptor extends Serializable {
void destroy();
void init();
String intercept(ActionInvocation invocation) throws Exception;
}
```

通过上面的代码可以看出，该接口中有以下三个方法。

（1）init()：该方法在拦截器被实例化之后、拦截器执行之前调用。对于每个拦截器而言，该方法只被执行一次，主要用于初始化资源，例如数据库连接参数等。

（2）intercept(ActionInvocation invocation)：该方法用于实现拦截的动作，方法会返回一个字符串作为逻辑视图。该方法的参数 ActionInvocation 包含被拦截的 Action 的引用，用该参数调用其 invoke 方法，将控制权交给下一拦截器，或者交给 Action 类的方法。

（3）destroy()：该方法与 init()方法对应，拦截器实例被销毁之前调用，用于销毁在 init()方法中打开的资源。

另外，Struts2 提供了一个抽象拦截器类 AbstractInterceptor，这个类提供了 init()和 destroy()方法的空实现，因此继承该类实现拦截器类是更加简单的一种方式，因为并不是每次实现拦截器都要申请资源，那么只需要实现 intercept 方法就可以。

类 AbstractInterceptor 代码片段如下。

```
public abstract class AbstractInterceptor implements Interceptor {
```

```
    public void init() {
    }
    public void destroy() {
    }
    public abstract String intercept(ActionInvocation invocation) throws
    Exception;
}
```

下面使用继承父类 AbstractInterceptor 的方式开发一个简单的拦截器，代码如下。

```
public class InterceptorTest extends AbstractInterceptor
{
public String intercept(ActionInvocation invocation) throws Exception {
    System.out.println("Action 执行前插入 代码");
    //执行目标方法 (调用下一个拦截器，或执行 Action)
    final String res = invocation.invoke();
    System.out.println("Action 执行后插入 代码");
    return res;
}
}
```

通过上面的代码可以看出，开发人员要自定义拦截器类，只需要继承 AbstractInterceptor 类，然后重写 intercept 方法就可以了。

注意：拦截器必须是无状态的，换句话说，在拦截器类中不应该有实例变量。这是因为 Struts2 对每一个 Action 的请求使用的是同一个拦截器实例来拦截调用，如果拦截器有状态，在多个线程（客户端的每个请求将由服务器端的一个线程来服务）同时访问一个拦截器实例的情况下，拦截器的状态将不可预测。

5.2.2 拦截器的配置

使用拦截器需要在 struts.xml 中配置拦截器，相关的配置元素如表 5.1 所示。

表 5.1 拦截器配置元素

元素名称	元素含义
<interceptors>	用来定义拦截器，所有拦截器与拦截器栈都在此元素下定义。可以包含子元素<interceptor>和<interceptor-stack>，分别用来定义拦截器和拦截器栈
<interceptor>	用来定义拦截器，需要指定拦截器的名字和拦截器的类
<interceptor-stack>	用来定义拦截器栈，可以引入其他拦截器或拦截器栈
<interceptor-ref>	用来引用其他拦截器或拦截器栈，作为<interceptor-stack>和<action>元素的子元素
<param>	用来为拦截器指定参数，可以作为<interceptor>或<interceptor-ref>的子元素

1. 拦截器的配置

拦截器的配置主要是在 struts.xml 文件中来定义的。定义拦截器使用<interceptor>元素。其基本语法格式为：

```
<interceptor name="拦截器名" class="拦截器实现类"></interceptor>
```

例如：

```
<package name="my" extends="struts-default" namespace="/manage">
    <interceptors>
        <!-- 定义拦截器 -->
        <interceptor name="checkLogin" class="com.LoginInterceptors"/>
    </interceptors>
</package>
```

例子中使用< interceptor >元素配置拦截器，拦截器名为 checkLogin，具体实现的拦截器类是放在 com 包下的 LoginInterceptors.java 文件中。

2．传递参数

如果调用拦截器时需要传递参数，只要在<interceptor>与</interceptor>之间配置<param>子元素即可传入相应的参数。其格式如下。

```
<interceptor name="myInterceptor" class="org.tool.MyInterceptor">
    <param name="参数名">参数值</param>
</interceptor>
```

例如：

```
<package name="my" extends="struts-default" namespace="/manage">
    <interceptors>
        <!-- 定义拦截器 -->
        <interceptor name="checkLogin" class="com.LoginInterceptors">
<param name="workNum">1008</param>
        </interceptor>
</interceptors>
</package>
```

上例中调用拦截器类时传递了一个参数，参数名为 workNum，参数值为 1008。

3．拦截器栈

拦截器栈就是将拦截器按一定的顺序连接成一个集合。

拦截器栈示例如下。

```
<package name="my" extends="struts-default" namespace="/manage">
    <interceptors>
        <!-- 定义拦截器 -->
        <interceptor name="拦截器名" class="拦截器实现类"/>
        <!-- 定义拦截器栈 -->
        <interceptor-stack name="拦截器栈名">
         <interceptor-ref name="拦截器一"/>
         <interceptor-ref name="拦截器二"/>
        </interceptor-stack>
    </interceptors>
        ...
</package>
```

例如：

```
<package name="my" extends="struts-default" namespace="/manage">
    <interceptors>
      <!-- 定义拦截器 -->
       <interceptor name="BookInter1" class="com. Inter1"/>
       <interceptor name="BookInter2" class="com. Inter2"/>
       <!-- 定义拦截器栈 -->
       <interceptor-stack name=" BookInterStack">
          <interceptor-ref name=" BookInter1"/>
          <interceptor-ref name=" BookInter1"/>
       </interceptor-stack>
     </interceptors>
```

上例中配置了两个拦截器 BookInter1 和 BookInter2，如果想让两个拦截器都使用，那么就配置一个拦截器栈 BookInterStack，包含两个拦截器，然后只要应用拦截器栈 BookInterStack，拦截器 BookInter1 和 BookInter2 都会被调用。

4．Action 中应用拦截器

一旦定义了拦截器和拦截器栈后，就可以使用这个拦截器或拦截器栈来拦截 Action 了。使用<interceptor-ref>元素在 Action 类中应用拦截器，其配置的语法与在拦截器栈中引用拦截器的语法完全一样，语法如下。

```
<package name="my" extends="struts-default" namespace="/manage">
    <interceptors>
       <!-- 定义拦截器 -->
       <interceptor name="拦截器名" class="拦截器实现类"/>
       </interceptors>
       <!-- Action 中使用拦截器-->
       <action  name="action 类名" class="action 类路径">
          <result name="结果">/运行的文件</result>
             <interceptor-ref name="拦截器一"/>
             <interceptor-ref name="拦截器二"/>
       </action>
    </package>
```

示例如下。

```
<package name="default" extends="struts-default">
<interceptors>
<interceptor name="myInterceptor" class="org.tool.MyInterceptor"></interceptor>
</interceptors>
    <action name="struts" class="org.action.StrutsAction">
        <result name="success">/welcome.jsp</result>
        <result name="error">/hello.jsp</result>
```

```
            <result name="input">/hello.jsp</result>
            <!--拦截配置在 result 后面 -->
            <!--使用系统默认拦截器栈 -->
            <interceptor-ref name="defaultStack"></interceptor-ref>
            <!--配置拦截器 -->
            <interceptor-ref name="myInterceptor"></interceptor-ref>
        </action>
    </package>
```

示例中定义了一个拦截器 myInterceptor，在 Action 元素中应用<interceptor-ref>调用该拦截器进行拦截操作。注意配置拦截器，一般放在<result>元素之后。

5．拦截器方法过滤

默认的情况下，如果为某个 Action 配置拦截器，则该拦截器会拦截 Action 中的所有方法。但是有时并不想拦截所有的方法，而是只需要拦截其中的某几个方法，此时就需要使用 Struts2 中的拦截器方法过滤特性。

Struts2 提供一个 MethodFilterInterceptor 抽象类，该类是 AbstractInterceptor 类的子类，重写了 intercept(ActionInvocation invocation) 方法，但是提供了一个 doIntercept (ActionInvocation invocation)抽象方法。因此，开发人员实现过滤器方法过滤的特性，需要重写 doIntercept 方法。另外，MethodFilterInterceptor 类中增加了如下两个方法。

public void setExcludeMethods (String excludeMethods)：排除需要过滤的方法，设置方法的"黑名单"，所有在 excludeMethods 中列出的方法都不会被拦截。

public void setIncludeMethods (String includeMethods)：设置需要过滤的方法，设置方法的"白名单"，所有在 includeMethods 中列出的方法都会被拦截。

如果一个方法同时在 excludeMethods 和 includeMethods 中出现，则该方法会被拦截。

示例代码如下。

```
<interceptor name="myMethodInterceptor"class="interceptor.MyMethodIntercepto"/>
<interceptor-ref name="myMethodInterceptor">
    <param name="includeMethods">execute,login</param>
    <param name="excludeMethods">test</param>
</interceptor-ref>
```

上面配置文件中粗体代码设置了方法的过滤，includeMethods 属性指定了 execute 和 login 方法会被拦截，方法名之间以英文逗号隔开。excludeMethods 属性指定 test 方法不会被拦截器拦截。

5.2.3 默认拦截器

1．系统默认拦截器栈

在 struts-default.xml 文件中定义了系统的默认拦截器栈 defaultStack。Struts2 框架的大部分功能都是通过这个默认拦截器栈来实现的，例如，开发人员没有配置参数解析的拦截器，但是系统却具有对客户端的请求参数进行解析等各种功能。这是因为如果开发人员没有为 Action 指定拦截器，系统就会以默认拦截器栈 defaultStack 来拦截 Action。如果开发人员为 Action 指定拦截器，那么系统就不再使用默认拦截器栈，需要开发人员手动配置。

```
<action name="userOpt" class="org.gz. UserAction">
    <result name="success">/success.jsp</result>
    <result name="error">/error.jsp</result>
    <!-- 使用拦截器,一般配置在 result 之后 -->
    <!-- 引用系统默认的拦截器 -->
    <interceptor-ref name="defaultStack"/>
    <interceptor-ref name="拦截器名或拦截器栈名"/>
</action>
```

如果为 Action 指定了一个拦截器，则系统默认的拦截器栈将会失去作用。为了继续使用默认拦截器，所以粗体代码为手动引入了系统的默认拦截器。

2．自定义默认拦截器

用户在 struts.xml 文件中配置一个包时，可以为其指定默认拦截器，一旦为某个包指定了默认拦截器，如果该包中的某些 Action 没有显式指定其他拦截器，则默认拦截器就会起作用。

自定义默认拦截器语法：

```
<default-interceptor-ref name="拦截器（或拦截器栈）的名字">
```

配置用户自定义的默认拦截器需要使用<default-interceptor-ref>元素，此元素为<package>元素的子元素，配置该元素时，需要指定 name 属性，该 name 属性值必须是已经存在的拦截器名字，表明将该拦截器设置为默认的拦截器。

示例：

```
<package name="default" extends="struts-default">
<interceptors>
    <interceptor name="myInterceptor"class="org.tool.MyInterceptor"></interceptor>
</interceptors>
<default-interceptor-ref name="myInterceptor">
    <action name="struts" class="org. strutsAction">
        <result name="success">/success.jsp</result>
      <result name="error">/error.jsp</result>
    </action>
</package>
```

该例中定义 myInterceptor 为默认拦截器，在<action>中没有显式配置其他的拦截器，那么在调用 strutsAction 时，会默认执行 myInterceptor 拦截器。

在一个包中只能配置一个默认拦截器，如果配置多个默认拦截器，那么系统就无法确认到底哪个才是默认拦截器，但是如果需要把多个拦截器都配置为默认拦截器，可以把这些拦截器定义为一个拦截器栈，然后把这个栈配置为默认拦截器。

5.2.4 案例

案例 1．文字过滤拦截器实例

网上论坛要求会员发帖的文字信息要文明，通常会进行过滤，如果发现不文明或者敏感的词语，会用“*”来代替。在 Struts2 框架中可以使用拦截器来实现这个功能。

例如在某论坛中，网友们可以自由评论，如果出现“不文明”的字样，就通过拦截器对其过滤，以“*”显示出来。发表评论页面见例 5.2。

例 5.2　news.jsp

```
<%@ page language="java" import="java.util.*" pageEncoding="utf-8"%>
<%@taglib prefix="s" uri="/struts-tags" %>
<html>
<head>
<title>论坛</title>
</head>
<body>
    <center>
        <h2>网友评论</h2>
        <s:form action="PublishAction" method="post" theme="simple">
        <s:textfield name="title" lable="标题" size="45" style="vertical-
        align: top">标题:</s:textfield><br/><br/>
        <s:textarea name="content" lable="内容" cols="40" rows="5" style=
        "vertical-align: top">内容:</s:textarea><br/><br/>
            <s:submit value="提交"/>
            <s:reset value="重置"/>
        </s:form>
    </center>
</body>
</html>
```

该页面表单中定义两个控件，标题 title 与评论的内容 content，单击【提交】按钮，就将表单中的内容提交给 Action 类来处理。

例 5.2　PublishAction 类

```
package com;
import com.opensymphony.xwork2.*;
public class PublishAction extends ActionSupport {
    public PublishAction() {
    }
    private String title;
    private String content;
    public String getTitle() {
        return title;
    }
```

```
    public void setTitle(String title) {
        this.title = title;
    }
    public String getContent() {
        return content;
    }
    public void setContent(String content) {
        this.content = content;
    }
    public String execute() {
        return SUCCESS;
    }
}
```

Action 类中，定义了两个属性 title 和 content，分别与表单的控件名一一对应，每个属性都有一对 set 和 get 方法，在 execute()方法中没有进行具体操作，直接返回一个 SUCCESS 的逻辑视图。

例 5.2　MyInterceptor 类

```
package com;
import com.PublishAction;
import java.util.*;
import com.opensymphony.xwork2.Action;
import com.opensymphony.xwork2.ActionInvocation;
import com.opensymphony.xwork2.interceptor.AbstractInterceptor;
public class MyInterceptor extends AbstractInterceptor{
    public String intercept(ActionInvocation act) throws Exception {
        Object object = act.getAction();
        if (object != null) {
            if (object instanceof PublishAction) {
                PublishAction action = (PublishAction) object;
                String content = action.getContent();
                if (content.contains("不文明")) {
                    content = content.replaceAll("不文明", "*");
                    action.setContent(content);
                }
                return act.invoke();
            } else {
                return Action.LOGIN;
            }
        } else {
            return Action.LOGIN;
```

```
        }
    }
}
```

MyInterceptor拦截器类中重写了intercept()方法，这个方法有一个参数ActionInvocation对象，它是由框架传递过来的，通过这个对象可以获得相关联的Action对象。另外需要引用系统的默认拦截器栈defaultStack，这样，用户提交的数据都被保存在Action的属性中，那么就可以检查属性content中是否包含需要过滤的文字，如果有，就替换成“*”，然后把替换后的结果赋值给content。运行结果见图5.4和图5.5。

例5.2　struts.xml

```
<?xml version="1.0" encoding="UTF-8" ?>
<!DOCTYPE struts PUBLIC "-//Apache Software Foundation//DTD Struts
Configuration 2.1//EN" "http://struts.apache.org/dtds/struts-2.1.dtd">
<struts>
<package name="default" extends="struts-default">
<interceptors>
       <interceptor name="myInterceptor" class="com.MyInterceptor">
       </interceptor>
   </interceptors>
   <action name="PublishAction" class="com.PublishAction">
       <result name="success">/success.jsp</result>
       <result name="login">/success.jsp</result>
       <interceptor-ref name="defaultStack"></interceptor-ref>
       <interceptor-ref name="myInterceptor"></interceptor-ref>

   </action>
</package>
</struts>
```

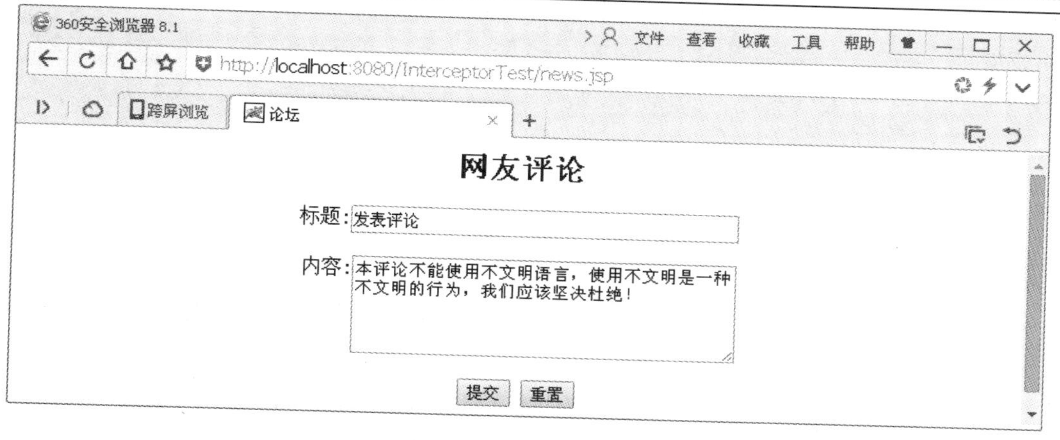

图5.4　发表评论页面

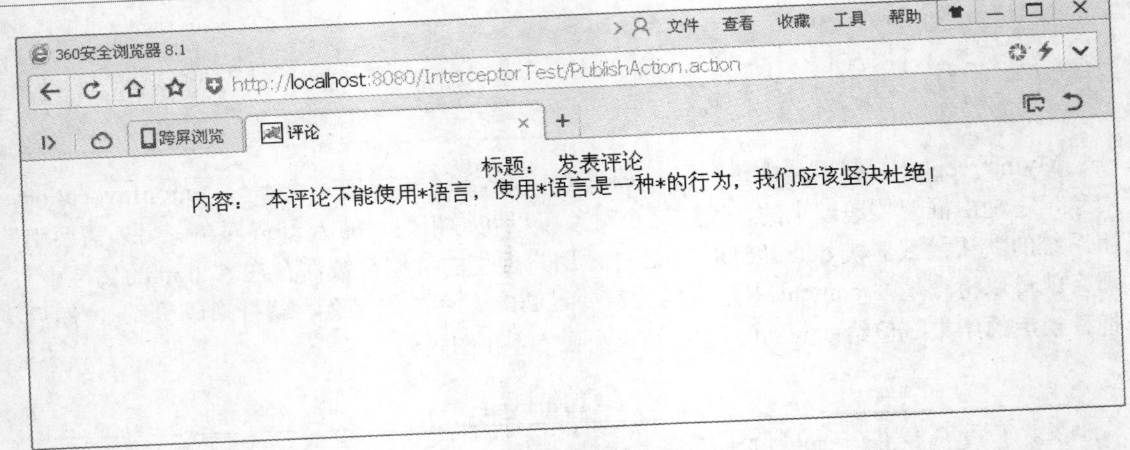

图 5.5 文字过滤效果

思考与练习

1. 简述什么是拦截器，它有什么作用。
2. 如何编写拦截器？
3. 什么是默认拦截器？

第 6 章　视　图　篇

Struts2 作为一个优秀的 MVC 框架，不但提供了验证框架的功能，还提供了一个功能强大、支持广泛和高度扩展性的标签库，完全能满足 Web 页面复杂性和多变性的需求。Struts2 将所有的标签都统一到一个标签库中，从而简化了标签的使用，大大丰富了视图的表现效果。

- Struts2 验证框架
- OGNL 表达式的使用
- 标签库的语法
- 标签库的使用

6.1　验证框架的应用

Web 应用具有开放性，所有客户端用户都可以自由使用，所以用户输入的数据可能比较繁杂，由于用户操作不熟练、输入出错、网络问题或者恶意输入等问题，都可能产生异常数据，如果对这些数据不加以校验，轻则导致系统阻塞，重则可能导致系统崩溃，数据校验是所有 Web 应用面对的问题，只有进行严格的数据输入校验，才能提高系统的健壮性，保证其正常运行。

Struts2 提供了功能强大的验证框架体系，实现了绝大部分的校验需求，实现对数据更有效的控制。常用的校验器有以下几种。

1．必填字符串校验器

requiredstring 是必填字符串校验器，也就是该输入框是必须输入的，并且字符串长度大于 0。其校验规则定义文件如下。

```
<?xml version="1.0" encoding="UTF-8"?>
<!DOCTYPE validators PUBLIC
        "-//OpenSymphony Group//XWork Validator 1.0//EN"
        "http://www.opensymphony.com/xwork/xwork-validator-1.0.2.dtd">
<validators>
```

```
<!- - 需要校验的字段的字段名- - >
<field name="name">
    <!--验证字符串不能为空，即必填-->
    <field-validator type="requiredstring">
        <!--去空格-->
        <param name="trim">true</param>
        <!--错误提示信息-->
        <message>姓名是必需的! </message>
    </field-validator>
</field>
</validators>
```

2．必填校验器

该校验器的名字是 required，也就是<field-validator>属性中的 type="required"，该校验器要求指定的字段必须有值，与必填字符串校验器最大的区别就是可以有空字符串。如果把上例改为必填校验器，其代码如下。

```
<?xml version="1.0" encoding="UTF-8"?>
<!DOCTYPE validators PUBLIC
        "-//OpenSymphony Group//XWork Validator 1.0//EN"
        "http://www.opensymphony.com/xwork/xwork-validator-1.0.2.dtd">
<validators>
<!- -需要校验的字段的字段名- - >
<field name="name">
    <!--验证字符串必填-->
    <field-validator type="required">
        <!--错误提示信息-->
        <message>姓名是必需的! </message>
    </field-validator>
</field>
</validators>
```

3．整数校验器

该校验器的名字是 int，它要求字段的整数值必须在指定范围内，故其有 min 和 max 参数。如果有个 age 输入框，要求输入值必须是整数且在 18~100 之间，配置如下。

```
<validators>
    <!- -需要校验的字段的字段名- - >
    <field name="age">
        <field-validator type="int">
            <!- -年龄最小值-->
            <param name="min">18</param>
            <!- -年龄最大值-->
            <param name="max">100</param>
            <!--错误提示信息-->
            <message>年龄必须在 18 至 100 之间</message>
```

```
        </field-validator>
    </field>
</validators>
```

4．日期校验器

该校验器的名字是 date，要求字段的日期值必须在指定范围内，故其有 min 和 max 参数。其配置格式如下。

```
<validators>
    <!- -需要校验的字段的字段名- - >
    <field name="date">
        <field-validator type="date">
            <!- -日期最小值-->
            <param name="min">1980-01-01</param>
            <!- -日期最大值-->
            <param name="max">2009-12-31</param>
            <!--错误提示信息-->
            <message>日期必须在 1980-01-01 至 2009-12-31 之间</message>
        </field-validator>
    </field>
</validators>
```

5．邮件地址校验器

该校验器的名称是 email，要求字段的字符如果非空，就必须是合法的邮件地址，如下面的代码。

```
<validators>
    <!- -需要校验的字段的字段名- - >
    <field name="email">
        <field-validator type="email">
            <message>必须输入有效的电子邮件地址 </message>
        </field-validator>
    </field>
</validators>
```

6．网址校验器

该校验器的名称是 url，要求字段的字符如果非空，就必须是合法的 URL 地址，如下面的代码。

```
<validators>
    <!- -需要校验的字段的字段名- - >
    <field name="url">
        <field-validator type="url">
            <message>必须输入有效的网址 </message>
        </field-validator>
    </field>
```

```
</validators>
```

7．字符串长度校验器

该校验器的名称是 stringlength，要求字段的长度必须在指定的范围内，一般用于密码输入框，如下面的代码。

```
<validators>
    <!- - 需要校验的字段的字段名- - >
    <field name="password">
    <field-validator type="stringlength">
        <!- -长度最小值-->
        <param name="minLength">6</param>
        <!- -长度最大值-->
        <param name="maxLength">20</param>
        <!--错误提示信息-->
        <message>密码长度必须在 6 到 20 之间</message>
    </field-validator>
    </field>
</validators>
```

8．正则表达式校验器

该校验器的名称是 regex，它检查被校验字段是否匹配一个正则表达式，如下面的代码。

```
<validators>
    <field name="xh">
    <field-validator type="regex">
        <param name="expression"><![CDATA[(\d{6})]]></param>
        <message>学号必须是 6 位的数字</message>
    </field-validator>
    </field>
</validators>
```

6.2 OGNL

6.2.1 OGNL 表达式

OGNL（Object-Graph Navigation Language，对象图导航语言）是一种功能强大的表达式语言，它通过简单一致的语法，可以与 Java 对象中的 getter 和 setter 方法相互绑定，存取 Java 对象树中的任意属性，调用 Java 对象树的方法，同时能够自动实现必要的类型转化。利用该表达式语言保存和获取目标对象实例中的属性值，避免了在 JSP 页面中大量使用<%%>语句，实现页面与后台代码的分离。

Struts2 默认的表达式语言就是 OGNL，OGNL 主要由以下三部分组成。

（1）OGNL 表达式（Expression）：表达式是整个 OGNL 的核心，所有的 OGNL 操作都是针对表达式的解析后进行的。表达式会规定此次 OGNL 操作到底要操作什么。

（2）根对象（Root Object）：可以理解为 OGNL 的操作对象。在表达式规定了“操作什么”以后，还需要指定到底“对谁操作”。

（3）上下文环境（Context）：在 OGNL 的内部，所有的操作都会在一个特定的环境中运行，这个环境就是 OGNL 的上下文环境（Context）。说得再明白一些，就是这个上下文环境，将规定 OGNL 的操作“在哪里操作”。

1．OGNL 表达式

OGNL 表达式的语法很简单，例如要获取一个对象的 name 属性值，OGNL 表达式就是 name；要访问 JavaBean 的属性，OGNL 表达式就是对象名.属性名；要调用方法，OGNL 表达式就是对象名.方法()。OGNL 表达式支持 Java 中的常量，也支持 Java 的所有操作符，对于数组和集合的访问，OGNL 表达式支持索引访问，索引号从 0 开始。

除此之外，OGNL 还提供了一些特殊的符号，下面详细介绍。

（1）“#”的用法：使用“#”能访问 OGNL 上下文和 Action 上下文，它的作用相当于 ActionContext.getContext()。该符号还用于过滤和投影集合，例如 employees 是一个包含 employee 对象的列表，那么#employees.{name}将返回所有雇员的名字的列表。在投影期间，使用#this 变量来引用迭代中的当前元素；另外使用该符号还能构造 Map 集合，如#{'foo1':'bar1', 'foo2':'bar2'}。

（2）“%”的用法：“%”符号的用途是在标记的属性为字符串类型时，计算 OGNL 表达式的值。例如，在 JSP 中加入以下代码。

```
<h3>%的用途</h3>
<p><s:url value="#foobar['foo1']" /></p>
<p><s:url value="%{#foobar['foo1']}" /></p>
```

表示输出 foobar 集合中 foo1 的值。

（3）“$”的用法：该符号用于在国际化资源文件或 Struts2 配置文件中，表示引用 OGNL 表达式。例如：

```
<action name="AddPhoto" class="addPhoto">
      <interceptor-ref name="fileUploadStack" />
      <result type="redirect">ListPhotos.action? albumId=${albumId}
      </result>
</action>
```

（4）OGNL 操作集合对象时允许使用某个规则获得集合对象的子集，常用的有以下三个相关操作符。

?：获得所有符合逻辑的元素。

^：获得符合逻辑的第一个元素。

$：获得符合逻辑的最后一个元素。

如下面的代码。

```
#employees.{?#this.age>18}将返回年龄大于 18 的所有雇员的列表
#employees.{^#this.age>18}将返回第一个年龄大于 18 的雇员的列表
#employees.{$#this.age>18}将返回最后一个年龄大于 18 的雇员的列表
```

2．根对象

在 Struts2 框架中，每个 Action 类的对象实例会拥有一个值栈（Value Stack）对象，Action 中所有的属性都被封装到了值栈对象中。值栈是 OGNL 的根对象，根对象可以直接访问。假设值栈中存在两个对象实例 Man 和 Animal，这两个对象实例都有一个 name 属性，Animal 有一个 species 属性，Man 有一个 salary 属性。假设 Animal 在值栈的顶部，Man 在 Animal 后面，如图 6.1 所示。

那么，species 相当于调用 Animal.getSpecies()，表示取得 Animal 对象的 species 属性值；salary 相当于调用 Man.getSalary()，表示取得 Man 对象的 salary 属性值；name 表示调用 Animal.getName()，虽然 Animal 对象和 Man 对象都有 name 属性，但是查询的顺序从栈顶向栈底搜索，因为 Animal 位于值栈的顶部，所以返回了 Animal 的 name 属性值。如果要获得 Man 的 name 值，则需要使用表达式：Man.name。Struts2 还允许在值栈中使用索引，所以可使用[0].name 来调用 Animal.getName()；使用[1].name 来调用 Man.getName()。

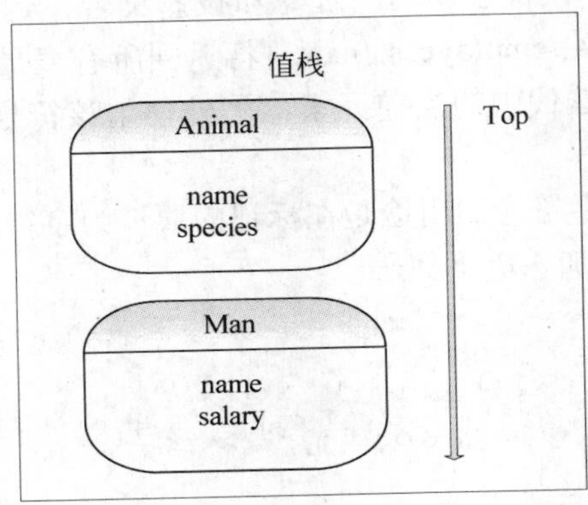

图 6.1　值栈对象

3．上下文环境

OGNL 的上下文环境（Context）是一个 Map 结构，称为 OgnlContext。根对象也会被加入到上下文环境中去，并且这将作为一个特殊的变量进行处理，具体就表现为针对根对象（Root Object）的存取操作的表达式是不需要增加“#”符号进行区分的。OGNL 的上下文环境如图 6.2 所示。

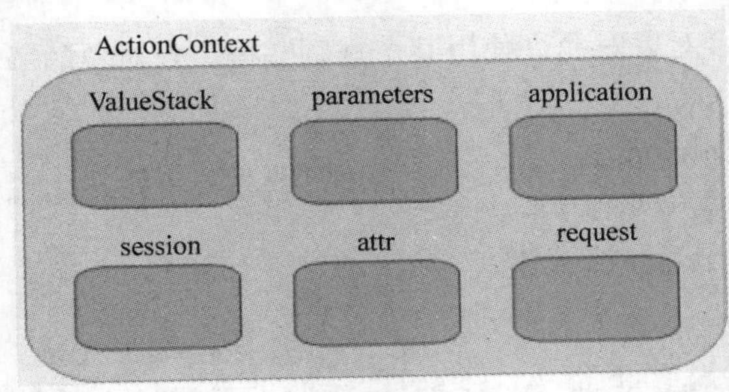

图 6.2　OGNL 的上下文环境

访问值栈中的对象不需要使用任何特殊的“标记”。而引用上下文中的其他对象则需要使用“#”标记。Struts2 总是把当前 Action 实例放置在栈顶，所以在 OGNL 中引用 Action 中的属性也可以省略“#”。

（1）parameters 包含当前 HTTP 请求参数的 Map 集合，因此语句#parameters.id 的作用相当于 request.getParameter("id")。

（2）request 包含当前 HttpServletRequest 的属性集合，因此语句 #request.userName 相当于 request.getAttribute("userName")。

（3）session 包含当前 HttpSession 的属性集合，因此语句#session.userName 相当于 session.getAttribute("userName")。

（4）application 包含当前应用的 ServletContext 的属性集合，语句#application.userName 相当于 application.getAttribute("userName")。

（5）attr 用于按 request > session > application 顺序访问其属性（attribute）。#attr.userName 相当于按顺序在以上三个范围内读取 userName 属性，直到找到为止。

例如，有 Action 中的代码片段：

```
ServletActionContext.getRequest().setAttribute("username","username_
request");
ServletActionContext.getServletContext().setAttribute("username",
"username_application");
ServletActionContext.getContext().getSession().put("username","username_
session");
ValueStack valueStack=ServletActionContext.getContext().getValueStack();
valueStack.set("username", "username_valueStack");
```

在 JSP 页面使用 OGNL 表达式取值的代码片如下。

```
request:<s:property value="#request.username"/><br>
session:<s:property value="#session.username"/><br>
application:<s:property value="#application.username"/><br>
attr:<s:property value="#attr.username"/><br>
valueStack:<s:property value="username"/><br>
parameters:<s:property value="#parameters.cid[0]"/><br>
```

6.2.2 案例

案例 1. 创建项目 struts2ognl，练习 OGNL 的各种表达式应用。代码见例 6.1。

例 6.1 OgnlAction.java

```
package com;
import java.util.ArrayList;
import java.util.Date;
import java.util.HashMap;
import java.util.LinkedHashSet;
import java.util.List;
```

```
import java.util.Map;
import java.util.Set;
import org.apache.struts2.ServletActionContext;
import com.model.UserEntity;
import com.opensymphony.xwork2.ActionContext;
import com.opensymphony.xwork2.ActionSupport;
public class OgnlAction extends ActionSupport{
    private String loginName;
    private int age;
    private UserEntity user;
    private List<String> list1;
    private Set<String> set1;
    private Map<String,String> map;
    private List<UserEntity> listUser;
    public String execute() throws Exception {
        this.loginName="张三";
        this.age=25;
        user=new UserEntity(100, "李四", 88.56, true, new Date());
        list1=new ArrayList<String>();
        list1.add("apple");
        list1.add("baner");
        list1.add("ccccc");
        set1=new LinkedHashSet<String>(list1);
        map=new HashMap<String,String>();
        map.put("a","javaSE");
        map.put("b", "javaEE");
        map.put("c", "javaME");
        listUser=new ArrayList<UserEntity>();
        listUser.add(new UserEntity(1001,"王五 1",85.25,true,new Date()));
        listUser.add(new UserEntity(1002,"王五 2",82.25,true,new Date()));
        listUser.add(new UserEntity(1003,"王五 3",90.25,true,new Date()));
        ActionContext context=ActionContext.getContext();
        context.put("req","req 中的数据");
        context.getSession().put("session1", "session 中的数据");
        context.getApplication().put("app", "application 中的数据");
        ServletActionContext.getRequest().setAttribute("req2",  "servlet
        中 request 中的数据");ServletActionContext.getRequest(). getSession().
        setAttribute("session2","Servlet 中 session 中的数据");
        ServletActionContext.getServletContext().setAttribute("app2",
        "Servet 的 Application");
        return "ognl";
    }
    public String display(String name){
        return name+"这是 Action 中的普通方法!!!";
    }
```

```
    public String getLoginName() {
        return loginName;
    }
    public void setLoginName(String loginName) {
        this.loginName = loginName;
    }
    public int getAge() {
        return age;
    }
    public void setAge(int age) {
        this.age = age;
    }
    public UserEntity getUser() {
        return user;
    }
    public void setUser(UserEntity user) {
        this.user = user;
    }
    public List<String> getList1() {
        return list1;
    }
    public void setList1(List<String> list1) {
        this.list1 = list1;
    }
    public Set<String> getSet1() {
        return set1;
    }
    public void setSet1(Set<String> set1) {
        this.set1 = set1;
    }
    public Map<String, String> getMap() {
        return map;
    }
    public void setMap(Map<String, String> map) {
        this.map = map;
    }
    public List<UserEntity> getListUser() {
        return listUser;
    }
    public void setListUser(List<UserEntity> listUser) {
        this.listUser = listUser;
    }
}
```

例 6.1　UserEntity.java

```
package com.model;
import java.util.Date;
```

```
public class UserEntity {
    public Integer id;
    public String name;
    public Double score;
    public Boolean gender;
    public Date date;
    public UserEntity(){
    }
        public UserEntity(Integer id,String name,Double score,Boolean gender,
            Date date) {
        this.id = id;
        this.name = name;
        this.score = score;
        this.gender = gender;
        this.date = date;
    }
    public Integer getId() {
        return id;
    }
    public void setId(Integer id) {
        this.id = id;
    }
    public String getName() {
        return name;
    }
    public void setName(String name) {
        this.name = name;
    }
    public Double getScore() {
        return score;
    }
    public void setScore(Double score) {
        this.score = score;
    }
    public Boolean getGender() {
        return gender;
    }
    public void setGender(Boolean gender) {
        this.gender = gender;
    }
    public Date getDate() {
        return date;
    }
    public void setDate(Date date) {
        this.date = date;
```

```
    }
    public String info(){
        return "该方法是 JavaBean 中的普通方法";
    }
    }
```

例 6.1　struts.xml

```
<?xml version="1.0" encoding="UTF-8" ?>
<!DOCTYPE struts PUBLIC
    "-//Apache Software Foundation//DTD Struts Configuration 2.3//EN"
    "http://struts.apache.org/dtds/struts-2.3.dtd">
<struts>
    <!-- 配置后缀名称 -->
    <constant name="struts.action.extension" value="action,todo,go,aa,cc">
    </constant>
    <!-- 配置是否自动加载 struts.xml 文件 -->
    <constant name="struts.configuration.xml.reload" value="true">
    </constant>
    <!-- 是否显示更多的调试信息 -->
    <constant name="struts.devMode" value="true"></constant>
    <!-- 设置 action 标签的 name 属性支持/斜杠 -->
    <constant  name="struts.enable.SlashesInActionNames"  value="false">
    </constant>
    <!-- 支持动态方法的调用 -->
    <constant name="struts.enable.DynamicMethodInvocation" value="true">
    </constant>
    <!-- 支持 ONGL 静态方法的调用 -->
    <constant name="struts.ognl.allowStaticMethodAccess" value="true"/>
        <package name="myPackage" namespace="/" extends="struts-default">
        <action name="ognl" class="com.OgnlAction">
            <result name="ognl">/ognl.jsp</result>
            <result name="fail">/fail.jsp</result>
        </action>
    </package>
</struts>
```

例 6.1　index.jsp

```
<%@ page language="java" import="java.util.*" pageEncoding="UTF-8"%>
<html>
 <head>
     <title>Struts2 中 OGNL 的应用示例</title>
 </head>
   <body>
```

```
        <a href="ognl.action">Struts2 OGNL</a>
    </body>
</html>
```


例 6.1　ognl.jsp

```
<%@ page language="java" import="java.util.*" pageEncoding="UTF-8"%>
<%@taglib uri="/struts-tags" prefix="s" %>
<html>
  <head>
    <title>OGNL 示例页面</title>
  </head>
  <body>
   OGNL 访问 Action 中的普通属性:<s:property value="loginName"/> <s:property
   value="age"/><br/>
   OGNL 访问 JavaBean 中的属性:<s:property value="user.name"/><br/>
   OGNL 访问 List 集合对象:<s:property value="list1[2]"/><br/>
   OGNL 访问 Set 集合对象:<s:property value="set1.toArray()[0]"/><br/>
   OGNL 访问 Map 集合对象:<s:property value="map['b']"/> <s:property value=
   "map.keys.toArray()[0]"/>=<s:property value="map.values.toArray()[0]"/><br/>
   OGNL 访问 List 集合中的自定义对象:
   <s:property value="listUser[0].name"/><br/>
   OGNL 访问 JavaBean 中的方法:<s:property value="user.info()"/><br/>
   OGNL 访问 Action 中的方法:<s:property value="display('张三')"/><br/>
   OGNL 访问静态的常量 PI:<s:property value="@java.lang.Math@PI"/><br/>
   OGNL 访问静态的方法:<s:property value="@@abs(100)"/><br/>
   OGNL 访问构造方法:<s:property value="new java.util.Date()"/>
   <s:date name="new java.util.Date()" format="yyyy-MM-dd"/><br/>
   OGNL 访问 ActionContext 中的数据
     request:<s:property value="#request.req"/><br/>
     session:<s:property value="#session.session1"/><br/>
    application:<s:property value="#application.app"/><br/>
    OGNL 访问 ServletActionContext 中的数据
    request:<s:property value="#request.req2"/><br/>
    session:<s:property value="#session.session2"/><br/>
    application:<s:property value="#application.app2"/>
    attr:<s:property value="#attr.app2"/>
    <br/>
    OGNL 的投影查询
    查询出 listUser 集合中所有的用户名:
    <s:property value="listUser.{name}"/><br/>
    查询出 listUser 集合中所有分数大于 80 的用户名:
    <s:property value="listUser.{?#this.score>80}.{name}"/><br/>
    查询出 listUser 集合中所有分数大于 80 且性别为 true 的用户名:
    <s:property value="listUser.{?#this.score>80 && #this.gender==true}.
```

```
    {name}"/><br/>
    查询出 listUser 集合中所有分数大于 8080 且性别为 true 的第一个用户名：
    <s:property value="listUser.{^#this.score>80 && #this.gender==true}.
    {name}"/><br/>
    查询出 listUser 集合中所有分数大于 8080 且性别为 true 的最后一个用户名：
    <s:property value="listUser.{$#this.score>80 && #this.gender==true}.
    {name}"/><br/>
  </body>
</html>
```

打开浏览器，输入运行网址“http://localhost:8080/struts2ognl/index.jsp”，运行该程序，结果如图 6.3 所示。

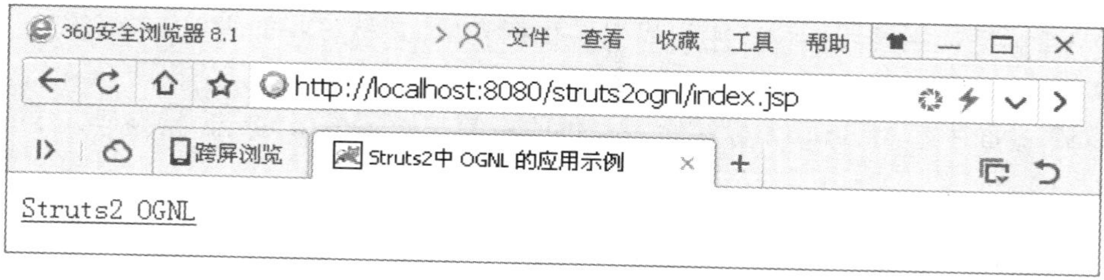

图 6.3 运行界面

单击超链接，调用 ognl.action，运行的结果如图 6.4 所示。

该程序练习使用 OGNL 表达式访问属性，访问集合对象，访问各种方法，以及访问 Action 上下文对象，还实现了 OGNL 的投影查询。

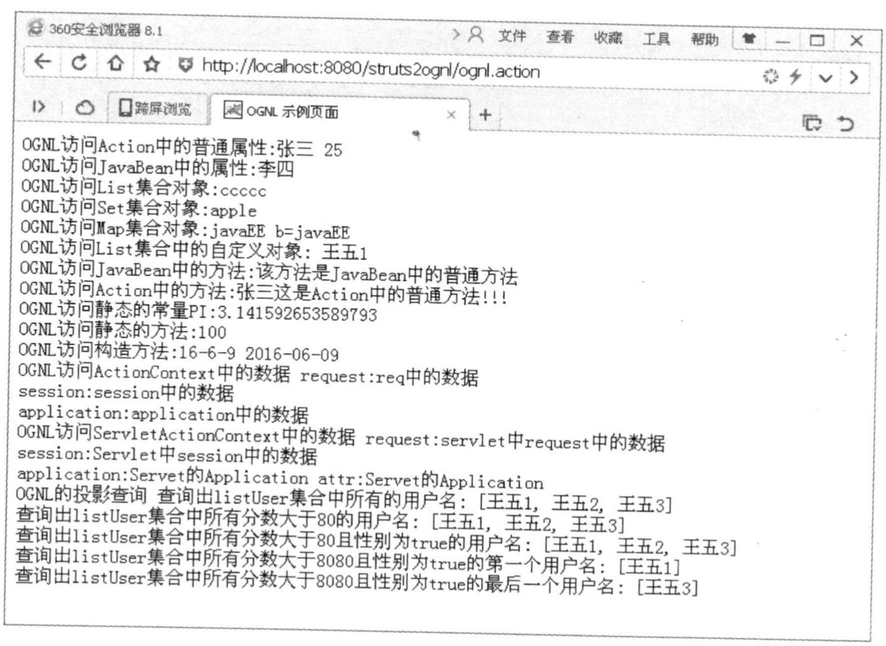

图 6.4 OGNL 使用的界面

6.3 Struts2 标签库

6.3.1 标签库概述

Struts2 框架提供了一个功能强大、支持广泛和高扩展性的标签库，该标签库大大简化了视图页面代码，提高了视图页面的维护效率，完全能满足 Web 页面复杂性和多变性的需求，Struts2 标签库支持 JSTL，支持更加强大的表达式语言 OGNL。Struts2 框架把所有的标签整合到一个标签库中，并没有严格地对标签进行分类。但是为了使读者更清晰地理解标签库，可以将 Struts2 的标签库分成以下三类，如图 6.5 所示。

（1）非 UI 标签：主要用于控制和执行页面，包括控制标签和数据标签。

（2）UI 标签：主要用于构建用户界面，包括表单 UI 标签和非表单 UI 标签。

（3）Ajax 标签：主要用于支持 Ajax 技术。

在 JSP 页面中使用 Struts2 标签库中提供的标签，必须使用 taglib 指令导入 Struts2 标签库：

```
<%@taglib prefix="s" uri="/struts-tags"%>
```

prefix 属性指定标签的前缀，此处指定标签的前缀为“s”，即使用 Struts2 标签库中的任一标签时，前面都应加上“s:”，例如“<s:property>”。

uri 属性指定标签库描述文件的路径，此处设为“/struts-tags”，与 struts-tags.tld 文件中的默认 uri 一致。

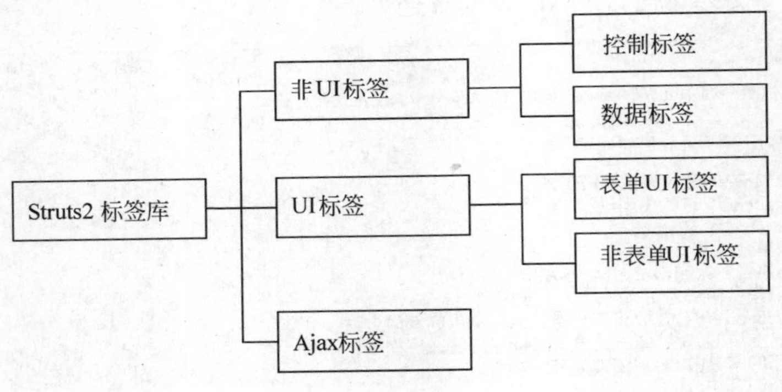

图 6.5 Struts2 的标签库分类

如果使用 Ajax 标签，则首先需要在项目中引入 struts2-dojo-plugin-2.1.6.jar 包；然后使用 taglib 指令导入 struts 的 Ajax 标签库：

```
<%@ taglib uri="/struts-dojo-tags" prefix="sx" %>
```

另外，为了保证程序正确使用标签库的标签，将 web.xml 文件修改成能够将所有的程序都提交给 struts2 框架处理，具体代码如以下加粗部分所示。

```
<url-pattern>/*</url-pattern>，例如:
```

```
<filter>
    <filter-name>struts2</filter-name>
    <filter-class>org.apache. struts2.
    dispatcher.ng.filter.StrutsPrepareAndExecuteFilter
    </filter-class>
</filter>
<filter-mapping>
    <filter-name>struts2</filter-name>
    <url-pattern>/*</url-pattern>
</filter-mapping>
```

6.3.2 控制标签

控制标签主要用于程序流程的逻辑控制，例如选择结构、分支结构和循环结构，也可以实现对集合进行合并和排序等功能。主要的控制标签如表 6.1 所示。

表 6.1 控制标签

标签名	描述
if	该标签用于控制选择输出
elseif	该标签同 if 标签结合使用，用来控制选择输出
else	该标签同 if 标签结合使用，用来控制选择输出
iterator	该标签是一个迭代器，用来迭代输出集合中的数据
append	该标签用于将多个集合拼接成一个集合
merge	该标签用于将多个集合拼接成一个集合，在使用方式上与 append 有区别
generator	该标签是一个字符串解析器，用来将一个字符串解析成一个集合
sort	该标签用于对集合进行排序
subset	该标签用于截取集合的部分集合，形成新的子集合

1．<s:if>/<s:elseif>/<s:else>标签

条件标签，用于执行基本的条件流转。这三个标签通常结合使用，用于进行程序分支逻辑控制，跟大多数编程语言中的 if/elseif/else 语句的功能相似，具体的语法格式如下。

```
<s:if test="表达式">
    标签体
</s:if>
<s:elseif test="表达式">
    标签体
</s:elseif>
<!--允许出现多次 elseif 标签-->
    ...
<s:else>
    标签体
</s:else>
```

if：用于判断利用 test 属性的值来决定是否计算并输出标签体的内容。

elseif：利用 test 属性的值来决定是否计算并输出标签体的内容，必须和 if 标签结合使用。

else：用户控制选择输出的标签，必须和 if 标签结合使用。

例如：

```
<!-- 判断成绩是否及格，不及格，良，优 -->
<%@ page language="java" import="java.util.*" pageEncoding="utf-8"%>
<%@taglib prefix="s" uri="/struts-tags" %>
<html>
<head>
<title>标签</title>
</head>
<body>
    <center>
        <s:set name="score" value="99" />
        <s:if test="%{#score<60}">
            成绩为：不及格
        </s:if>
        <s:elseif test="%{#score>=60&&#score<80}">
            成绩为：及格
        </s:elseif>
        <s:elseif test="%{#score>=80&&#score<90}">
            成绩为：良
        </s:elseif>
        <s:else>
            成绩为：优
        </s:else>
    </center>
</body>
</html>
```

在上述代码中，首先通过 set 标签定义了一个名为 score 的属性，并且为该属性设置了初始值 99，然后通过 if/elseif/else 标签对表达式进行判断，根据 score 值的范围来控制结果输出。运行的界面如图 6.6 所示。

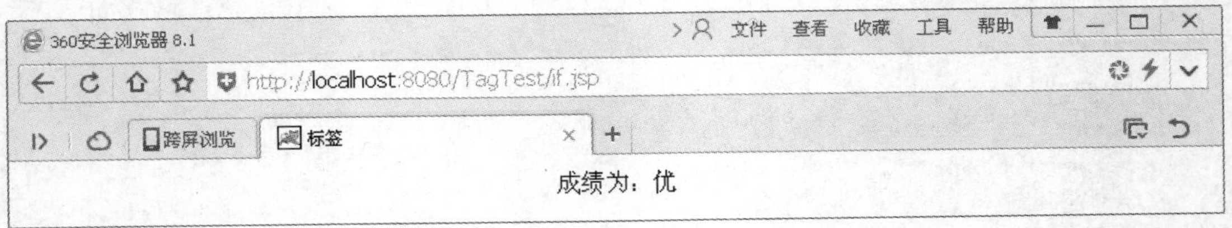

图 6.6　条件标签

2．<s:iterator>标签

迭代标签，用于对集合进行迭代，其中集合类型可以是 List、Set、Map 或数组，具体的语法格式如下。

```
<s:iterator value="集合" id="迭代变量" status="迭代的状态实例">
标签体
```

```
</s:iterator>
```

value：可选属性，指定迭代集合，被迭代的集合通常都由 OGNL 表达式指定。如果没有指定 value 属性，则使用 ValueStack 栈顶的集合。

id：可选属性，指定集合中每次迭代的变量。

status：可选属性，指定迭代时的 IteratorStatus 实例，用于获取当前迭代元素的属性。如果指定该属性，其实例包含如下几个方法。

（1）int getCount()：返回当前迭代了几个元素。

（2）int getIndex()：返回当前被迭代元素的索引。

（3）boolean isEven：返回当前被迭代元素的索引元素是否是偶数。

（4）boolean isOdd：返回当前被迭代元素的索引元素是否是奇数。

（5）boolean isFirst：返回当前被迭代元素是否是第一个元素。

（6）boolean isLast：返回当前被迭代元素是否是最后一个元素。

应用举例如下。

```
<%@ page language="java" pageEncoding="utf-8"%>
<%@taglib uri="/struts-tags" prefix="s"%>
<html>
<head>
<title>标签</title>
</head>
<body>
    <center>
        <table border="1" width="200">
            <s:iterator value="{'西瓜','苹果','香蕉','葡萄 '}" id="fruit"
                status="st">
                <tr <s:if test="#st.even">style="background-color:silver"
                </s:if>>
                    <td><s:property value="fruit" /></td>
                </tr>
            </s:iterator>
        </table>
    </center>
</body>
</html>
```

迭代标签示例运行结果如图 6.7 所示。

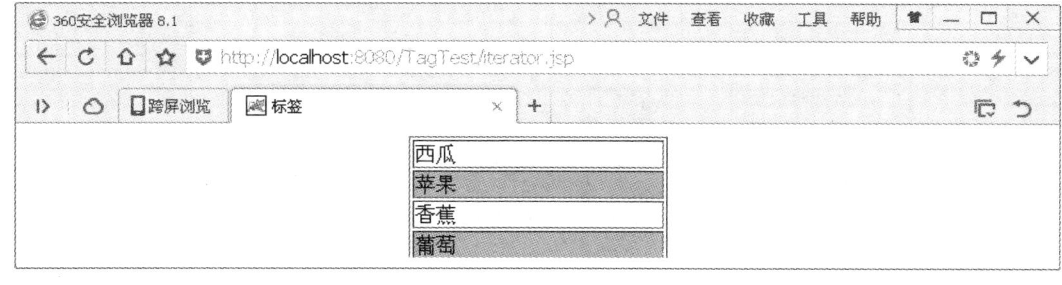

图 6.7　迭代标签

3．<s:append>标签

组合标签，用于将多个集合拼接成一个新的集合。具体的语法格式如下。

```
<s:append id="集合名称 ">
    <s:param value="子集合名称"/>
    <s:param value="子集合名称"/>
</s:append>
```

id 属性定义连接后新集合的名字；

param 子标签中定义每个子集合的名称。

应用举例如下。

```
<%@ page language="java" pageEncoding="utf-8"%>
<%@taglib uri="/struts-tags" prefix="s"%>
<html>
<head>
<title>标签</title>
</head>
<body>
    <center>
        <s:append id="newList">
            <s:param value="{'西瓜','苹果','香蕉','葡萄 '}" />
            <s:param value="{'春天','夏天','秋天','冬天'}" />
        </s:append>
        <table border="1" width="200">
            <s:iterator value="#newList" id="fruit" status="st">
                <tr <s:if test="#st.even">style="background-color:silver"
                </s:if>>
                    <td><s:property value="fruit" /></td>
                </tr>
            </s:iterator>
        </table>
    </center>
</body>
</html>
```

上例中使用<s:append>标签可以把两个集合对象连接起来，从而组成一个新的集合 newList，然后通过<s:iterator>标签进行迭代输出。运行结果如图 6.8 所示。

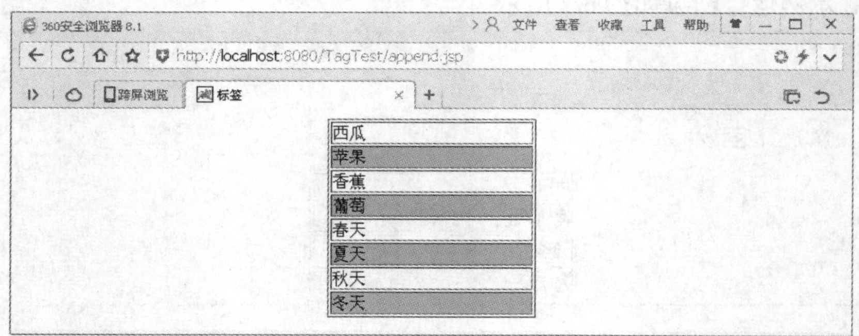

图 6.8　组合标签

4．<s:merge>标签

合并标签，用于将多个集合拼接成一个新的集合，但与 append 的拼接方式不同，拼接后的集合元素的排序方式有所不同。 具体的语法格式如下。

```
< s:merge  id="集合名称 ">
    <s:param value="子集合名称"/>
    <s:param value="子集合名称"/>
</ s:merge >
```

id 属性定义连接后新集合的名字；

param 子标签中定义每个子集合的名称。

应用举例如下。

```
<%@ page language="java" pageEncoding="utf-8"%>
<%@taglib uri="/struts-tags" prefix="s" %>
<html>
<head>
   <title>标签</title>
</head>
<body>
<center>
    <s:merge  id="newList">
        <s:param value="{'西瓜','苹果','香蕉','葡萄 '}" />
            <s:param value="{'春天','夏天','秋天','冬天'}" />
    </s:merge >
    <table border="1" width="200">
        <s:iterator value="#newList" id="fruit" status="st">
            <tr <s:if test="#st.even">style="background-color:silver"</s:if>>
            <td><s:property value="fruit"/></td>
        </tr>
    </s:iterator>
    </table>
</center>
</body>
</html>
```

通过输出结果可以看出来，两个标签中集合元素的排序方式不同，<s:append>输出顺序与添加的顺序一致，而< s:merge>标签将元素交织在一起。运行结果如图 6.9 所示。

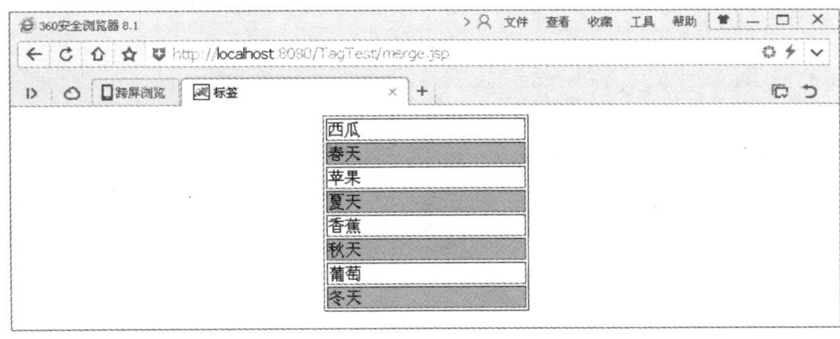

图 6.9　合并标签

5．<s:generator>标签

分隔标签，用于将一个字符串按指定的分隔符分隔成多个字符串，产生一个枚举值列表，临时生成的多个子字符串可以使用 iterator 标签来迭代输出。具体的语法格式如下。

```
<s:generator val="字符串" separator="分隔符" converter="转换器" count="元素个数">
标签体
</s:generator>
```

（1）val 属性：必填属性，指定被解析的字符串。

（2）separator 属性：这是一个必填属性，指定用于分隔字符串的分隔符。

（3）converter 属性：可选属性，指定一个转换器，转换器负责将生成的集合中的每个字符串转换成对象，通过这个转换器可以将一个含有分隔符的字符串解析成对象的集合。转换器必须是一个继承 org.apache.struts2.util.IteratorGenerator.Converter 的对象。

（4）count 属性：可选属性，指定生成集合中元素的总数。

（5）var 属性，可选属性。如果指定了该属性，则将生成的集合保存在 pageContext 中。如果不指定该属性，则将生成的集合放入 ValueStack 的顶端，该标签一结束，生成的集合就被移除。该属性也可替换成 id。

```
<%@ page language="java" pageEncoding="utf-8"%>
<%@taglib uri="/struts-tags" prefix="s"%>
<html>
<head>
<title>标签</title>
</head>
<body>
    <center>
        <s:generator val="%{'北京,上海,深圳,天津'}" separator=",">
            <s:iterator>
                <s:property />
                <br />
            </s:iterator>
        </s:generator>
    </center>
</body>
</html>
```

运行结果如图 6.10 所示。

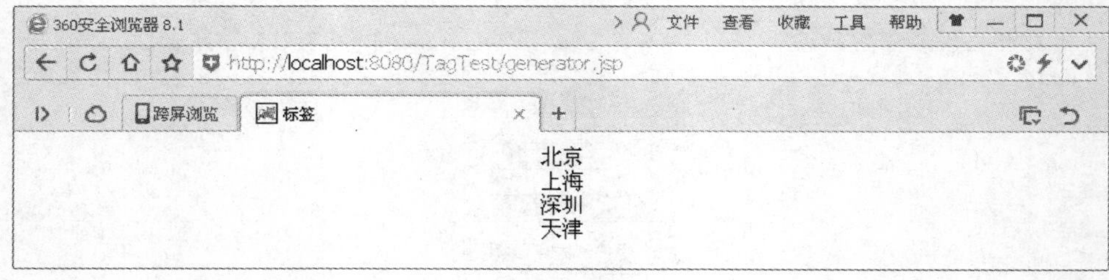

图 6.10　分隔标签

6. <s:sort>标签

排序标签：用于对指定的集合进行排序，但是排序规则要由开发者提供，即实现自己的 Comparator 实例。具体的语法格式如下。

```
<s:sort comparator="排序规则的实例" source="集合">
    <s:iterator>
    <s:property value="..." />
    </s:iterator>
</s:sort>
```

comparator 必选属性，用来指定实现排序规则的 comparator 实例；source 可选属性，用来指定要排序的集合。

应用实例：开发者首先创建 Comparator 类，该类实现 java.util.comparator 接口，该类中实现排序规则，代码如下所示。

```
package com;
import java.util.Comparator;
public class myComparator implements Comparator {
 public int compare(Object oj1, Object oj2) {
   return oj1.toString().length()-oj2.toString().length();
}
}
```

然后创建 JSP 页面，页面代码如下。

```
<%@ page language="java" pageEncoding="GB2312"%>
<%@taglib uri="/struts-tags" prefix="s"%>
<html>
<head>
<title>标签</title>
</head>
<body>
    <center>
        <s:bean id="myComparator" name="com.myComparator" />
        <s:sort comparator="#myComparator" source="{'我们一起去郊游','今天天
        气真好'}">
            <s:iterator>
                <ol>
                    <s:property />
                </ol>
            </s:iterator>
        </s:sort>
    </center>
</body>
</html>
```

运行结果如图 6.11 所示。

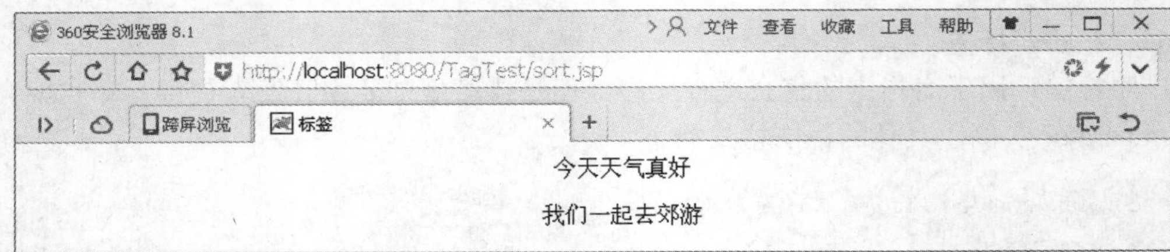

图 6.11 排序标签

7. <s:subset>标签

子集标签，用于截取集合的部分元素，形成新的子集合。具体的语法格式如下。

```
<s:subset source="源对象" start="开始位置" count= "元素个数">
标签体
</:subset>
```

（1）source 可选属性，用于指定检索的列表对象。

（2）start 可选属性，用于指定从源集合的第几个元素开始截取。

（3）count 可选属性，用于指定子集合中元素的个数，如果不指定该属性，则默认取得源集合中的所有元素。

（4）decider 可选属性，用来指定是否选中当前元素。

应用实例如下。

```
<%@ page language="java" pageEncoding="GB2312"%>
<%@taglib uri="/struts-tags" prefix="s"%>
<html>
<head>
<title>标签</title>
</head>
<body>
    <center>
        <s:subset source="{'春天','夏天','秋天','冬天'}" start="1" count="3">
            <s:iterator>
                <li><s:property /></li>
            </s:iterator>
        </s:subset>
    </center>
</body>
</html>
```

运行结果如图 6.12 所示。

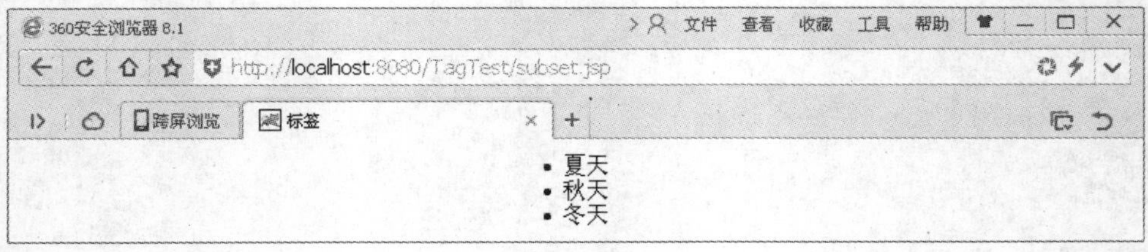

图 6.12 子集标签

6.3.3 数据标签

数据标签主要用来实现获得或访问各种数据的功能，常用的数据标签如表 6.2 所示。

表 6.2 数据标签

标签名	描述
property	该标签用来输出某个值，该值可以是值栈或 ActionContext 中的值
set	该标签用来设置一个新的变量，并把新变量存储到特定的范围中
action	该标签用来直接调用一个 Action，根据 executeResult 参数，可以将该 Action 的处理结果包含到页面中
bean	该标签用来创建一个 JavaBean 对象
date	该标签用来格式化输出一个日期属性
debug	该标签用来生成一个调试链接，当单击该链接时，可以看到当前值栈中的内容
i18n	该标签用来指定国际化资源文件的 baseName
include	该标签用来包含其他的页面资源
param	该标签用来设置参数
push	该标签用来将某个值放入值栈
text	该标签用来输出国际化信息
url	该标签用来生成一个特定的 URL

1．<s:property>标签

property 标签的作用是输出指定值。具体的语法格式如下。

```
<s:property value= "源对象"default ="默认值"escape="true/false"id="标志名">
```

（1）value 可选属性，指定需要输出的属性值，如果没有指定该属性，则默认输出值栈栈顶的值。

（2）default 可选属性，如果需要输出的属性值为 null，则显示 default 属性指定的值。

（3）escape 可选属性，指定是否显示标签代码，不显示则指定属性值为 false。

（4）id 可选属性，指定该元素的标志。

应用实例如下。

```
<%@ page language="java" pageEncoding="GB2312"%>
<%@taglib uri="/struts-tags" prefix="s"%>
<html>
<head>
<title>标签</title>
</head>
<body>
    <center>
        <% session.setAttribute("username","kitty"); %>
        <s:property value="#session.username"/>
    </center>
</body>
</html>
```

运行结果如图 6.13 所示。

图 6.13 输出指定值

2．<s:set>标签

变量赋值标签：赋予变量一个特定范围内的值。具体的语法格式如下。

```
<s:set name="变量名" value="变量值" scope= "变量有效范围" id="标志名" />
```

（1）name 必选属性，表示生成新变量的名字。

（2）value 可选属性，指定赋给新变量的值。如果没有指定该属性，则将值栈栈顶的值赋给新变量。

（3）scope 表示指定新变量的存放范围。该属性的取值一般为 application、session、request、page 或 action。如果没有指定该属性，则默认放置在值栈中。

（4）id 可选属性，指定该元素的标志。

下面是一个简单例子，展示了 property 标签访问存储于 session 中的 user 对象的多个字段。

```
<s:property value="#session['user'].username"/>
<s:property value="#session['user'].age"/>
<s:property value="#session['user'].address"/>
```

每次都要重复使用#session['user']不仅麻烦还容易引发错误。更好的做法是定义一个临时变量，让这个变量指向 user 对象。使用 set 标签使得代码易于阅读，如下所示。

```
<s:set name="user" value="#session['user'] " />
<s:property value="#user.username"/>
<s:property value="#user.age" />
<s:property value="#user.address" />
```

3．<s:action>标签

该标签允许在页面中直接调用 Action。具体的语法格式如下。

```
<s:action name="名称" executeResult="true/false" ignoreContextParam="true/
false"  id="标志名"/>
```

（1）id：可选属性，作为该 Action 的应用标志。

（2）name：必选属性，指定需要调用的 Action 名。

（3）namespace：可选属性，指定该标签调用 Action 所属的命名空间。

（4）executeResult：可选属性，指定是否将 Action 的处理结果包含到本页面中，默认值为 false，表示不包含到本页面中。

（5）ignoreContextParam：可选参数，指定该页面的请求参数是否需要传入调用的 Action 中，默认值是 false，即传入参数。

应用实例，创建 index.jsp 页面，主要代码如下。

```
<%@ page language="java" import="java.util.*" pageEncoding="ISO-8859-1"%>
<%@taglib prefix="s" uri="/struts-tags"%>
  <html>
  <head>
         <title>Struts2 a:action</title>
   </head>
   <body>
        <div>
         <s:action name="modle" namespace="/webs" executeResult="true">
                <s:param name="name" value='1'>
                </s:param>
         </s:action>
        </div>
     </body>
</html>
```

struts.xml 中的配置 Action 的代码如下。

```
<action name="modle" class="com.modleAction" method="login" >
   <result name="test">/webs/content.jsp</result>
</action>
```

这样当访问 index.jsp 时，会在页面上执行 modle 这个 aciton。

4．<s:param>标签

param 标签主要用于为其他标签提供参数，一般是嵌套在其他标签的内部。具体的语法格式如下。

```
<s:param name="参数名" value="参数值"/>或者
<s:param name="参数名" >
参数值
</s:param>
```

name：该属性是可选的，指定需要设置参数的参数名。

value：该属性是可选的，指定需要设置参数的参数值。

例如，要为 name 为 fruit 的参数赋值：

```
<s:param name="fruit" value="apple" />
```

或者

```
<s:param name= "fruit">apple</s:param>
```

注意第一种方式的参数值会以 String 类型传递，第二种方式的参数值会以 Object 的类型传递。

5. <s:bean>标签

用于在当前页面中创建 JavaBean 实例对象，在使用该标签创建 JavaBean 对象时，可以嵌套 param 标签，为该实例指定属性值。具体的语法格式如下。

```
< s:bean name="类名" id="标志名" >
<s:param name="参数名" value="参数值"/>
< /s:bean>
```

该标签有如下几个属性。

name：该属性是必选的，用来指定要实例化的 JavaBean 的实现类。

id：该属性是可选的，如果指定了该属性，就可以通过 id 属性来访问该 JavaBean 实例。

```
<%@ page language="java" pageEncoding="GB2312"%>
<%@taglib uri="/struts-tags" prefix="s"%>
<html>
<head>
<title>标签</title>
</head>
<body>
    <center>
        <s:bean id="myComparator" name="com.myComparator" />
        <s:sort comparator="#myComparator" source="{'我们一起去郊游','今天天
        气真好'}">
            <s:iterator>
                <ol>
                    <s:property />
                </ol>
            </s:iterator>
        </s:sort>
    </center>
</body>
</html>
```

该例中使用<s:bean>标签实现在页面中创建 JavaBean 对象 myComparator。

6. <s:include>标签

包含标签，用来将 Servlet 或 JSP 等资源内容包含到当前页面中，具体的语法格式如下。

```
<s:include value="文件名" id="标志名">
<s:param name="参数名" value="参数值"/>
</s:include>
```

value 必选属性，用来指定被包含的 Servlet 或 JSP 等资源文件。

id 可选属性，用来指定该标签的标志。

<s:param> 实现将当前页面的参数传给被包含的页面。

例如：

```
<s:include value="test.jsp">
<s:param name="username">kitty</s:param>
</s:include>
```

通过使用包含标签包含文件 test.jsp，并通过参数标签给文件 test.jsp 传递了参数 username，参数值为 kitty。

7. <s:date>日期标签

用来按指定的格式输出一个日期，也可以计算指定时间到当前时间的时差。具体的语法格式如下。

```
<s:date name="日期对象" format="格式" />
```

name 表示要输出的日期值。

format 表示输出的日期格式。

例如：

```
<s:date name="user.birthday" format="MM/dd/yy  hh:mm" />
```

8. <s:url>链接标签

用于创建一个 URL 地址，可以通过<s:param>标签提供 request 参数。具体的语法格式如下。

```
<s:url id="标志名" value=" URL 地址">
<s:param name="参数名">参数值</s:param>
</s:url>
```

示例代码如下。

```
<s:url id="url" value="/test.jsp">
<s:param name="username">hzd</s:param> </s:url>
```

6.3.4 表单 UI 标签

Struts2 的表单标签很多，其中常用的一部分是与 HTML 标签相对应的，本书主要介绍这部分表单 UI 标签。

1. <s:form>表单标签

表单标签的具体语法如下。

```
<s:form action="处理文件名" method="post/get" theme="simple/  xhtml / ajax ">
</s:form>
```

（1）action：表示要将请求提交到哪个 action 类。

（2）method：提交请求的类型(get|post)。

（3）theme 属性：表示使用的主题，xhtml 指以表格的方式组织表单控件；simple 表示没有使用任何样式组织表单元素； ajax 表示 ajax 主题。

2．radio 标签

表示单选按钮，具体的语法如下。

```
<s:radio id="user.sex" name="user.sex" list="#{'0':'女,'1':'男'}" listKey=
"key" listValue="value">
</s:radio>
```

示例代码如下。

```
<%@ page language="java" pageEncoding="GB2312"%>
<%@taglib uri="/struts-tags" prefix="s"%>
<html>
<head>
<title>标签</title>
</head>
<body>
<center>
    <h3>使用 s:radio 生成多个单选框</h3>
        <s:form>
            <!-- 使用简单集合来生成多个单选框 -->
            <s:radio name="a" label="请选择您最喜欢的功课" labelposition="top"
                list="{'语文' , '数学' , '英语', '计算机'}" />
            <!-- 使用简单 Map 对象来生成多个单选框 -->
            <s:radio name="b" label="请选择您最喜欢的明星" labelposition="top"
                list="#{'篮球':'姚明' , '乒乓球':'邓亚萍' , '跳水':'郭晶晶'}"
                listKey="key"
                listValue="value" />
        </s:form>
        <center>
</body>
</html>
```

运行结果如图 6.14 所示。

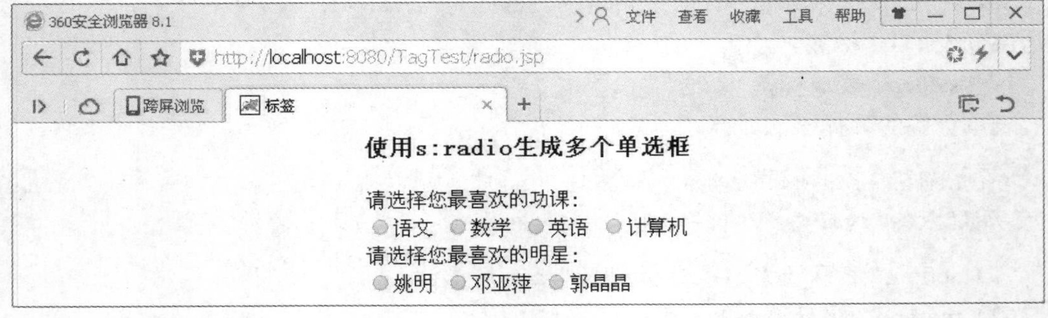

图 6.14　radio 标签

3．combobox 标签

combobox 标签生成一个单行文本框和下拉列表框的结合，但两个表单元素只对应一个请求参数，只有单行文本框里的值才包含请求参数，而下拉列表框则只是用于辅助输入，并没有 name 属性，也就不会产生请求参数。使用该标签时，需要指定一个 list 属性，该 list 属性指定的集合将用于生成列表框。示例代码如下。

```
<%@ page language="java" pageEncoding="GB2312"%>
<%@taglib uri="/struts-tags" prefix="s"%>
<html>
<head>
<title>标签</title>
</head>
<body>
    <center>
        <h3></h3>
        <s:form>
            <s:combobox label="请选择您喜欢的功课"  labelposition="top"
            theme="css_xhtml"
                list="{'课外阅读课' , '实践操作课' , '文学素养课', '计算机课'}"
                size="10" maxlength="10"
                name="study" />
        </s:form>
        <center>
</body>
</html>
```

运行结果如图 6.15 所示。

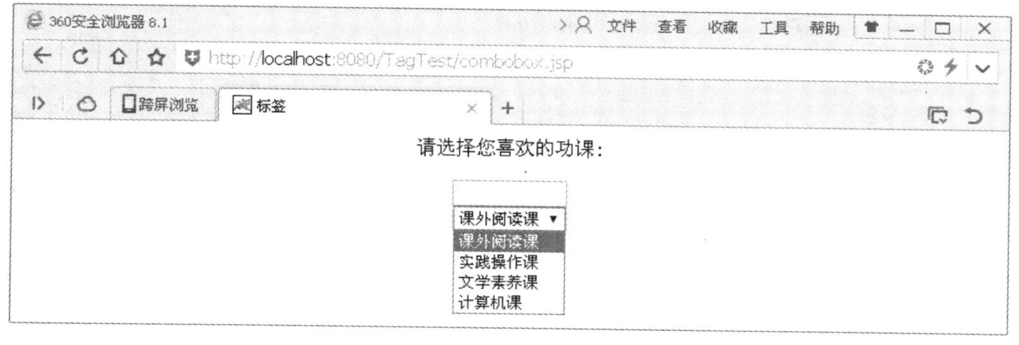

图 6.15　combobox 标签

通过访问上面的 JSP 页面，可以看到上面的文本框，用户可以自行输入，也可以选择下面的 checkbox 中的内容来进行输入。需要注意的是，此时的下拉列表仅仅是用于辅助输入的，并没有任何实际意义，因此不能指定它的 listKey 和 listValue 属性。

4．select 标签

select 标签用于生成一个下拉列表框，通过为该元素指定 list 属性，系统会使用 list 属性指定的集合来生成下拉列表框的选项。这个 list 属性指定的集合，既可以是普通集合，也可以是 Map 对象，还可以是集合中的对象的实例。示例代码如下。

```
<%@ page contentType="text/html; charset=GBK" language="java"%>
<%@taglib prefix="s" uri="/struts-tags"%>
<html>
<head>
<meta http-equiv="Content-Type" content="text/html; charset=GBK"/>
<title>使用 s:select 生成下拉选择框</title>
<s:head/>
 </head>
<body>
<s:form>
<!-- 使用简单集合来生成下拉选择框 -->
<s:select  name="a"  label="请选择您喜欢的图书"  labelposition="top"
multiple="true"
list="{'Spring2.0' , 'J2EE' , 'JavaScript: The Definitive Guide'}"/>
<!-- 使用简单 Map 对象来生成下拉选择框 -->
<s:select name="b" label="请选择您想选择出版日期" labelposition="top"
list="#{'Spring2.0':'2006年10月','J2EE':'2007月4月','Ajax':'2007年6月'}"
listKey="key"
listValue="value"/>
</s:form>
</body>
</html>
```

运行结果如图 6.16 所示。

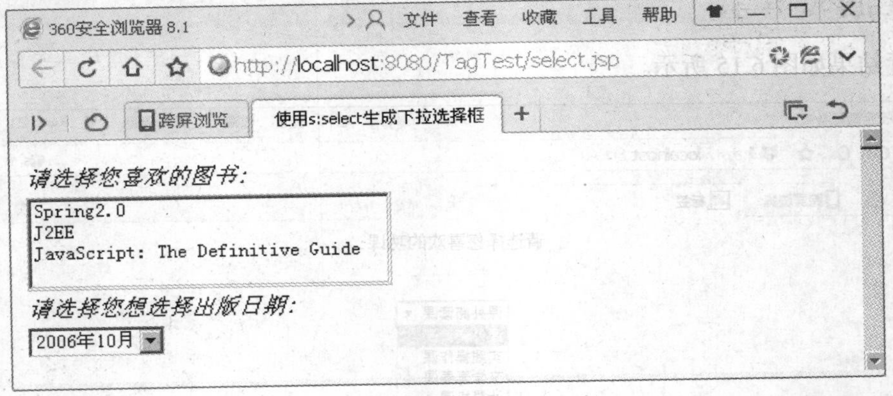

图 6.16　select 标签

5. doubleselect 标签

doubleselect 标签会生成一个级联列表框（两个下拉列表框），当选择第一个下拉列表框时，第二个下拉列表框中的内容会随之改变。示例代码如下。

```
<%@ page contentType="text/html; charset=GBK" language="java"%>
<%@taglib prefix="s" uri="/struts-tags"%>
<html>
<head>
```

```
    <meta http-equiv="Content-Type" content="text/html; charset=GBK"/>
    <title>使用 s:doubleselect 生成级联下拉列表框</title>
    <s:head/>
    </head>
    <body>
    <h3>使用 s:doubleselect 生成级联下拉列表框</h3>
    <s:form action="x">
        <s:doubleselect
            label="请选择您喜欢的爱好"
            name="author" list="{'kitty', 'nemo'}"
            doubleList="top=='kitty'?{'唱歌''跳舞''游泳'}:{'踢球''画画''武术'}"
            doubleName="hobby"/>
    </s:form>
    </body>
    </html>
```

默认情况下，第一个下拉列表框只支持两项，如果超过两项则不能这样处理。程序运行的结果见图 6.17 和图 6.18。当第一个下拉列表框是 kitty 时，第二个下拉列表框显示的是“唱歌”“跳舞”“游泳”；当第一个下拉列表框是 nemo 时，第二个下拉列表框显示的是“踢球”“画画”“武术”。

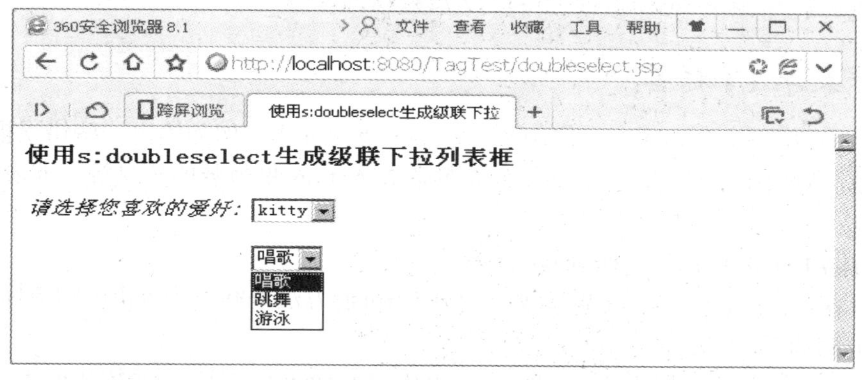

图 6.17　doubleselect 标签

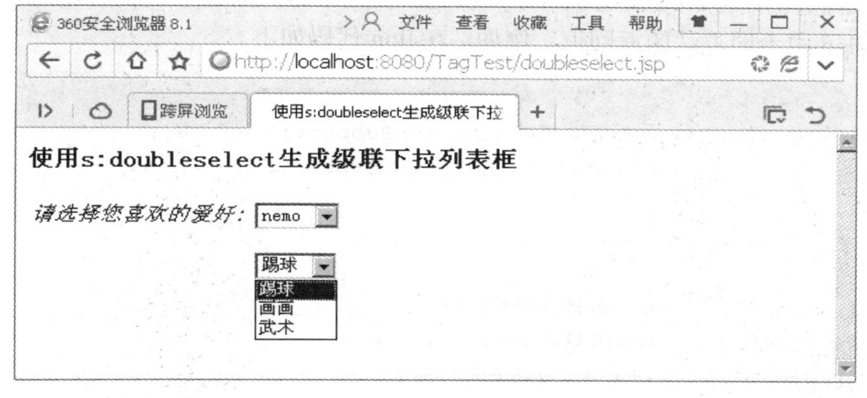

图 6.18　更改选项后界面

6．token 标签

token 标签是用于防止多次提交的标签。避免了刷新页面时多次提交，如果需要该标签起作用，则应该在 Struts2 的配置文件中启用 TokenInterceptor 拦截器或 TokenSessionStore-Interceptor 拦截器。

token 标签的实现原理是在表单中建立一个隐藏域，每次加载该页面时，该隐藏域的值都不相同。而 TokenInterceptor 拦截器则拦截所有用户请求，如果两次请求时该隐藏域的值相同，则阻止表单提交。

使用该标签很简单，代码如下。

```
<h3>使用 s:token 防止重复提交</h3>
<s:form>
<s:token/>
</s:form>
```

从访问后产生的 HTML 页面的源代码可以看到如下 HTML 代码。

```
<input type="hidden" name="struts.token.name" value="struts.token"/>
<input type="hidden" name="struts.token"
   value="NUM1WVZQO3QTGKNZAKD7OA7C2YKWULVJ"/>
```

6.3.5 非表单 UI 标签

非表单 UI 标签主要用于在页面中生成一些非表单元素，例如输出一些错误提示信息，生成 HTML 页面的树状结构，也包含在页面显示 Action 里封装的信息等。非表单标签主要有如下几个。

1．actionError 和 actionMessage 标签

actionError：如果 Action 实例的 getActionErrors()方法返回不为 null，则该标签负责输出该方法返回的系列错误。

actionMessage：如果 Action 实例的 getActionMessages()方法返回不为 null，则该标签负责输出该方法返回的系列消息。

这两个标签的用法和效果几乎一样，都是负责输出错误或提示信息到客户端，区别在于输出 Action 中不同方法的返回值。例如，Action 代码如下。

```
package com;
import com.opensymphony.xwork2.ActionSupport;
public class DemoAction extends ActionSupport
{
public String execute()
{
   addActionError("第一条错误消息！");
   addActionError("第二条错误消息！");
   addActionMessage("第一条普通消息！");
   addActionMessage("第二条普通消息！");
   return SUCCESS;
```

```
    }
}
```

配置文件设置如下。

```
<package name ="InterceptorDemo" extends ="struts-default" >
 <action name="demo" class="com.DemoAction">
    <result name="success">/error.jsp</result>
    </action>
</package>
</struts>
```

JSP 页面代码如下。

```
<%@ page contentType="text/html; charset=GBK" language="java"%>
<%@taglib prefix="s" uri="/struts-tags"%>
<html>
<head>
</head>
<body>
<s:actionerror/>
<s:actionmessage />
</body>
</html>
```

程序运行结果见图 6.19。

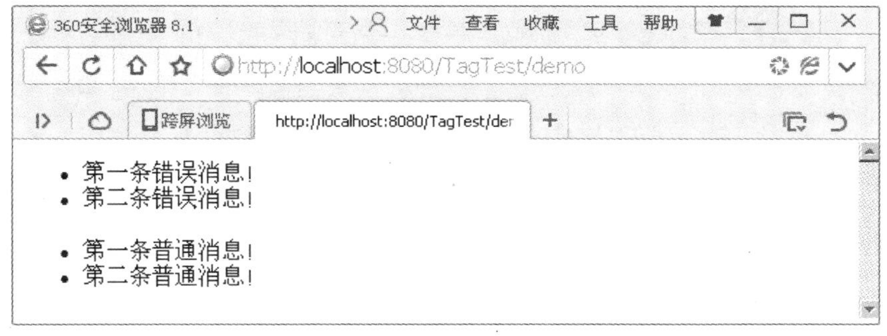

图 6.19　actionError 和 actionMessage 标签

2．tree 和 treenode 标签

tree 标签生成一个树状结构，treenode 生成树状结构的节点。

使用 tree 和 treenode 标签时，必须设置 theme="ajax"，否则在页面中不能显示树状结构。因此需要将 struts2-dojo-plugin-2.1.6.jar 复制到/web-inf/lib 下，并在 jsp 文件中加入<%@ taglib uri="/struts-dojo-tags" prefix="sx"%>和<sx:head/>标签，示例代码如下，运行结果如图 6.20 所示。

```
<%@ page language="java" import="java.util.*" pageEncoding="UTF-8"%>
```

```
<%@taglib uri="/struts-tags" prefix="s"%>
<!-- 必须引入 dojo 标签 -->
<%@ taglib prefix="sx" uri="/struts-dojo-tags"%>
<html>
    <head>
        <title>sx:tree/treenode 示例</title>
        <!-- 必须引入 sx:head,否则会缺少支持 dojo 的 javascript 引入 -->
        <sx:head debug="false" cache="false" compressed="false" />
    </head>
    <body>
        静态树示例: <p />
        <sx:tree id="tree1" label="静态树">
           <sx:treenode id="node1" label="c/c++" />
           <sx:treenode id="node2" label="java">
               <sx:treenode id="node21" label="struts2" />
               <sx:treenode id="node22" label="spring" />
               <sx:treenode id="node23" label="hibernate" />
           </sx:treenode>
           <sx:treenode id="node3" label="php" />
        </sx:tree>
        <hr />
        动态树示例: <p />
        <s:url var="url" namespace="/" action="ajaxTree" />
        <sx:tree id="tree" href="%{#url}" />
    </body>
</html>
```

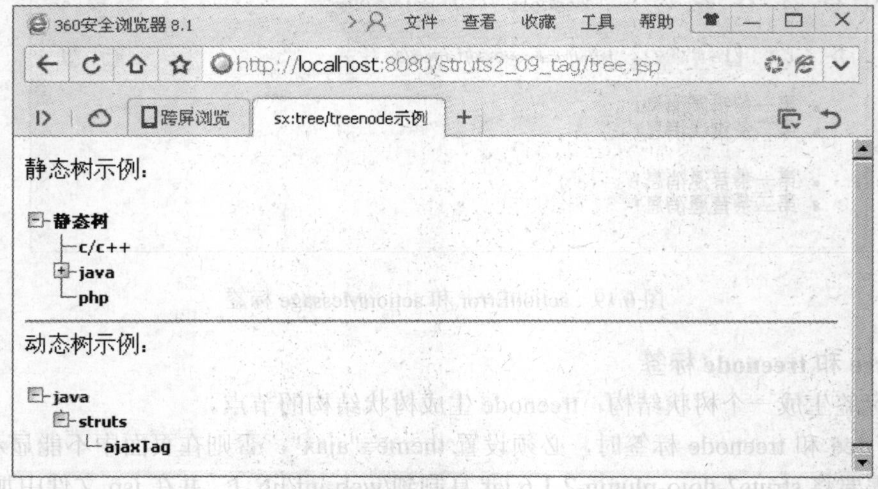

图 6.20　tree 和 treenode 标签

3．tabbedpanel 标签

tabbedpanel 标签用于生成 HTML 页面的 Tab 页。同样需要将 struts2-dojo-plugin-2.1.6.jar

复制到/web-inf/lib 下，并在 jsp 文件中加入<%@ taglib uri="/struts-dojo-tags" prefix="sx"%>和<sx:head/>标签，示例代码如下，运行结果见图 6.21 和图 6.22。

```
<%@ page language="java" import="java.util.*" pageEncoding="UTF-8"%>
<%@taglib uri="/struts-tags" prefix="s"%>
<!-- 必须引入 dojo 标签 -->
<%@ taglib prefix="sx" uri="/struts-dojo-tags"%>
<!DOCTYPE HTML PUBLIC "-//W3C//DTD HTML 4.01 Transitional//EN">
<html>
    <head>
        <title>sx:tabbedpanel 示例</title>
        <!-- 必须引入 sx:head,否则会缺少支持 dojo 的 JavaScript 引入 -->
        <sx:head debug="false" cache="false" compressed="false" />
    </head>
    <body>
        <!-- 引入 sx:tabbedpanel 标签 -->
        <sx:tabbedpanel id="test">
            <!-- 第一个页卡配置静态表单内容 -->
            <sx:div id="one"label="静态内容"labelposition="top"closable="true">
                请输入下列信息<br />
                <s:form>
                    <s:textfield name="test1" label="用户名" />
                    <br />
                    <s:password name="test2" label="密码" />
                </s:form>
            </sx:div>
            <!-- 第二个页面异步访问后台 -->
            <sx:div id="two"label="Ajax 加载"href="ajaxTabbedpanel.action">
                默认信息
            </sx:div>
        </sx:tabbedpanel>
    </body>
</html>
```

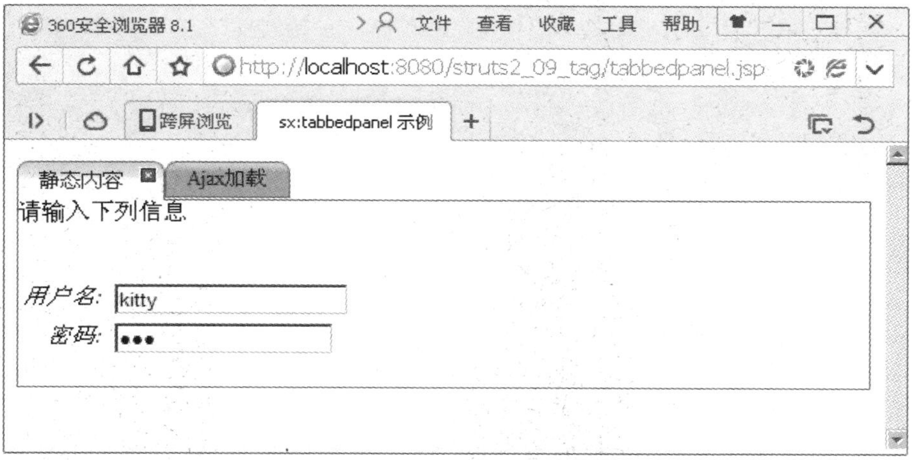

图 6.21　第一个 Tab 页

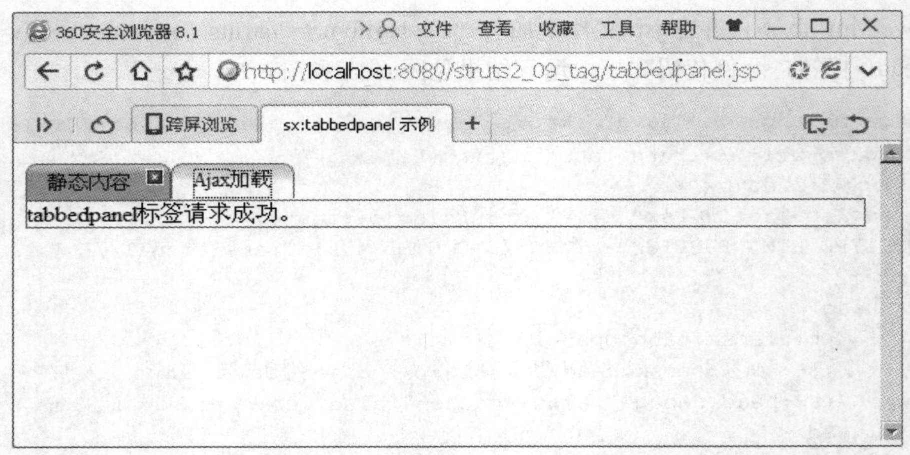

图 6.22　第二个 Tab 页

思考与练习

1．Struts2 框架常用的校验器有以下几种?

2．什么是值栈（Value Stack）对象？

3．简述 Struts2 标签库。

第 7 章　高级应用篇

在使用 Struts2 进行 Web 应用开发时，国际化和文件上传和下载功能都是 Web 系统不可或缺的部分，Struts2 提供了相应的 common-fileupload 文件上传框架和下载拦截器从而大大减少了开发人员的工作量。

- Struts2 国际化
- 文件上传
- 文件下载

7.1 国　际　化

国际化（Internationalization）主要指语言的国际化，目的是提供一个语言自适应、显示更友好的用户界面，扫除语言障碍，使不同地区和使用不同语言的用户都能方便地使用同一个应用系统。国际化又称为 i18n，i18n 是由单词 Internationalization 简化而来的，该单词一共有 20 个字母，头尾是 i 和 n，头尾之间有 18 个字母，所以就称为 i18n。

Struts2 框架通过其配置文件和资源文件的形式提供了良好的国际化支持。Struts2 国际化建立在 Java 国际化的基础上，只是它对 Java 国际化进行了进一步的优化和封装，从而简化了国际化应用程序的开发。

Struts2 国际化运行流程如图 7.1 所示。

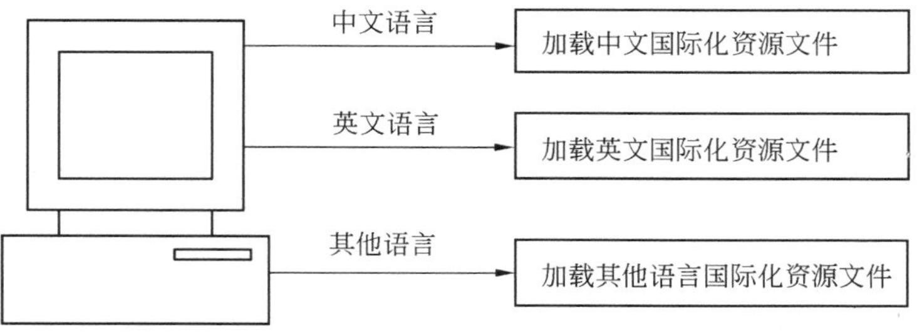

图 7.1　Struts2 国际化运行流程

Struts2 提供了一个名为 i18n 的拦截器，在默认情况下将其注册到拦截器栈 defaultStack 中。当客户端发送请求时，Struts2 国际化拦截器会对客户端请求进行拦截，并获得参数 request_locale 的值，该值存储的是客户端浏览器的地区语言环境，获得该值后 i18n 拦截器将它实例化成 locale 对象，并存储到用户 Session 中。获得客户端地区语言环境后，Struts2 会查找 struts.xml 或 struts.properties 配置文件来加载国际化资源文件。当客户端是中文语言环境时，就加载中文国际化资源文件。当客户端是英文语言环境时，就加载英文国际化资源文件。当客户端是其他语言环境时，就加载相应的国际化资源文件；最后 Struts2 框架通过视图文件把国际化消息显示出来。

Struts2 国际化主要通过以下类完成。

（1）java.util.Locale：对应一个特定的国家/区域、语言环境。

（2）java.util.ResourceBundle：用于加载一个资源包。

（3）I18nInterceptor：Struts2 所提供的国际化拦截器，负责处理 Locale 相关信息。

国际化资源文件：用不同国家的语言描述相同的信息，以.properties 为扩展名的文本文件，该文本文件以键值对的形式存储国际化消息，即 key=value。

国际化资源文件的命名规则可以有以下三种形式。

```
resourceName _language_country.properties
resourceName _language.properties
resourceName.properties
```

resourceName 是可以自定义的资源文件名；language 表示地区语言代码，不能自定义，例如，zh 表示简体中文，en 表示英语等；country 表示国家地区代码，也不能自定义，例如 CN 表示中国，US 表示美国等。

例如，创建中文和英语国际化，那么资源文件名称为：

```
globalMessages _zh_CN.properties
globalMessages _en_US.properties
```

1．编写国际化资源文件

建立两个属性文件并保存在 WEB-INF/classes 目录下。

（1）globalMessages_en_US.properties 代码如下。

```
username=DLM
password=KL
login=login
```

（2）globalMessages_zh_CN.properties 代码如下。

```
username=登录名
password=口令
submit.title=登录
```

对于中文的属性文件，编写好后，应该使用 JDK 提供的 native2ascii 命令把文件转换为 Unicode 编码的文件。命令的使用方式如下：

```
native2ascii 源文件.properties 目标文件.properties
username=\u767B\u5F55\u540D
password=\u53E3\u4EE4
login=\u767B\u5F55
```

注意在高版本的 MyEclipse 中，代码会自动转换成 Unicode 编码。

2．加载国际化资源文件的方式

1）加载全局范围资源文件

把国际化资源文件放在 WEB-INF/classes 路径下，可以被整个工程中的 Action 或视图文件引用，需要在 struts.properties 文件中加入以下内容。

```
struts.custom.i18n.resources=资源文件的基本名
```

或在 struts.xml 中加入：

```
<constant name="struts.custom.i18n.resources" value="资源文件的基本名"/>
```

2）加载包范围资源文件

把国际化资源文件放在某个包的根目录下，这样该包下的所有 Action 类都能访问该资源文件，而其他 Action 类不能访问。此时文件名命名规则为：packageName_language_country.properties，即包名_语言代码_国家代码。

例如，在包 user 下的资源文件定义如下。

```
user _zh_CN.properties
user _en_US.properties
```

3）加载类范围资源文件

为某个 Action 单独指定国际化资源文件，要求把国际化资源文件放在该 Action 的同级目录内。此时文件名命名规则为：actionName_language_country.properties，即 action 类名_语言代码_国家代码。

例如，类 stuAction 引用的资源文件定义如下。

```
stuAction _zh_CN.properties
stuAction _en_US.properties
```

4）加载临时指定范围资源文件

采用此种方式时，国际化资源文件的存放位置和命名规则与加载全局范围国际化资源文件的方式相同。不同的是，采用此种方式时，可以使用 i18n 标签临时动态地设置国际化资源文件。

在<s:i18n>标签中定义 name 属性，用来指定国际化资源文件名字中自定义的部分，其他标签可以引用此标签作为父标签。例如，将<s:i18n>标签作为<s:text>标签的父标签时，<s:text>标签就会加载<s:i18n>标签指定的国际化资源文件；将<s:i18n>标签作为<s:form>标签的父标签时，表单中的元素就会加载<s:i18n>标签指定的国际化资源文件。代码如下。

```
<s:i18n name="messageResource">
    <s:form action="" method="post">
        <s:textfield name="user.XH" key="username" size= "20">
        </s:textfield>
        <s:password name="user.KL" key="password" size= "20">
        </s:password>
        <s:submit key="login" />
    </s:form>
</s:i18n>
```

Struts2 加载国际化资源文件时具有不同的优先级，具体说明如下。

首先加载 Action 范围的国际化资源文件，即所在的位置与 Action 类相同；如果没有找到，将加载包范围的国际化资源文件；如果没有找到就沿着当前包向上寻找，直到最顶层的包；如果还是没有找到，就会查找 struts.xml 或 struts.properties 配置文件，加载全局范围国际化资源文件，如图 7.2 所示。

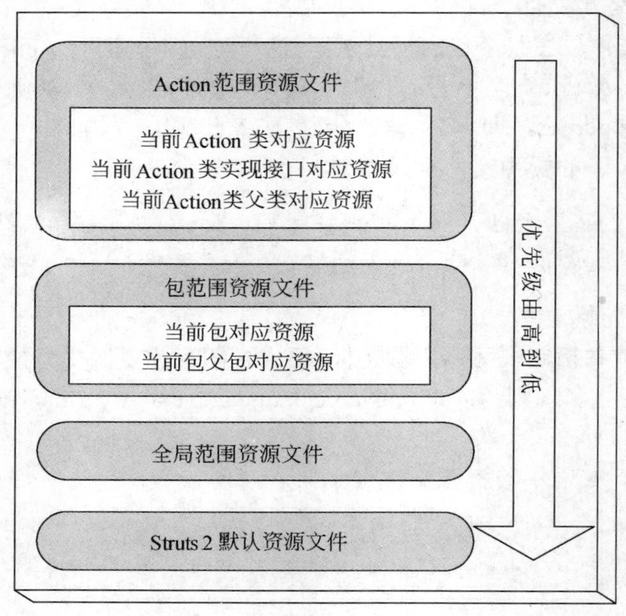

图 7.2　优先级

3．输出国际化消息

国际化消息最终是要在视图页面进行输出的，一般分为两种情况，在页面上输出或者在表单的标签中输出。

在页面上输出国际化消息时，可以使用<s:text>标签，用该标签的 name 属性指定国际化资源文件中的 key；在表单的标签中输出国际化消息，通过表单标签的 key 属性指向国际化资源文件中的 key。

例 7.1 login.jsp

```
<%@ page language="java" pageEncoding="utf-8"%>
<%@ taglib uri="/struts-tags" prefix="s"%>
<html>
<head></head>
<body>
<center>
    <s:i18n name="messageResource">
        <s:form action="" method="post">
            <s:textfield name="user.XH" key="username" size= "20">
            </s:textfield>
            <s:password name="user.KL" key="password" size= "20">
            </s:password>
            <s:submit key="login" />
        </s:form>
    </s:i18n>
</center>
</body>
</html>
```

本例中采用的是在表单的标签中输出国际化消息，运行的结果如图 7.3 和图 7.4 所示。

360安全浏览器 8.1 文件 查看 收藏 工具 帮助
http://localhost:8080/i18ntest/login.jsp
跨屏浏览 localhost:8080/i18ntest/login.jsp
登录名:
口令:
登录

图 7.3 中文环境下的国际化输出

360安全浏览器 8.1 文件 查看 收藏 工具 帮助
http://localhost:8080/i18ntest/login.jsp
跨屏浏览 localhost:8080/i18ntest/login.jsp
DLM:
KL:
login

图 7.4 英文环境下的国际化输出

7.2 文件上传

Web 应用程序通常会涉及上传文件，Struts2 为文件上传提供了更好的实现机制，使得文件上传更加容易方便。

Struts2 并未提供自己的文件上传请求解析器，因此 Struts2 并不会自己去处理 multipart/form-data 的请求，它需要调用其他请求解析器，如 common-fileupload 或者 cos，这两个框架都是负责解析出 HttpServletRequest 请求中的所有域，获得文件域对应的文件内容，然后通过 IO 流将文件内容写入服务器的任意位置。

打开 struts.properties 配置文件，可以看到 Struts2 框架默认使用的是 Jakarta 的 Common-FileUpload 框架来处理文件上传功能。常量配置如下。

```
struts. Multipart.parser=Jakarata
```

该框架包含两个 jar 包：commons-fileupload-1.2.2.jar 和 commons-io-2.0.1.jar，它们都已经包含在 Struts2 的 9 个 JAR 包之中了。

7.2.1 上传单个文件

当使用 Struts2 进行文件上传时，通常需要以下两个步骤。

（1）页面表单的设置；

（2）在 Action 中处理上传请求。

表单的 method 属性必须设置成 post 提交方式，from 表单的 enctype 属性设置成 multipart/form-data，这种编码方式会以二进制流的方式来处理表单数据，能把文件域指定文件的内容也封装到请求参数里。在表单中通过<input type="file"/>来选择要上传的文件。

下面实现文件的上传功能，创建客户端 JSP 文件上传页面，该页面中包含一个表单，里面有个文件上传框。具体代码见例 7.2。

例 7.2　index.jsp

```
//请选择要上传的文件
<%@ page language="java" pageEncoding="utf-8"%>
<%@ taglib uri="/struts-tags" prefix="s" %>
<html>
<head>
    <title>文件上传</title>
</head>
<body>
<center>
    <s:form action="upload.action" method="post" enctype="multipart/form-
    data">
        <s:file name="upload" label="上传的文件"></s:file>
        <s:submit value="上传"></s:submit>
    </s:form>
</center>
</body>
</html>
```

例 7.2　UploadAction.java

```
package com;
import java.io.File;
import java.io.FileInputStream;
import java.io.FileOutputStream;
import java.io.InputStream;
import java.io.OutputStream;
import com.opensymphony.xwork2.ActionSupport;
public class UploadAction extends ActionSupport{
    private File upload;              //上传的文件
    public void setUpload(File upload) {
        this.upload = upload;
    }
    public File getUpload(){
        return upload;
    }
    private String uploadFileName; //上传的文件名
    public String getUploadFileName() {
        return uploadFileName;
    }
    public void setUploadFileName(String uploadFileName) {
        this.uploadFileName = uploadFileName;
    }
    public String execute() throws Exception {
                InputStream is=new FileInputStream(getUpload());
                OutputStream os=
                        new FileOutputStream("d:\\upload\\"+
                        getUploadFileName());
                byte buffer[]=new byte[1024];
                int count=0;
                while((count=is.read(buffer))>0){
                    os.write(buffer,0,count);
                }
                os.close();
                is.close();
                return SUCCESS;
    }
}
```

因为 Struts2 对上传和下载都提供了很好的实现机制，所以在 UploadAction 里只需要写很少的代码就能完成上传工作。

Struts2 的文件上传的原理很简单，就是定义一个输入流，然后将文件写到输入流里面就行。需要注意的是，文件保存的路径要事先定义好，例如本例中需要在 D 盘创建文件夹 upload，否则会出现错误。Struts2 上传文件的默认大小限制是 2MB，如果需要修改，打开

struts. Properties 文件修改 struts.multipart.maxSize 值。struts.multipart.maxSize=1024 表示上传文件的总大小不能超过 1KB。

例 7.2　struts.xml

```
<?xml version="1.0" encoding="UTF-8" ?>
<!DOCTYPE struts PUBLIC "-//Apache Software Foundation//DTD Struts
Configuration 2.1//EN" "http://struts.apache.org/dtds/struts-2.1.dtd">
<struts>
<package name="default" extends="struts-default">
        <action name="upload" class="com.UploadAction">
            <result name="success">/success.jsp</result>
        </action>
    </package>
</struts>
```

例 7.2　web.xml

```
<filter>
    <filter-name>struts2</filter-name>
    <filter-class>
    org.apache.struts2.dispatcher.ng.filter.StrutsPrepareAndExecuteFilter
    </filter-class>
</filter>
<filter-mapping>
    <filter-name>struts2</filter-name>
    <url-pattern>*.action</url-pattern>
</filter-mapping>
<filter-mapping>
    <filter-name>struts2</filter-name>
    <url-pattern>/*</url-pattern>
</filter-mapping>
```

修改好配置文件，打开浏览器，运行结果如图 7.5～图 7.7 所示。

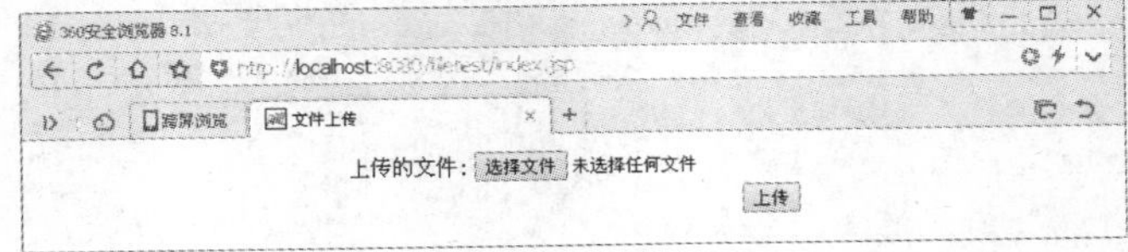

图 7.5　运行界面

图 7.6　选择上传文件界面

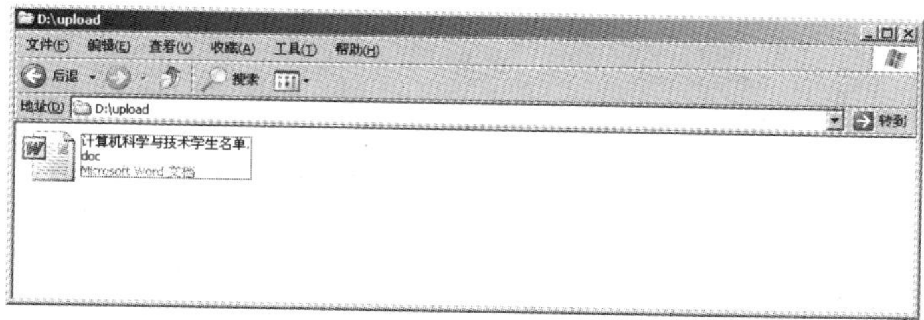

图 7.7　上传文件保存路径

7.2.2　上传多个文件

其实多文件上传和单文件上传原理一样，单文件上传过去的是单一的 File，多文件上传过去的就是一个 List<File>集合或者是一个 File[]数组，首先来看一下前端 JSP 部分的代码，由于要上传多个文件，所以必须有多个供用户选择的文本框。

例 7.3　index.jsp

```
<%@ page language="java" pageEncoding="utf-8"%>
<%@ taglib uri="/struts-tags" prefix="s" %>
<html>
<head>
    <title>文件上传</title>
</head>
<body>
    <s:form action="upload.action" method="post" enctype="multipart/form-
    data">
        <!-- 这里上传三个文件,也可以是任意多个-->
        <s:file name="upload" label="上传的文件一"></s:file>
        <s:file name="upload" label="上传的文件二"></s:file>
        <s:file name="upload" label="上传的文件三"></s:file>
        <s:submit value="上传"></s:submit>
    </s:form>
</body>
</html>
```

需要注意的是，表单中上传的文件的文件名必须相同，这样取值时才能把它们对应的值封装到指定的集合中。

然后修改 Action，把 Action 中的属性类型改成 List 集合就可以。代码如下。

例 7.3　UploadAction.java

```
package com;
import java.io.File;
import java.io.FileInputStream;
import java.io.FileOutputStream;
import java.io.InputStream;
```

```
import java.io.OutputStream;
import java.util.List;
import com.opensymphony.xwork2.ActionSupport;
public class UploadAction extends ActionSupport{
    private List<File> upload;      //上传的文件内容，由于是多个，用 List 集合
    private List<String> uploadFileName;    //文件名
    public String execute() throws Exception {
        if(upload!=null){
            for (int i=0; i < upload.size(); i++) {
                                        //遍历，对每个文件进行读/写操作
                InputStream is=new FileInputStream(upload.get(i));
                OutputStream os=
                        new FileOutputStream("d:\\upload\\"+
                        getUploadFileName().get(i));
                byte buffer[ ]=new byte[ 1024] ;
                int count=0;
                while((count=is.read(buffer))>0){
                    os.write(buffer,0,count);
                }
                os.close();
                is.close();
            }
        }
        return SUCCESS;
    }
    public List<File> getUpload() {
        return upload;
    }
    public void setUpload(List<File> upload) {
        this.upload=upload;
    }
    public List<String> getUploadFileName() {
        return uploadFileName;
    }
    public void setUploadFileName(List<String> uploadFileName) {
        this.uploadFileName=uploadFileName;
    }
}
```

配置文件和成功页面无须修改，打开浏览器，运行的结果如图 7.8～图 7.10 所示。

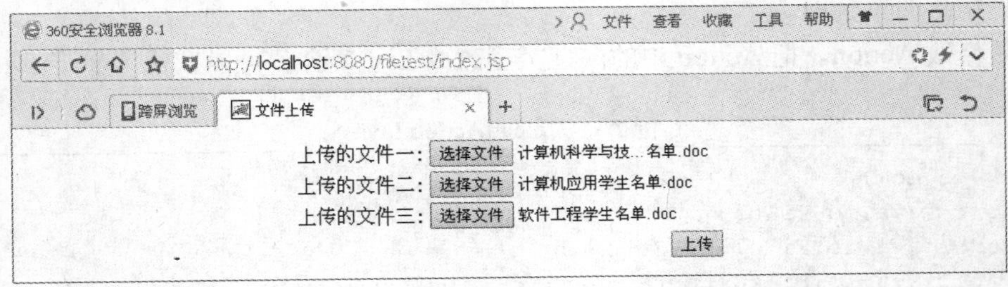

图 7.8　选择多文件上传界面

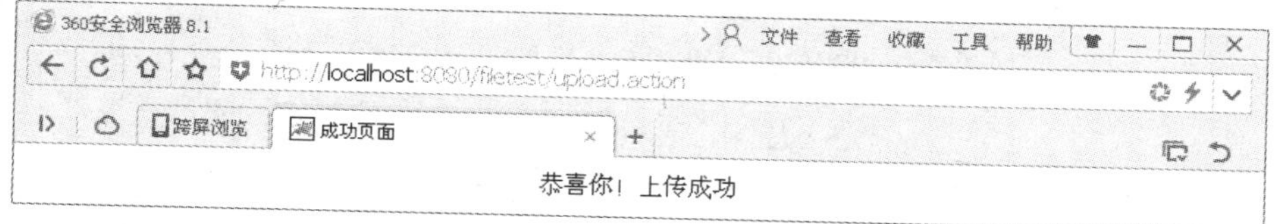

图 7.9　上传成功

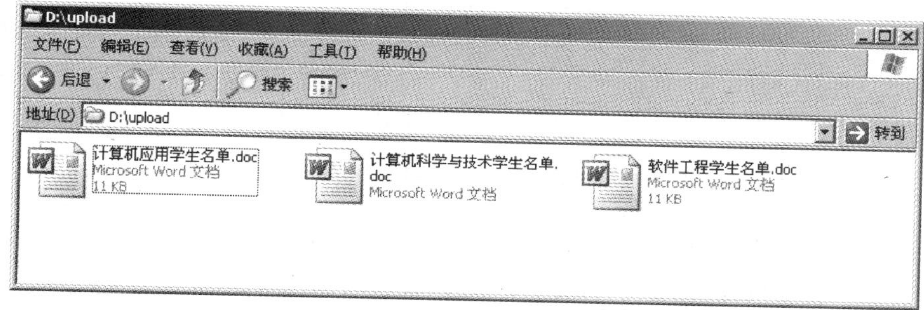

图 7.10　上传多文件保存路径

7.3　文件下载

Struts2 框架通过提供 stream 结果类型来实现文件的下载，指定 stream 结果类型时，还需要指定输入流参数，这是文件下载的入口。

下面例 7.4 实现文件下载，首先创建 index.jsp 页面，该页面中提供一个超级链接，单击后调用 FileDownloadAction.action 类，并将要下载的文件名字以参数的形式传递过去。

例 7.4　index.jsp

```
<%@ page language="java" import="java.util.*" pageEncoding="gb2312"%>
<html>
<body >
<center>
   图片<a href="FileDownloadAction.action?fileName=1.jpg">下载
  </center>
</body>
</html>
```

例 7.4　FileDownloadAction

```
package com;
import java.io.File;
import java.io.FileInputStream;
import java.io.InputStream;
import org.apache.struts2.ServletActionContext;
import com.opensymphony.xwork2.ActionSupport;
```

```
public class FileDownloadAction extends ActionSupport{
        //用于把文件读入内存
        private InputStream inputStream;
        //保存用户下载文件的名称
        private String fileName;
        public String getFileName() {
            return fileName;
        }
        public void setFileName(String fileName) {
            this.fileName = fileName;
        }
        public InputStream getInputStream() {
            return inputStream;
        }
        public void setInputStream(InputStream inputStream) {
            this.inputStream = inputStream;
        }
        public String execute() throws Exception {
            String path="d:\upload";
            File file=new File(path+"\\"+fileName);
            inputStream=new FileInputStream(file);
            return SUCCESS;
        }
}
```

FileDownloadAction.action 类与普通的 Action 类没有太大的区别，只是需要提供一个返回 InputStream 输入流的方法。在 execute()方法中定义要下载文件的文件夹为“d:\upload”，然后与参数 fileName 组成完整的下载路径。

例 7.4　struts.xml

```
<?xml version="1.0" encoding="UTF-8" ?>
<!DOCTYPE struts PUBLIC "-//Apache Software Foundation//DTD Struts
Configuration 2.1//EN" "http://struts.apache.org/dtds/struts-2.1.dtd">
<struts>
<package name="file" extends="struts-default" namespace="/">
        <action name="FileDownloadAction" class="com.FileDownloadAction">
            <result name="success" type="stream">
                <!-- 设置输入流 -->
                <param name="inputstream">inputStream</param>
                <!-- 设置下载的方式及文件名 -->
                <param name="contentDisposition">attachment;filename=
                "${ fileName} "</param>
            </result>
        </action>
```

```
    </package>
</struts>
```

在配置文件 struts.xml 中设置输入流、下载的方式及文件名，文件下载的处理方式一般有两种：内联（inline）和附件（attachment）。内联方式表示浏览器会尝试直接显示文件，附件方式下载时会弹出文件保存对话框。本例中文件下载的处理方式设置为附件方式。参数 filename 指定文件下载时保存的文件名。

程序运行的结果如图 7.11～图 7.13 所示。

图 7.11　文件下载主界面

图 7.12　文件开始下载界面

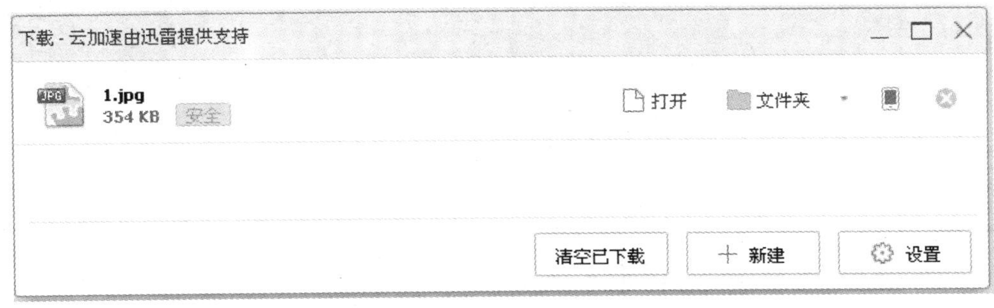

图 7.13　下载成功界面

7.4 Struts2 应用实例

下面以一个实例演示 Struts2 的实际应用，具体实现的功能是在页面上填写学生信息，并将学生信息添加到数据库的表中。本例使用的是 MySQL 数据库，需要创建数据库 test，并建立一个表 xsb。

填写学生信息的 JSP 页面代码见 stu.jsp，信息填写完成后提交给 Action 类来处理，见 SaveAc.java。DBconn.java 文件实现数据库的连接，save 方法实现数据添加功能，本例采用预编译处理方式，“？”为占位符，需要 setXX 方法传递参数。

在 web.xml 中修改为“<url-pattern>/*</url-pattern>”，确保程序对所有的文件都能过滤，Action 类的配置见 struts.xml，程序运行的结果见图 7.14～图 7.16。

例 7.5　stu.jsp

```
<%@ page language="java" import="java.util.*" pageEncoding="gb2312"%>
<%@ taglib uri="/struts-tags" prefix="s"%>
<html>
<head>
<s:head/>

</head>
<body >
<center>
    <h3>添加学生信息</h3>
    <s:form action="sav.action" method="post" theme="simple">
        <table>
            <tr><td>学号: </td>
            <td><s:textfield name="xs.xh"></s:textfield></td>
            </tr><tr><td>姓名: </td>
            <td><s:textfield name="xs.xm" ></s:textfield></td>
            </tr><tr><td>性别: </td>
            <td><input type="text" name="xs.xb" ></td>
            </tr><tr><td><s:submit value="添加"></s:submit></td>
            <td align=right><s:reset value="重置"></s:reset></td></tr>
        </table>
    </s:form>
  </center>
</body>
</html>
```

例 7.5　SaveAc.java

```
package com;
import com.Xsb;
import com.DBconn;
import com.opensymphony.xwork2.ActionSupport;
public class SaveAc extends ActionSupport{
```

```
    private Xsb xs;
    public Xsb getXs() {
        return xs;
    }
    public void setXs(Xsb xs) {
        this.xs=xs;
    }
    public String execute() throws Exception {
        DBconn db=new DBconn();
        Xsb stu=new Xsb();
        stu.setXh(xs.getXh());
        stu.setXm(xs.getXm());
        stu.setXb(xs.getXb());
        if(db.save(stu)){
        System.out.println("ok");
            return SUCCESS;
        }else
            return ERROR;
    }
}
```

例 7.5　DBconn.java

```
package com;
import java.sql.*;
import com.Xsb;
public class DBconn {
    Connection conn;
    PreparedStatement pstmt;
    public DBconn(){
        try{
        Class.forName("com.mysql.jdbc.Driver");//mysql 的写法 com.mysql.
        jdbc.Driver
        conn=DriverManager.getConnection("jdbc:mysql://localhost:3306/
        test?user=root&password=123456");
    }catch(Exception e){
            e.printStackTrace();
        }
    }
    // 添加学生
    public boolean save(Xsb xs){
        try{
            pstmt=conn.prepareStatement("insert into xsb values(?,?,?)");
            pstmt.setString(1, xs.getXh());
            pstmt.setString(2, xs.getXm());
            pstmt.setString(3, xs.getXb());
            System.out.println(xs.getXh());
            pstmt.executeUpdate();
            return true;
        }catch(Exception e){
```

```
                e.printStackTrace();
                return false;
            }
        }
    }
```

例 7.5 Xsb.java

```
package com;
public class Xsb {
    private String xh;
    private String xm;
    private String xb;

    //生成它们的getter和setter方法
    public String getXh() {
        return xh;
    }
    public void setXh(String xh) {
        this.xh = xh;
    }
    public String getXm() {
        return xm;
    }
    public void setXm(String xm) {
        this.xm = xm;
    }
    public String getXb() {
        return xb;
    }
    public void setXb(String xb) {
        this.xb = xb;
    }
}
```

例 7.5 struts.xml

```
<?xml version="1.0" encoding="UTF-8" ?>
<!DOCTYPE struts PUBLIC "-//Apache Software Foundation//DTD Struts
Configuration 2.1//EN" "http://struts.apache.org/dtds/struts-2.1.dtd">
<struts>
<package name="default" extends="struts-default">
  <action name="sav" class="com.SaveAc">
        <result name="success">/success.jsp</result>
        <result name="error">/index.jsp</result>
      </action>
```

```
</package>
</struts>
```

例 7.5　web.xml

```
<?xml version="1.0" encoding="UTF-8"?>
<web-app xmlns:xsi="http://www.w3.org/2001/XMLSchema-instance" xmlns=
"http://java.sun.com/xml/ns/javaee" xsi:schemaLocation="http://java.sun.
com/xml/ns/javaee http://java.sun.com/xml/ns/javaee/web-app_3_0.xsd" id=
"WebApp_ID" version="3.0">
  <display-name>stu</display-name>
  <welcome-file-list>
    <welcome-file>index.html</welcome-file>
    <welcome-file>index.htm</welcome-file>
    <welcome-file>index.jsp</welcome-file>
    <welcome-file>default.html</welcome-file>
    <welcome-file>default.htm</welcome-file>
    <welcome-file>default.jsp</welcome-file>
  </welcome-file-list>
  <filter>
    <filter-name>struts2</filter-name>
    <filter-class>org.apache.struts2.dispatcher.ng.filter.
    StrutsPrepareAndExecuteFilter</filter-class>
  </filter>
  <filter-mapping>
    <filter-name>struts2</filter-name>
    <url-pattern>/*</url-pattern>
  </filter-mapping>
</web-app>
```

360安全浏览器 8.1　文件　查看　收藏　工具　帮助

http://localhost:8080/stu/stu.jsp

跨屏浏览　http://localhost:8080/stu/stu.jsp

添加学生信息

学号：

姓名：

性别：

添加　重置

图 7.14　添加界面

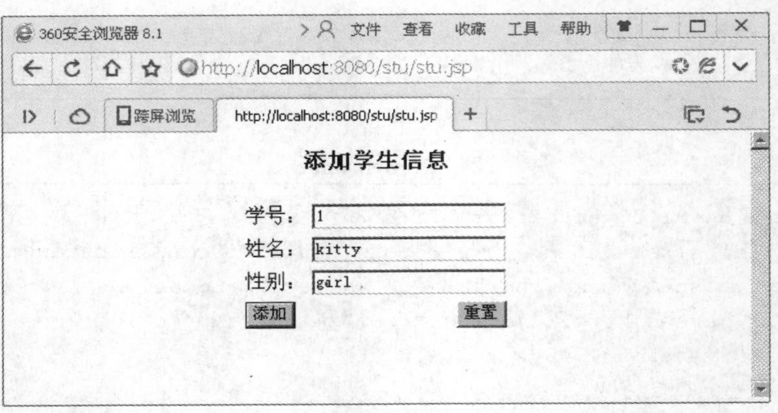

图 7.15　填写数据信息

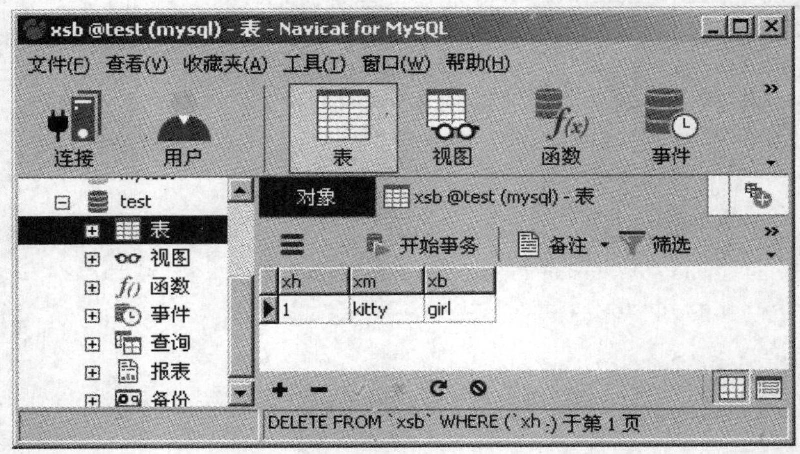

图 7.16　添加数据成功

思考与练习

1. 编程实现：通过国际化实现一份中英文的个人简介。
2. 编程实现：制作一份个人简历上传到指定位置。
3. 编程实现：从指定位置下载旅游指南。

第三部分　Hibernate 篇

第8章　Hibernate开发

Hibernate是一个开放源代码的对象关系映射框架，它对JDBC进行了轻量级的封装，使用面向对象的编程思想来操纵数据库。Hibernate与各种数据库打交道，是数据持久化的一种解决方案。

- Hibernate体系结构
- Hibernate安装与配置
- Hibernate核心接口

8.1　Hibernate结构

Hibernate是一种框架，不过它不同于Struts、Xwork等的MVC框架，它是一种ORM框架，与各种数据库打交道，是数据持久化的一种解决方案。

Hibernate是一个开源代码的对象关系映射框架，对JDBC进行了轻量级（未完全）的对象封装，Java程序员可以使用面向对象的编程思想来操纵数据库，使得程序与数据库的交互变得十分容易。Hibernate提供了Java中对象与关系数据库中的表之间自动转换的方案，使开发人员可以专注于应用程序的对象和功能，甚至在对SQL语句完全不了解的情况下，仍然可以开发出优秀的包含数据库访问的应用程序。

8.1.1　ORM简介

当数据存储是一个基于SQL的关系数据库管理系统时，就会出现对象/关系阻抗不匹配的问题。例如，对象之间的继承关系可以实现在层次结构中自上而下的共享状态和行为，但是关系型数据库并不支持继承的概念。另外，对象之间轻易实现的一对一、一对多等关联关系，数据库也不能理解。一方是基于面向对象思想的数据，另一方是基于关系理论的数据，这就给软件开发带来了一定的困难。

另外，应用程序中数据主要有两种状态：瞬时态和持久状态。瞬时态就是在程序关闭之后数据就会自动消失，重新运行程序后又重新创建。持久态就是在关闭程序后不会消失，经常保存在数据库中或者磁盘上。持久化就是把保存在内存中的数据从瞬时态转换成持久状态，为了解决瞬时态到持久状态的转换，通常有以下两种解决方法。

（1）使用 JDBC 手工转换。

（2）使用 ORM 框架来解决，主流框架是 Hibernate、JDO、TooLic 等。

ORM 框架在解决瞬时态到持久状态的转换的同时，也解决了“对象/关系阻抗不匹配”这个麻烦的问题，使得程序员能够用面向对象的思想来处理各种数据，不用再为烦琐复杂的对象与数据库之间的关系而头痛，从而也使得软件层次结构的划分更加清晰、明确。

ORM（Object-Relation Mapping）是最早的解决持久化方案之一，被称为对象/关系映射，是用于将对象与对象之间的关系映射到数据库表与表之间的关系的一种模式，简单地说，ORM 是通过使用描述对象和数据库之间的映射的元数据，将 Java 程序中的对象自动持久化到关系数据库中。

在使用 ORM 框架的时候，需要注意对象关系映射的问题。对象和关系数据是业务实现的两种表现形式，业务实体在内存中表现为对象，在数据库中则表现为关系数据。因此，ORM 系统一般以中间件的形式存在，主要实现程序对象到关系数据库数据的映射，如图 8.1 所示。

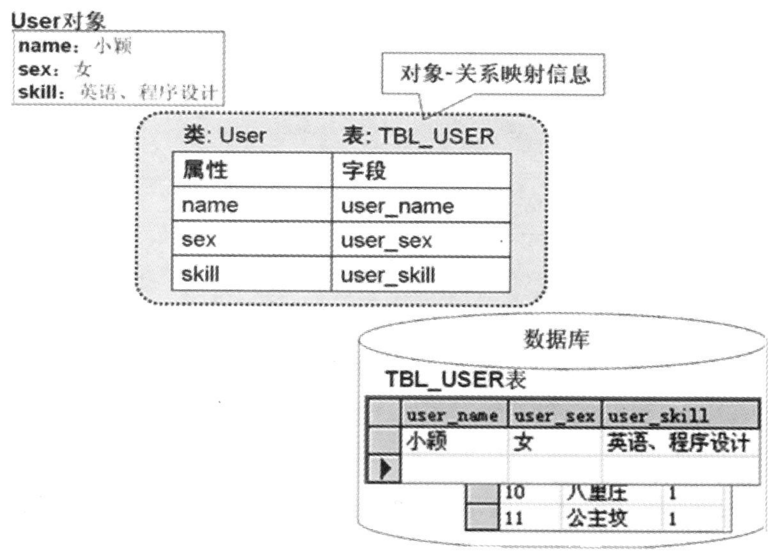

图 8.1　对象到关系数据库数据的映射

对象和关系数据两者存在一定的对应关系：表对应类，字段对应属性，记录对应对象，使用 JDBC 编程查询一条记录时，封装成一个实体对象，查询多条记录时，对应为集合。

使用 ORM，通常被提交时，它会有选择性地只提交发生变化的对象，而且这类提交工作自动进行，对应的访问方法无须被显式调用；另外，它也提供缓存功能，在反复提取同样的对象时，不必每次都建立数据库连接，对象可以从缓存中提取，从而显著提高了系统的性能。

一般的 ORM 解决方案包含以下 4 部分。

（1）在持久化类对象上进行基本的 C（Create）、R（Read）、U（Update）、D（Delete）操作的 API。

（2）用来规定类和类属性相关查询的语言或 API。

（3）规定 mapping metadata 的工具。

（4）可以让 ORM 实现同事务对象交互，执行 dirty checking、lazy association fetching 和其他优化操作的技术。

目前，很多厂商和开源社区都提供了持久层框架的实现，但其中 Hibernate 的轻量级 ORM 模型逐步确定了在 Java ORM 架构中的领导地位。

8.1.2 Hibernate 体系结构

Hibernate 作为模型/数据访问层中间件，使用数据库和配置信息来为应用程序提供持久化的服务，Hibernate 体系结构图如图 8.2 所示。

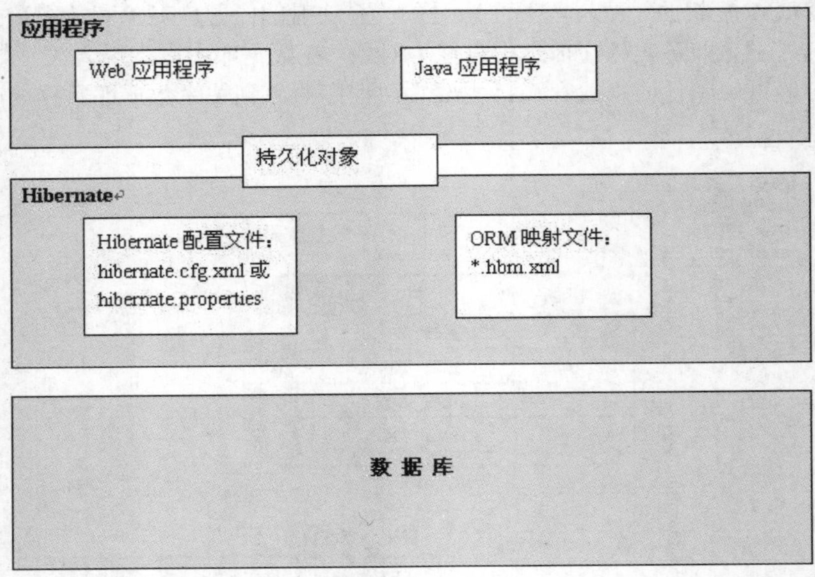

图 8.2　Hibernate 体系结构

从图中可以看出，Hibernate 与数据库的链接配置信息均封装到 Hibernate.cfg.xml 或 Hibernate.properties 文件中，对象/关系的映射工作依靠 ORM 映射文件进行完成，通过映射文件（*.hbm.xml）把 Java 对象或持久化对象（Persistent Objects，PO）映射到数据库中的表，然后通过操作 PO 对表进行各种操作，其中，PO 就是 POJO（普通 Java 对象）加映射文件。

由于 Hibernate 十分灵活，Hibernate“全面解决”体系方案中，要求应用程序从 JDBC/JTA APT 中抽象出来，让 Hibernate 全面操作这个细节，定义如图 8.3 所示。

由图 8.3 可见，“全面解决”的体系方案中包含以下几个对象。

（1）应用对象 Application。

（2）SessionFactory 对象，针对单个数据库映射关系经过编译后的内存镜像，是线程安全的，它是生成 Session 的工厂。

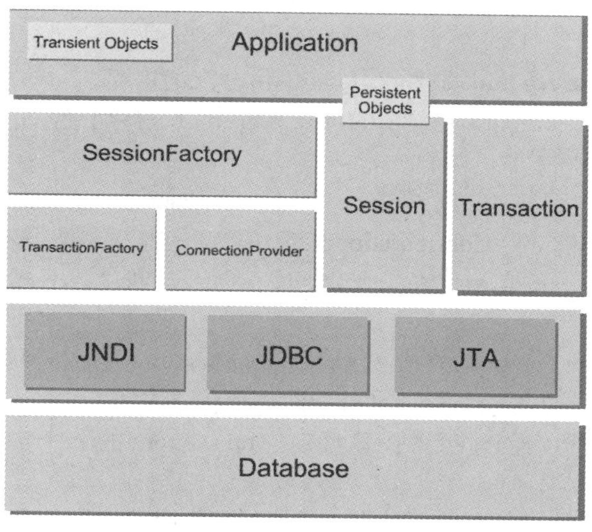

图 8.3 “全面解决”的体系方案

（3）Session 对象，表示应用程序与持久储存层之间交互操作的一个单线程对象，此对象生存期很短，其隐藏了 JDBC 连接，也是 Transaction 的工厂。

（4）事务对象 Transaction，应用程序用来指定原子操作单元范围的对象，它是单线程的，生命周期很短。它通过抽象将应用从底层具体的 JDBC、JTA 以及 CORBA 事务隔离开。 某些情况下，一个 Session 之内可能包含多个 Transaction 对象。尽管是否使用该对象是可选的，但无论是使用底层的 API 还是使用 Transaction 对象，事务边界的开启与关闭是必不可少的。

（5）持久的对象 Persistent Objects，带有持久化状态的、具有业务功能的单线程对象。

（6）瞬态脱管的对象及其集合，指目前没有与 session 关联的持久化类实例。它们可能是在被应用程序实例化后，尚未进行持久化的对象，也可能是因为实例化它们的 Session 已经被关闭而脱离持久化的对象。

（7）TransactionFactory (org.hibernate.TransactionFactory)对象，该对象是可选的，是指生成 Transaction 对象实例的工厂，仅供开发人员扩展/实现用，并不暴露给应用程序使用。

（8）ConnectionProvider (org.hibernate.connection.ConnectionProvider)，该对象是可选的，生成 JDBC 连接的工厂（同时也起到连接池的作用），它通过抽象将应用从底层的 DataSource 或 DriverManager 隔离开。仅供开发人员扩展/实现用，并不暴露给应用程序使用。

此外，Hibernate 提供了很多可选的扩展接口，开发人员可以通过实现它们来定制自己的持久层的行为。

8.1.3 工作流程

Hibernate 的工作流程如图 8.4 所示，分为以下几个步骤。

（1）启动 Hibernate。

（2）构建 Configuration 实例，初始化实例中的所有变量，使用的语句为 Configuration cfg = Configuration.configure();，一个 Configeration 实例代表 Hibernate 所有 Java 类到 SQL

数据库映射的集合。

（3）加载 hibernate.cfg.xml 文件至 cfg 实例所分配的内存。

（4）通过 hibernate.cfg.xml 文件中的 mapping 节点进行配置，并加载.hbm.xml 文件至 cfg 实例中。

（5）由 Configuration 实例构建一个 SessionFactory 实例：SessionFactory sf = cfg.buildSessionFactory();，把 Configeration 对象中的所有配置信息复制到 SessionFactory 的缓存中。SessionFactory 的实例代表一个数据库存储源，创建后不再与 Configeration 对象关联。

（6）使用 SessionFactory 的实例调用 openSession()方法创建 Session 对象，让 SessionFactory 提供连接：Session s = sf.openSession();。

（7）由 Session 实例创建事务操作接口 Transaction 的一个实例：Transaction tx = s.beginTransaction();。

（8）通过 Session 接口提供的各种方法操作对数据库的访问。

（9）提交数据库操作结果：tx.commit();。

（10）关闭 Session 连接：s.close();。

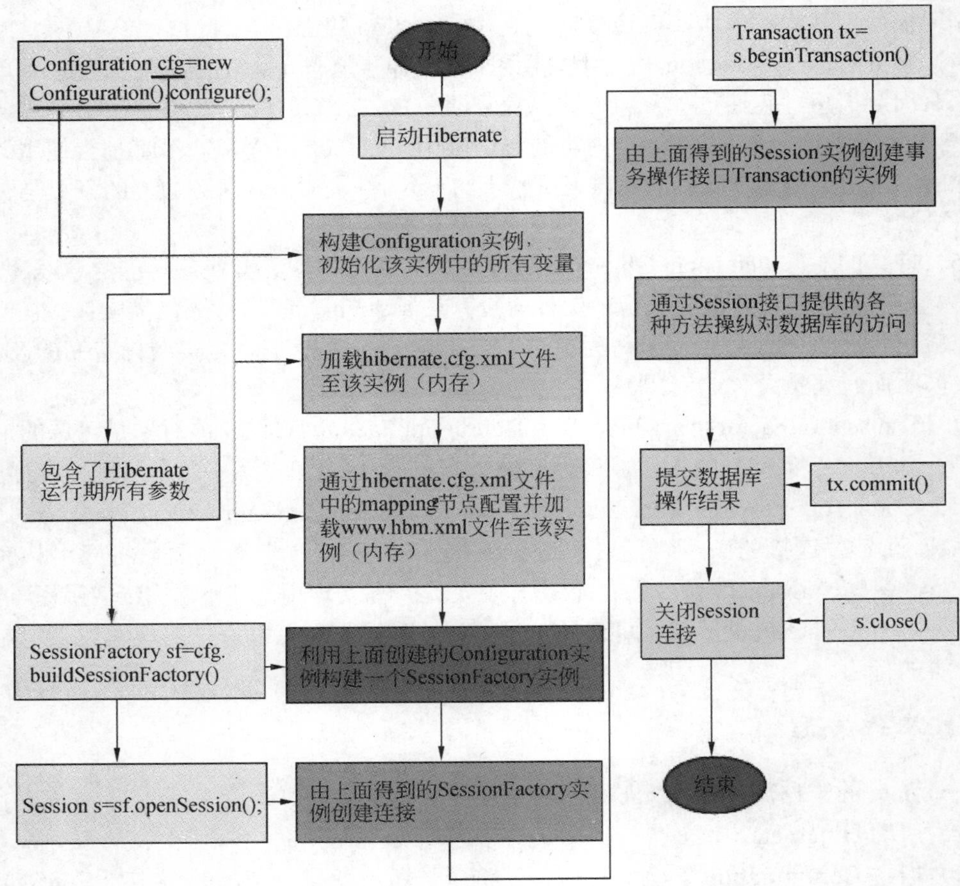

图 8.4　Hibernate 的工作流程

8.1.4 安装与配置

由于本书使用 MyEclipse 2015 作为开发工具，可以通过菜单的方式添加 Hibernate 框架。步骤如下。

（1）建立一个 Web 项目，如图 8.5 所示。

（2）添加一个包 org，将工厂类 SessionFactory 的源文件保存到该包下，如图 8.6 所示。

（3）选择 MyEclipse Database Explorer 切换到数据库界面，如图 8.7 所示。

（4）右键单击空白处，在弹出的菜单上选择 New，如图 8.8 所示，弹出创建新的数据库连接驱动界面，如图 8.9 所示。

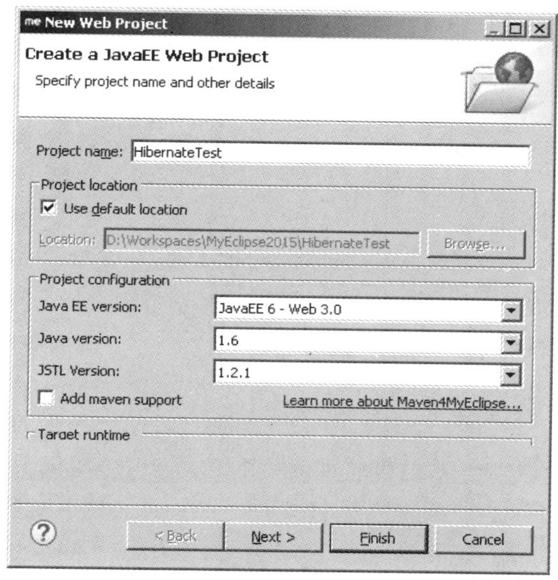

图 8.5　建立一个 Web 项目

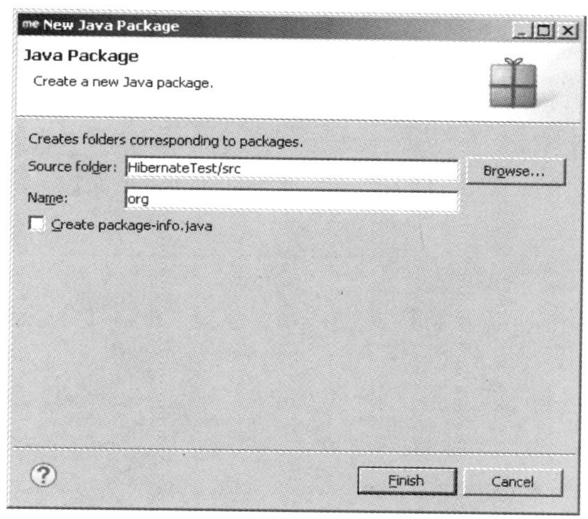

图 8.6　添加一个包 org

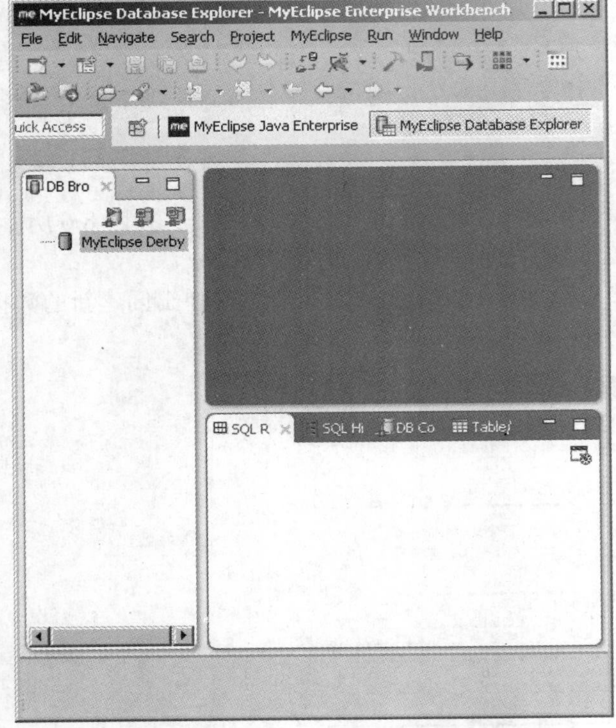

图 8.7 MyEclipse 2015 数据库界面

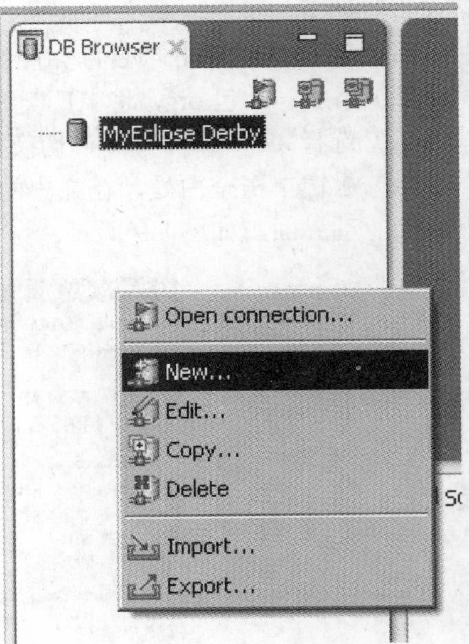

图 8.8 选择 New 菜单

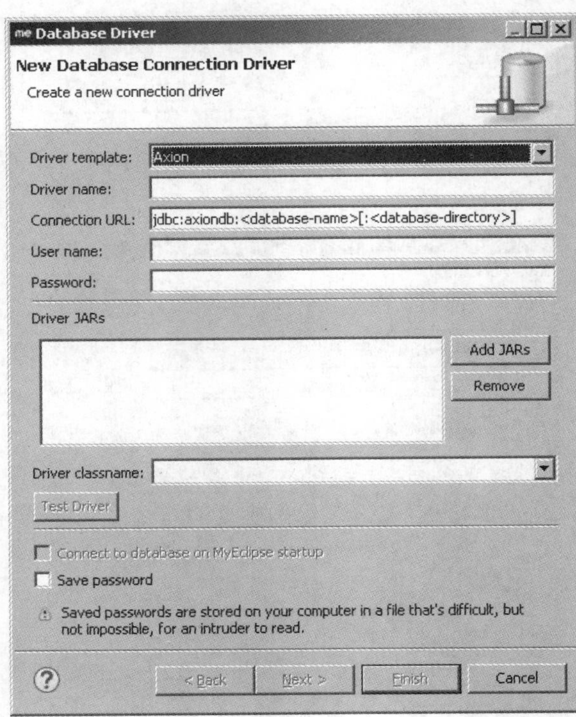

图 8.9 创建新的数据库连接驱动界面

（5）在如图 8.9 所示的窗口中填写创建数据库连接的相关信息。本例创建一个 MySQL 数据库的连接驱动，那么驱动模板选择 MySQL Connector/J；驱动名用户自定义，一般要求具有唯一性；连接 URL 和使用 JDBC 连接 MySQL 数据库时一致；接着定义好用户名和密码；最后添加数据库的驱动程序包，如图 8.10 所示。

（6）在图 8.10 中单击 Next 按钮，最后单击 Finish 按钮，直到出现如图 8.11 所示窗口，数据库连接驱动创建成功。

（7）单击 MyEclipse Java Enterprise 回到工程界面，右键单击项目名，添加工程的 Hibernate 框架的包文件，如图 8.12 所示。

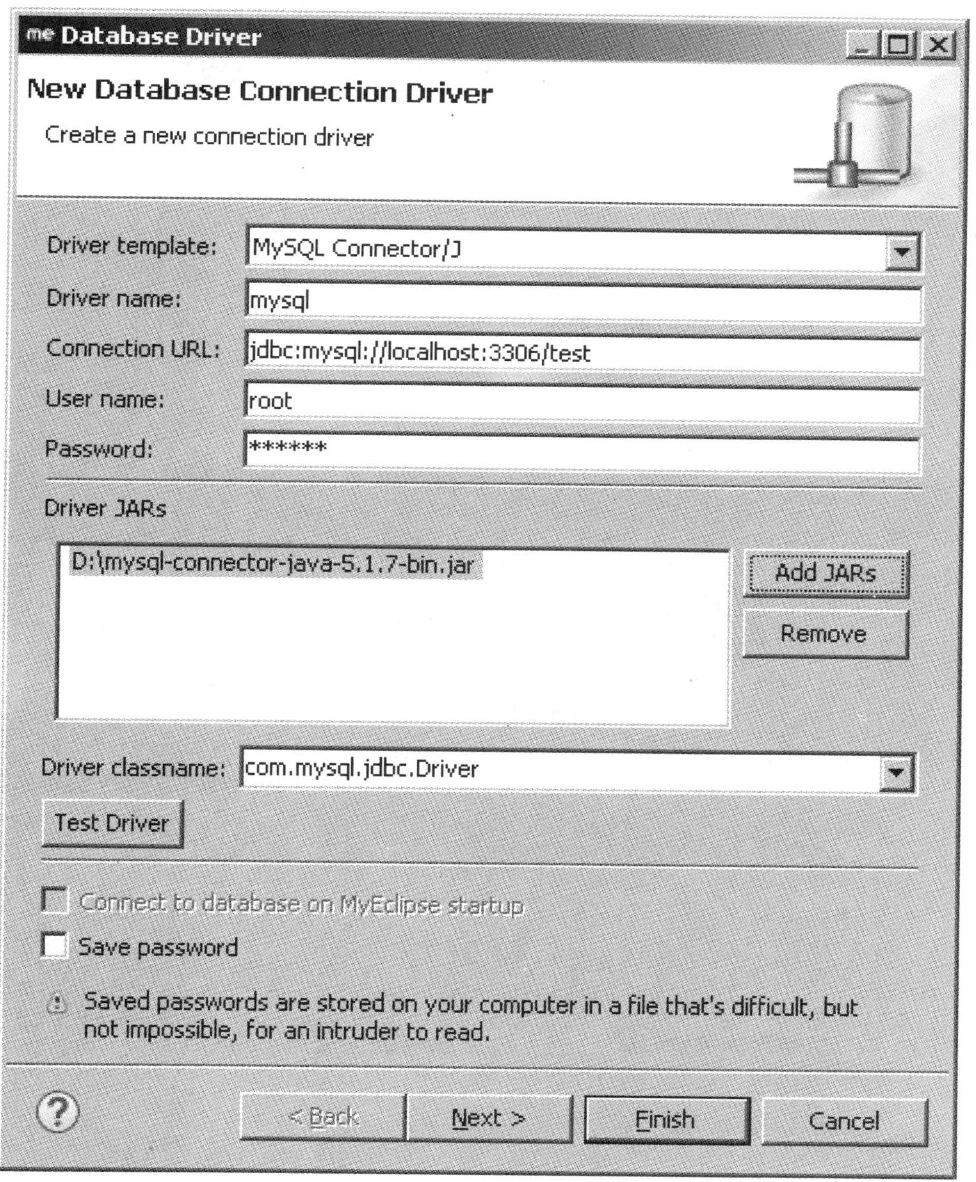

图 8.10　填写数据库连接的信息

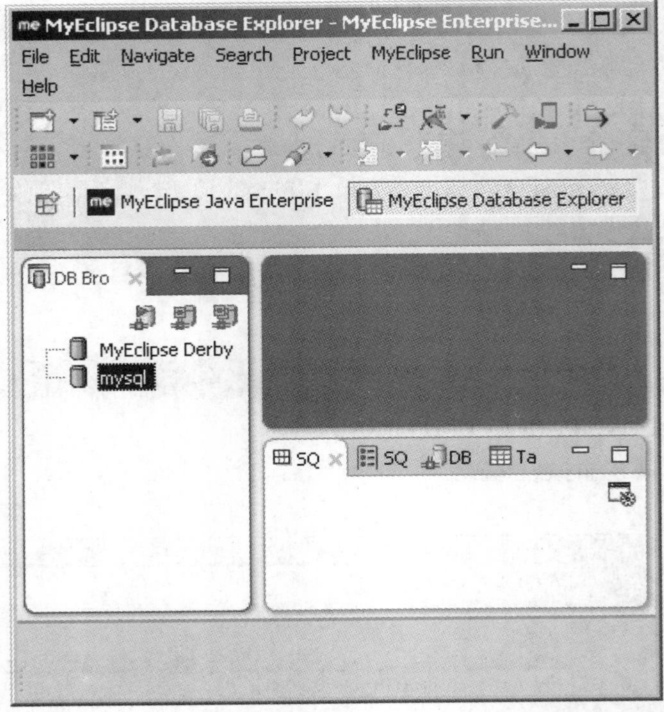

图 8.11　数据库连接驱动创建成功

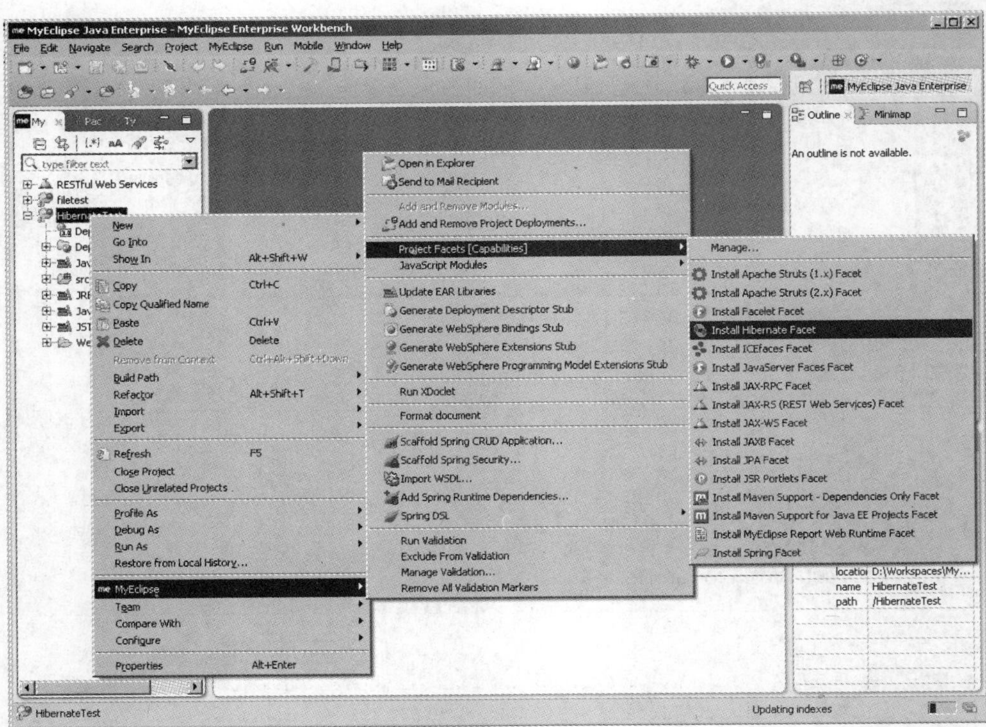

图 8.12　添加工程的 Hibernate 框架

（8）Hibernate 版本选择默认的 4.1 版本，Target runtime 选择默认值，见图 8.13。

（9）单击 Next 按钮。进入图 8.14，系统提示 “Session Factory class cannot be created in the default package”的信息，单击 Browse 按钮，选择 Java package 的路径是前面创建的 org，见图 8.15。创建配置文件 hibernate.cfg.cml，该文件默认放在包 src 文件夹下。

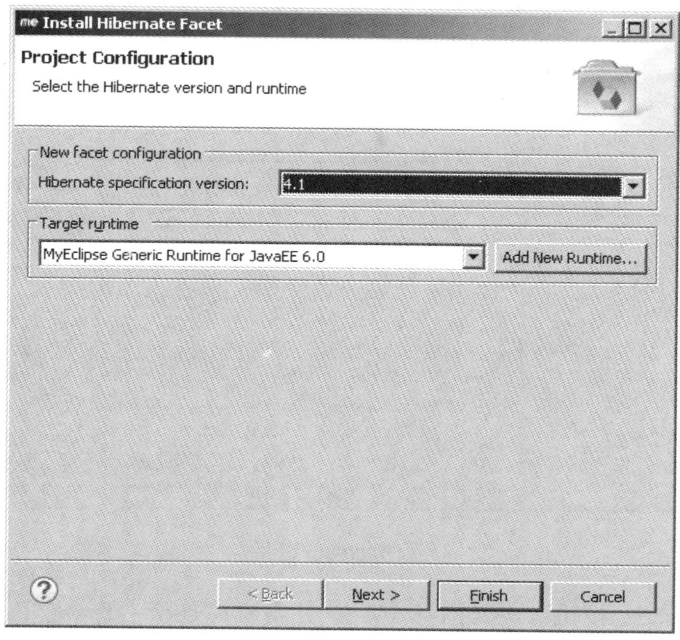

图 8.13　Hibernate 配置

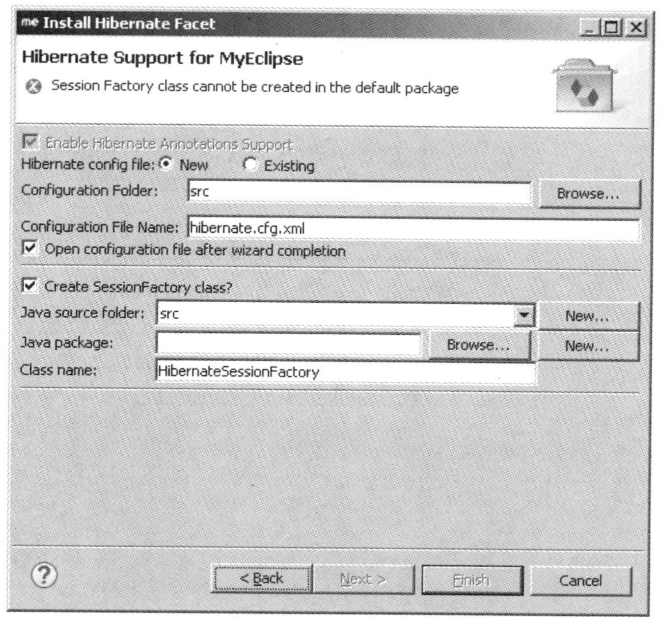

图 8.14　Hibernate 提示选择包信息

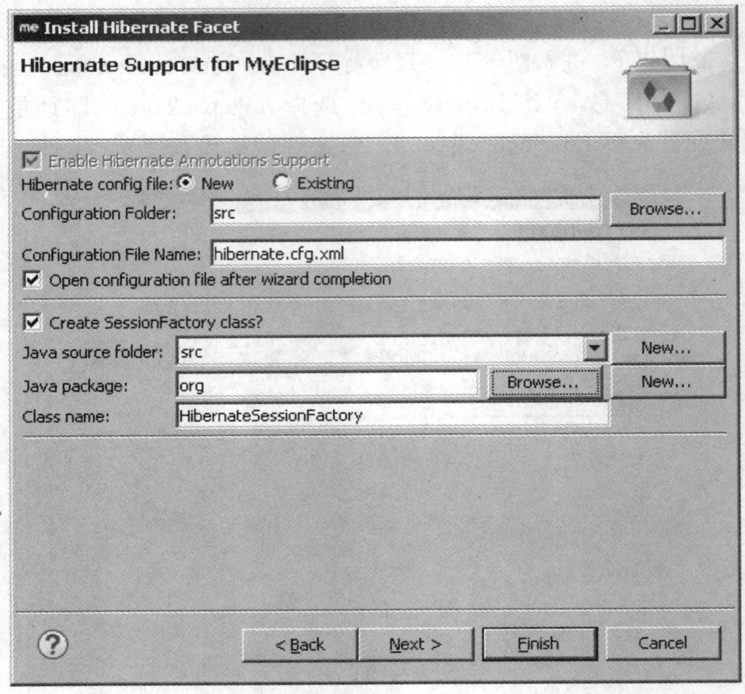

图 8.15　Hibernate 包及文件配置

（10）单击 Next 按钮。进入图 8.16，开始数据库连接，选择前面建好的 mysql，见图 8.17。

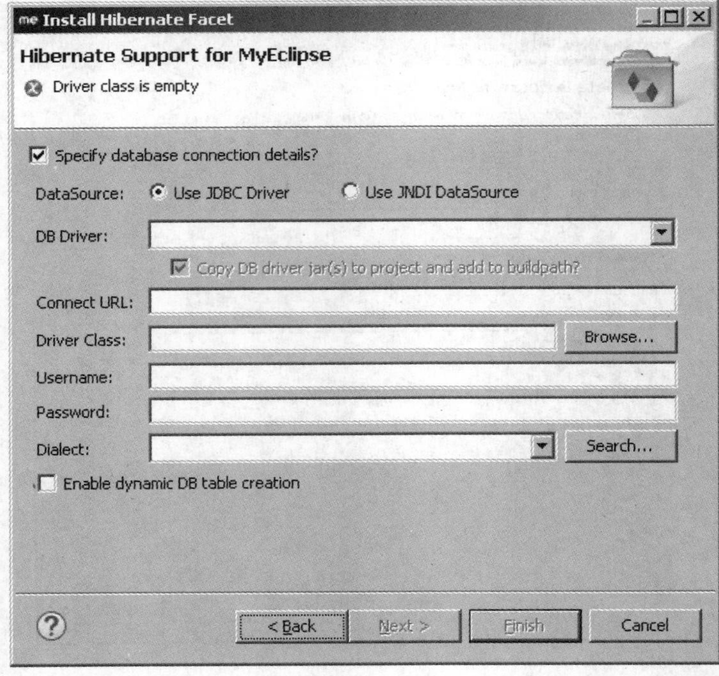

图 8.16　创建数据库连接

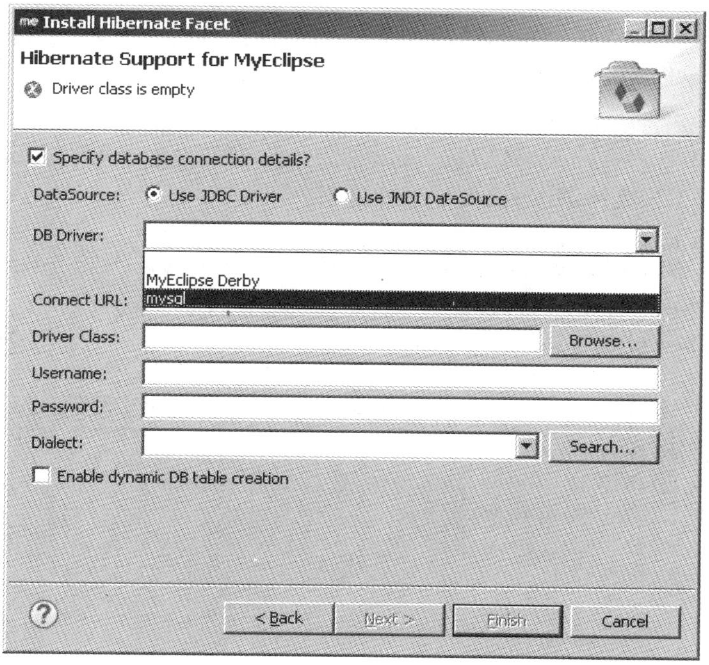

图 8.17　选择 mysql

（11）在图 8.18 的窗口中填写密码，单击 Next 按钮，进入图 8.19。

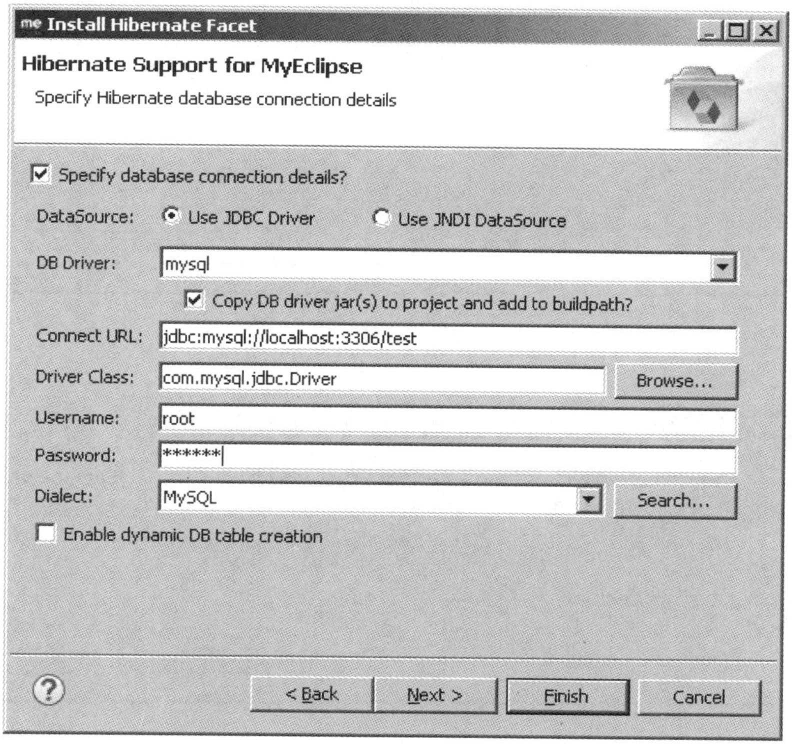

图 8.18　填写数据库连接信息

（12）在图 8.19 中选择需要添加的包文件，默认是 Core。如果需要其他功能，选择 Extra Libraries。然后单击 Finish 按钮，会提示“Open Associated Perspective?”，如果选择 Yes，见图 8.20 和图 8.21。

（13）回到工程界面，见图 8.22。可以看到当前的工程下导入了 Hibernate 框架的核心包，此时当前的工程支持 Hibernate 框架的使用。

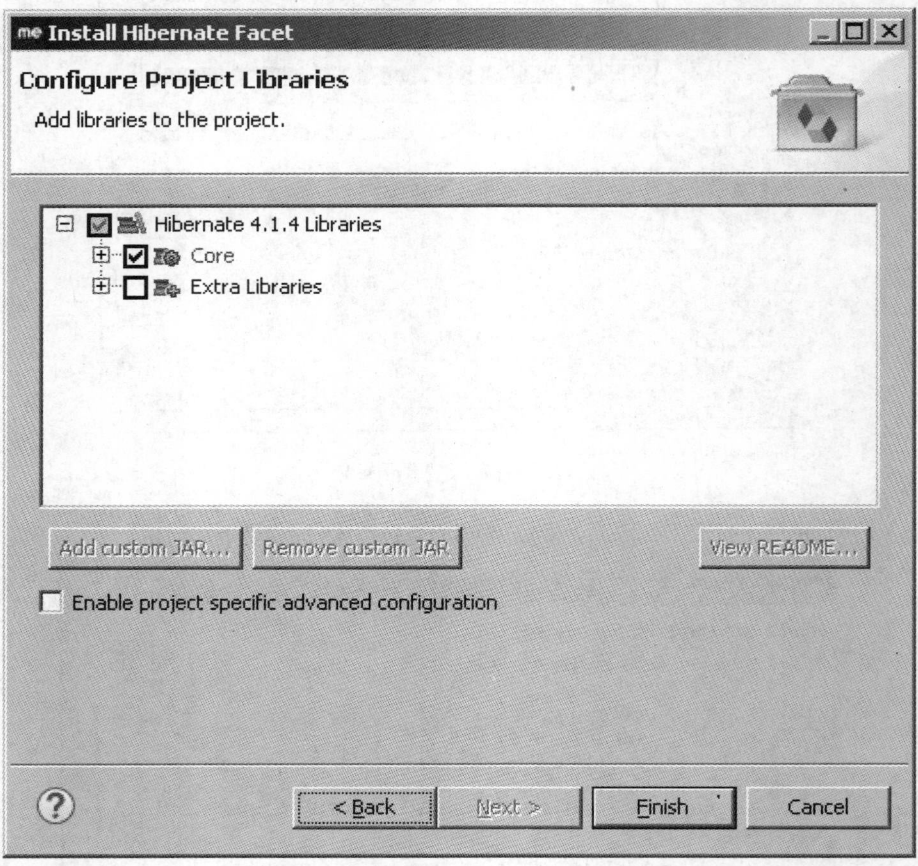

图 8.19　选择 Hibernate 框架的包文件

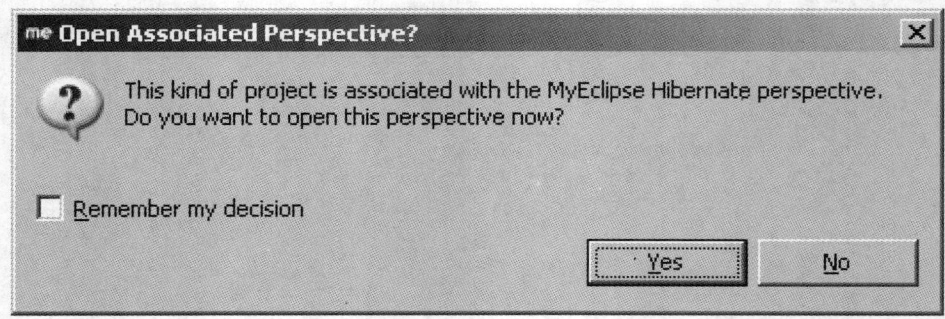

图 8.20　询问打开联合视图

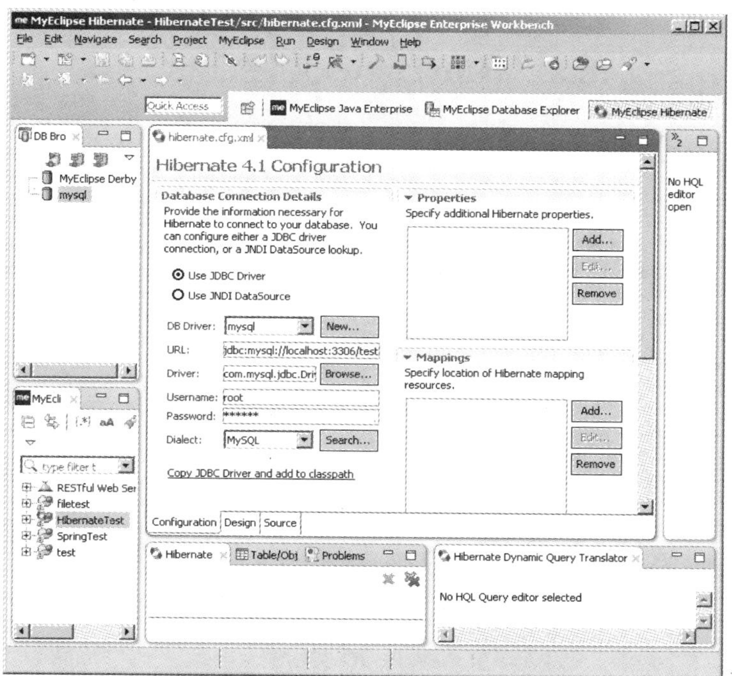

图 8.21　联合视图

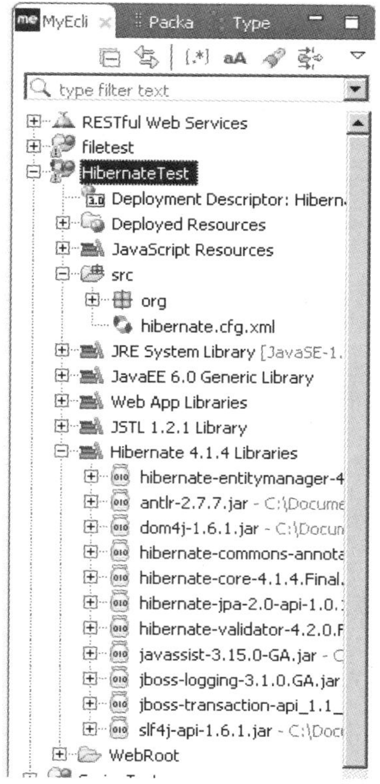

图 8.22　工程里导入的包文件

8.2 Hibernate 文件剖析

8.2.1 POJO 类

1. POJO 类

POJO 类也就是指持久化类，源代码一般存放在包文件下，文件扩展名为.java。符合JavaBean 的规范，包含一些属性，以及与之对应的 getXXX()和 setXXX()方法，这些方法必须符合特定的命名规则，get 和 set 后面紧跟着属性的名字，并且属性名的首字母为大写。该类必须提供一个不带参数的构造方法，在程序运行时，Hibernate 运用 Java 反射机制，调用 java.lang.reflect.对象名.newInstance()方法来构造持久化类的实例。

持久化类有一个属性 id，用来唯一标识类的每个对象。在面向对象术语中，这个 id 被称为 OID（Object Identifier，对象标识符），通常设置为整数类型，也可以设置为其他类型。如果 A.getId().equals(A.getId())的结果为 true，说明 A 与 B 对象指的是同一个数据库表中的同一条记录。

例 8.1　POJO 类示例

```java
import java.util.Date;
public class User {
  private String id;
  private String username;
  private String password;
  private Date createTime;
  private Date expireTime;
  public String getId() {
    return id;
  }
  public void setId(String id) {
    this.id = id;
  }
  public String getUsername() {
    return username;
  }
  public void setUsername(String userName) {
    this.username = userName;
  }
  public String getPassword() {
    return password;
  }
  public void setPassword(String password) {
    this.password = password;
  }
```

```
    public Date getCreateTime() {
        return createTime;
    }
    public void setCreateTime(Date createTime) {
        this.createTime = createTime;
    }
    public Date getExpireTime() {
        return expireTime;
    }
    public void setExpireTime(Date expireTime) {
        this.expireTime = expireTime;
    }
}
```

2．*.hbm.xml 配置文件

Hibernate 的映射文件是实体对象与数据库关系表之间相互转换的重要依据。一般而言，一个映射文件对应着数据库中的一个关系表，关系表之间的关系也在映射文件中进行配置。可以看出，该类中的属性和关系表中的字段是一一对应的。对应的配置就在*.hbm.xml 映射文件里。

例 8.2　*.hbm.xml 文件示例

```
<?xml version="1.0"?>
<!DOCTYPE hibernate-mapping PUBLIC
  "-//Hibernate/Hibernate Mapping DTD 3.0//EN"
  "http://hibernate.sourceforge.net/hibernate-mapping-3.0.dtd">
<hibernate-mapping>
  <class name="com.example.hibernate.User">
    <id name="id">
      <generator class="uuid"/>
    </id>
    <property name="username"/>
    <property name="password"/>
    <property name="createTime"/>
    <property name="expireTime"/>
  </class>
</hibernate-mapping>
```

1）<hibernate-mapping>元素

该元素是 Hibernate 映射文件的根元素。这个元素包括一些可选的属性：schema 和 catalog 属性，指明了这个映射所连接（refer）的表所在的 schema 和/或 catalog 名称。假若指定了这个属性，表名会加上所指定的 schema 和 catalog 的名字扩展为全限定名。假若没有指定，表名就不会使用全限定名。此例中未指定该属性。

2）<class>元素介绍

<class>元素指定类和表的映射，name 用来设定类名，table 用来设定表名。如果没有设置<class>元素的 table 属性，Hibernate 将直接以类名作为表名。

3）<id>元素介绍

被映射的类必须定义对应数据库主键字段。大多数类有一个 JavaBeans 风格的属性，为每一个实例包含唯一的标识。<id>元素定义了该属性到数据表主键字段的映射。Hibernate 使用 getId()和 setId()来访问它。

4）<property>元素介绍

<property>元素定义了 JavaBean 属性与数据库表字段的对应关系。

8.2.2 Hibernate.cfg.xml 配置文件

Hibernate 配置文件主要用于配置数据库连接和 Hibernate 运行时所需的各种属性，这个配置文件应该位于应用程序或 Web 程序的类文件夹 classes 中。Hibernate 配置文件支持两种形式，一种是 XML 格式的配置文件，另一种是 Java 属性文件格式的配置文件，采用“键=值”的形式。实际应用中建议采用 XML 格式的配置文件，XML 配置文件可以直接对映射文件进行配置，并由 Hibernate 自动加载，而 properties 文件则必须在程序中通过编码加载映射文件。

例 8.3 Hibernate.cfg.xml 示例

```
<!DOCTYPE hibernate-configuration PUBLIC
      "-//Hibernate/Hibernate Configuration DTD 3.0//EN"
      "http://hibernate.sourceforge.net/hibernate-configuration-3.0.dtd">
<hibernate-configuration>
  <session-factory >
    <!-- 方言：为每一种数据库提供适配器，方便转换 -->
    <property name="hibernate.dialect">org.hibernate.dialect.MySQLDialect
    </property>
    <!-- mysql 数据库驱动 -->
    <property name="hibernate.connection.driver_class">com.mysql.jdbc.
    Driver</property>
    <!-- mysql 数据库名称 -->
    <property name="hibernate.connection.url">jdbc:mysql://localhost:3306
    /hibernate_first</property>
    <!-- 数据库的登录用户名 -->
    <property name="hibernate.connection.username">root</property>
                                    <!-- 数据库的登录密码 -->
    <property name="hibernate.connection.password">root</property>
    <property name="hibernate.show_sql">true</property>
        <property name="hibernate.format_sql">true</property>
  </session-factory>
</hibernate-configuration>
```

（1）<property name="hibernate.dialect">org.hibernate.dialect.MySQLDialect</property>指定数据库使用的 SQL 方言。尽管多数关系数据库都支持标准的 SQL，但是还是建议在此指定自己的 SQL 方言。

（2）<property name="hibernate.connection.driver_class">com.mysql.jdbc.Driver</property>指定连接数据库用的驱动，对于不同的关系数据库，其驱动是不同的，需要根据实际情况修改。

（3）<property name="hibernate.connection.url">jdbc:mysql://localhost:3306/hibernate_first</property>指定连接数据库的路径，对于不同的关系数据库，其 URL 路径是不同的，需要根据实际情况修改。

（4）<property name="hibernate.connection.username">root</property>指定连接数据库的用户名。

（5）<property name="hibernate.connection.password">root</property>指定连接数据库的密码,如果密码为空，则在“密码”的位置不写任何字符。

（6）<property name="hibernate.show_sql">true</property>指定当程序运行时是否在控制台输出 SQL 语句。当属性为 true 时，表示在控制台输出 SQL 语句，默认为 false。建议在调试程序时设为 true，发布程序之前再改为 false，因为输出 SQL 语句会影响程序的运行速度。

（7）<property name="hibernate.format_sql">true</property>指定当程序运行时，是否在 SQL 语句中输出便于调试的注释信息。当属性为 true 时，表示输出注释信息，默认为 false。建议在调试程序时设为 true，发布程序之前再改为 false。该属性只有当 show_sql 属性为 true 时才有效。

8.2.3 HibernateSessionFactory

HibernateSessionFactory 类是系统自带的类，该类是优秀的 factory 类；就是 hibernate 产生 Session 的工厂；就是可以产生 Session，设计模式上称为工厂模式。

例 8.4 HibernateSessionFactory 示例

```
import org.hibernate.HibernateException;
import org.hibernate.Session;
import org.hibernate.cfg.Configuration;
public class HibernateSessionFactory {
private static final ThreadLocal<Session> threadLocal = new ThreadLocal
<Session>();
private static org.hibernate.SessionFactory sessionFactory;
private static Configuration configuration = new Configuration();
   private static String CONFIG_FILE_LOCATION = "/hibernate.cfg.xml";
   private static String configFile = CONFIG_FILE_LOCATION;
//初始化 SessionFactory，只在第一次加载的时候执行
static {
       try {
configuration.configure(configFile);
```

```
            sessionFactory = configuration.buildSessionFactory();
        } catch (Exception e) {
            e.printStackTrace();
        }
            }
        private HibernateSessionFactory() {
        }
    //获取 Session
        public static Session getSession() throws HibernateException {
            Session session = (Session) threadLocal.get();
        if (session == null || !session.isOpen()) {
        if (sessionFactory == null) {
            rebuildSessionFactory();
            }
            session = (sessionFactory != null) ? sessionFactory.openSession():
            null;
            threadLocal.set(session);
        }
            return session;
            }
    //重建 SessionFactory
    public static void rebuildSessionFactory() {
        try {
        configuration.configure(configFile);
        sessionFactory = configuration.buildSessionFactory();
        } catch (Exception e) {
            e.printStackTrace();
        }
        }
        public static void closeSession() throws HibernateException {
            Session session = (Session) threadLocal.get();
            threadLocal.set(null);
            if (session != null) {
                session.close();
            }
        }
        public static org.hibernate.SessionFactory getSessionFactory() {
            return sessionFactory;
        }
        public static void setConfigFile(String configFile) {
            HibernateSessionFactory.configFile = configFile;
            sessionFactory = null;
        }
        public static Configuration getConfiguration() {
            return configuration;
```

```
        }
    }
```

（1）private static Configuration configuration = new Configuration();指创建 Configuration 实例。

（2）static {…}完成初始化 SessionFactory 的功能，只在第一次加载的时候执行。

（3）configuration.configure(configFile);指读取解析配置文件。

（4）sessionFactory = configuration.buildSessionFactory();构建 sessionFactory 对象。

（5）getSession()方法用来获取 Session 对象。如果 Session 对象为空，并且 SessionFactory 也为空，调用 rebuildSessionFactory()方法重建 SessionFactory。然后获取 Session 对象并返回。

（6）closeSession()方法用来关闭 Session 对象。

8.2.4 Hibernate 核心接口

在使用 Hibernate 框架开发项目时，需要用到 Hibernate 核心接口。Hibernate 核心接口一共有 5 个：Configuration、SessionFactory、 Session、Transaction 和 Query。通过这些接口，不仅可以对持久化对象进行存取，还能够进行事务控制，是项目开发的关键技术。

1. Configuration

Configuration 接口负责管理 Hibernate 的配置信息，加载配置文件。在 Hibernate 的启动过程中，Configuration 类的实例首先定位到配置文档的位置，读取这些配置，以及对它进行启动。

Hibernate 运行时需要一些底层实现的基本信息，包括数据库 URL、数据库的用户名、数据库的用户密码、数据库的 JDBC 驱动类以及数据库 dialect。该接口用于对特定数据库提供支持，其中包括针对特定数据库特征的实现，比如 Hibernate 数据库类型到特定数据库数据类型的映射等。

调用 Configuration config=new Configuration().configure()时，Hibernate 会自动在目录下搜索 Hibernate.cfg.xml 文件，并读取到内存中，完成这些基础信息的初始化工作，为后继操作做基础配置。

2. SessionFactory

SessionFactory 指的是一种设计模式——工厂模式，用户程序从工厂类 SessionFactory 中取得 Session 的实例。SessionFactory 不是轻量级的。它的设计者的意图是让它能在整个应用中共享。SessionFactory 在 Hibernate 中实际起到了一个缓冲区的作用，它缓冲了 Hibernate 自动生成的 SQL 语句和一些其他的映射数据，还缓冲了一些将来有可能重复利用的数据。

例如：

```
SessionFactory sessionFactory= config. buildSessionFactory();
```

通过 Configuration 实例调用 buildSessionFactory 方法，根据当前的数据库信息构建 SessionFactory，SessionFactory 一旦构造完毕，即被赋予特定的配置信息。以后 Configuration

实例有任何变更将不会影响到已经创建好的 SessionFactory 实例。因此如果需要基于变更后的 Configuration 实例创建 SessionFactory，需要重新构建。同样，如果应用中需要访问多个数据库，针对每个数据库，应该分别对其创建对应的 SessionFactory 实例。

SessionFactory 保存了对应当前数据库配置的所有映射关系，同时也负责维护当前的二级数据缓存和 Statement Pool，由此可见，SessionFactory 的创建过程非常复杂、代价高昂，因此设计时要充分考虑 SessionFactory 的重用策略。由于 SessionFactory 采用了线程安全的设计，可由多个线程并发调用，在大多数应用中，一个数据库共享一个 SessionFactory 实例。

3. Session

Session 对于 Hibernate 开发人员来说是非常重要的类。Session 是 Hibernate 持久化操作的基础，提供了众多持久化方法，如 save、update、delete 等，通过这些方法能透明地完成对象的增加、删除、修改、查询等操作。在 Hibernate 中，Session 实例由 SessionFactory 负责创建。

```
Session session= sessionFactory.openSession;
```

实例化的 Session 是一个轻量级的类，创建和销毁它都不会占用很多资源。这在实际项目中确实很重要，因为在客户程序中，可能会不断地创建以及销毁 Session 对象，如果 Session 的开销太大，会给系统带来不良影响。

Session 具有一个缓存，Session 缓存是由它的实现类 SessionImpl 中定义的一些集合属性构成的，原理是保证有一个引用在关联着某个持久化对象，保持它的生命周期不会结束。位于缓存中的对象处于持久化状态，它和数据库中的相关记录对应，Session 能够在某些时间点，按照缓存中持久化对象的属性变化来同步数据库，这一过程称为清理缓存。

需要注意的是：一个 Session 实例只可由一个线程使用，同一个 Session 实例多线程并发调用将导致难以预知的错误。

4. Transaction

Transaction 接口是进行事务操作的接口，是对实际事务实现的一个抽象，包括 JDBC 的事务、JTA 中的 UserTransaction，也可以是 CORBA 事务。这样开发人员能够使用统一的操作界面，使得项目可以在不同的环境和容器之间方便地移植。

Transaction 类是一个可选的 API，可以选择不使用这个接口，取而代之的是 Hibernate 的设计人员自己写的底层事务处理代码。与 Transaction 相关还有一个 Callback 类。当一些有用的事件发生时——例如持久对象的载入、存储、删除时，Callback 类会通知 Hibernate 去接收一个通知消息。一般而言，Callback 类在用户程序中并不是必需的，但要在项目中创建审计日志时，可能会用到它。

事务对象通过 Session 创建，例如以下语句：

```
Transaction ts=session.beginTransaction();
```

5. Query

Query 能方便地对数据库及持久对象进行查询，它可以有两种表达方式：HQL 或本地数据库的 SQL 语句。HQL 是 Hibernate Query Lanaguage 的简称，是 Hibernate 配备的一种非常强大的查询语言，这种语言看上去很像 SQL。Query 经常被用来绑定查询参数、限制查询记录数量，并最终执行查询操作，例如：

```
Query query=session.createQuery("from Kcb where kch=198");
```

上面的语句中查询条件的值“198”是直接给出的，如果没有给出，而是设为参数就要用 Query 接口中的方法来完成。例如以下语句：

```
Query query=session.createQuery("from Kcb where kch=?");
```

然后在后面语句中设置其值：

```
Query.setString(0, "要设置的值");
```

8.2.5 案例

案例 1. Hibernate 应用实例开发。

（1）建立数据库及表。

在 MySQL 中建立学生信息数据库，命名为“xsxx”，然后新建表 kc，建好后的 kc 表如图 8.23 所示。

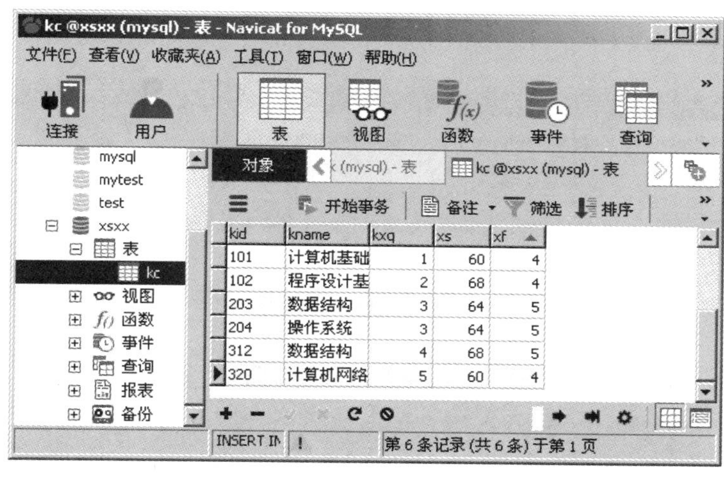

图 8.23　kc 表

（2）创建 Java 项目，命名为 HibernateTest。

（3）添加 Hibernate 框架包文件。

（4）生成数据库表对应的 Java 类对象和映射文件。

在 src 目录下新建包 com，然后转到 DB Brower 窗口，选择表 kc，右键单击该表名，在弹出的快捷菜单中执行 Hibernate Reverse Engineering 命令，见图 8.24。

在弹出的如图 8.25 所示的窗口中，设置 Java src folder 为/HibernateTest/src，Java package 为 com，并按图所示选择选项，然后单击 Next 按钮，弹出如图 8.26 所示的窗口，为 kc 表选择主键生成策略，在 Id Generator 下拉列表中选择 assigned 选项。然后单击 Finish 按钮即完成对表 kc 的反向工程。

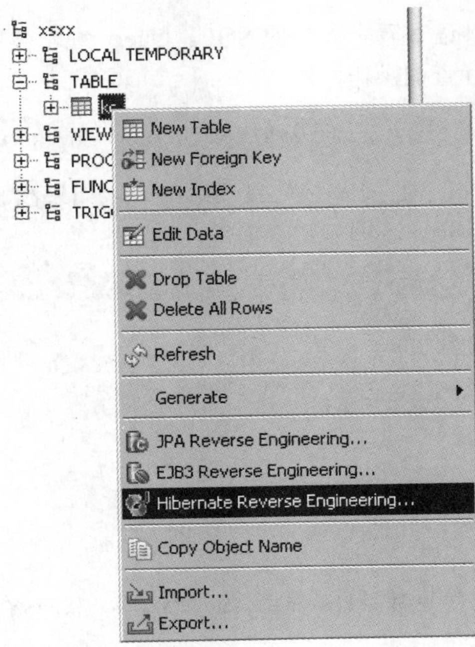

图 8.24　Hibernate 反向工程

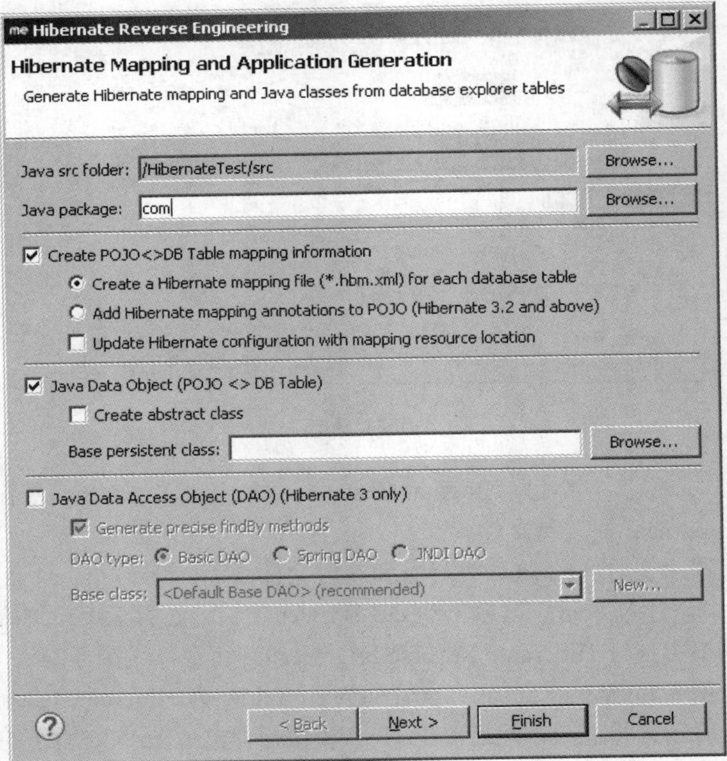

图 8.25　Hibernate 反向工程配置

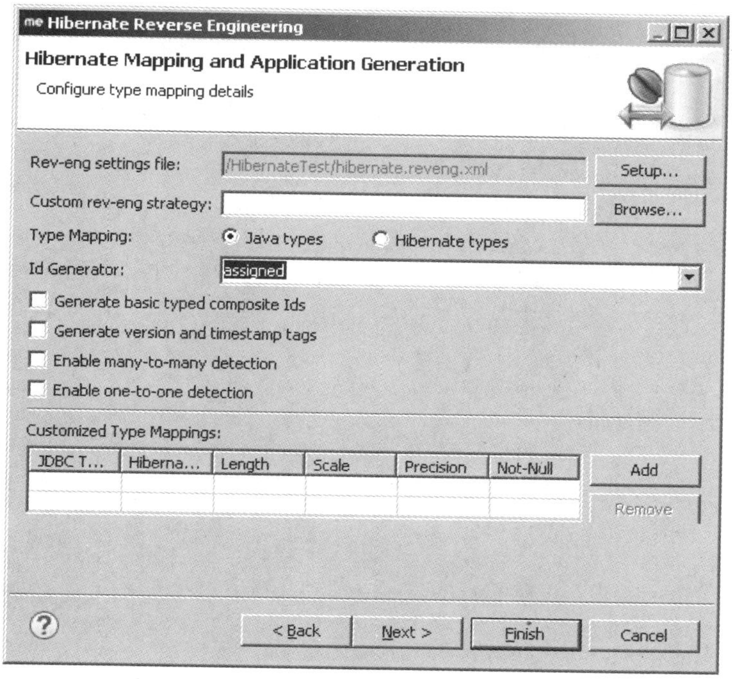

图 8.26　配置主键生成策略

反向工程完成后，在 com 包下生成数据库表对应的 Java 类 Kc.java 和映射文件 Kc.hbm.xml。见例 8.5。

例 8.5　Kc.java

```
package com;
public class Kc implements java.io.Serializable {
    private String kid;
    private String kname;
    private Integer kxq;
    private Integer xs;
    private Integer xf;
    /** default constructor */
    public Kc() {
    }
    /** minimal constructor */
    public Kc(String kid) {
        this.kid = kid;
    }
    /** full constructor */
    public Kc(String kid, String kname, Integer kxq, Integer xs, Integer xf) {
        this.kid = kid;
        this.kname = kname;
        this.kxq = kxq;
```

```
        this.xs = xs;
        this.xf = xf;
    }
    //Property accessors
    public String getKid() {
        return this.kid;
    }
    public void setKid(String kid) {
        this.kid = kid;
    }
    public String getKname() {
        return this.kname;
    }
    public void setKname(String kname) {
        this.kname = kname;
    }
    public Integer getKxq() {
        return this.kxq;
    }
    public void setKxq(Integer kxq) {
        this.kxq = kxq;
    }
    public Integer getXs() {
        return this.xs;
    }
    public void setXs(Integer xs) {
        this.xs = xs;
    }
    public Integer getXf() {
        return this.xf;
    }
    public void setXf(Integer xf) {
        this.xf = xf;
    }
}
```

例 8.5　Kc.hbm.xml

```
<?xml version="1.0" encoding="utf-8"?>
<!DOCTYPE hibernate-mapping PUBLIC "-//Hibernate/Hibernate Mapping DTD
3.0//EN"
"http://www.hibernate.org/dtd/hibernate-mapping-3.0.dtd">
<!--
    Mapping file autogenerated by MyEclipse Persistence Tools
-->
```

```
<hibernate-mapping>
    <class name="com.Kc" table="kc" catalog="xsxx">
        <id name="kid" type="java.lang.String">
            <column name="kid" length="3" />
            <generator class="assigned" />
        </id>
        <property name="kname" type="java.lang.String">
            <column name="kname" length="12" />
        </property>
        <property name="kxq" type="java.lang.Integer">
            <column name="kxq" />
        </property>
        <property name="xs" type="java.lang.Integer">
            <column name="xs" />
        </property>
        <property name="xf" type="java.lang.Integer">
            <column name="xf" />
        </property>
    </class>
</hibernate-mapping>
```

（5）在 hibernate.cfg.xml 文件中配置映射文件：

```
<mapping resource="com/Kc.hbm.xml" />
```

该语句放在<session-factory>与</session-factory>之间。

（6）在 src 下创建测试类，代码见 Test.java。

例 8.5　Test.java

```
package com;
import java.util.List;
import org.hibernate.Query;
import org.hibernate.Session;
import org.hibernate.Transaction;
import com.Kc;
import org.HibernateSessionFactory;
public class Test {
        public static void main(String[] args) {
            //调用 HibernateSessionFactory 的 getSession 方法创建 Session 对象
            Session session=HibernateSessionFactory.getSession();
            //创建事务对象
            Transaction ts=session.beginTransaction();
            Kc kc=new Kc();                              //创建 POJO 类对象
            kc.setKid("198");                            //设置课程号
            kc.setKname("数据库");                        //设置课程名
```

```
                kc.setKxq(new Integer( 5));                    //设置开学学期
                kc.setXs(new Integer(59));                     //设置学时
                kc.setXf(new Integer(5));                      //设置学分
                //保存对象
                session.save(kc);
                ts.commit();                                   //提交事务
                Query query=session.createQuery("from Kc where kid=198");
                List list=query.list();
                Kc kc1=(Kc) list.get(0);
                System.out.println(kc1.getKname());
                HibernateSessionFactory.closeSession();        //关闭 Session
                }
    }
```

运行该测试类，在控制台会输出“数据库”，见图 8.27。打开数据库可以看到已经添加一条新的记录，如图 8.28 所示。

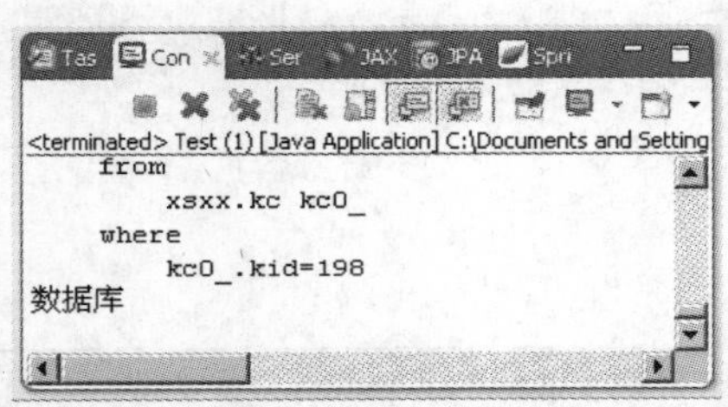

图 8.27　控制台输出

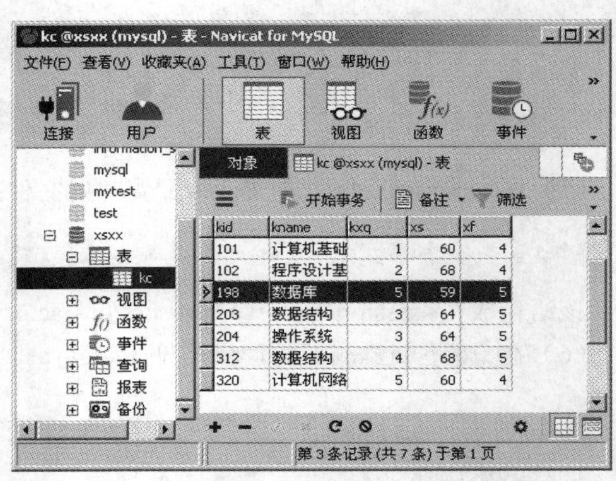

图 8.28　添加新记录

思考与练习

1．简述 Hibernate 体系结构。

2．简述 Hibernate 安装与配置的过程。

3．简述 Hibernate 核心接口。

第 9 章　HQL 查询

HQL 是 Hibernate Query Language 的缩写，HQL 的语法很像 SQL 的语法，但 HQL 是一种面向对象的查询语言。SQL 操作的对象是数据表和列等数据对象，HQL 的操作对象是类、实例和属性等。

- 普通查询
- 条件查询
- 分页查询

9.1　基本查询

HQL 是 Hibernate Query Language 的缩写，HQL 的语法很像 SQL 的语法，但 HQL 是一种面向对象的查询语言。SQL 操作的对象是数据表和列等数据对象，HQL 的操作对象是类、实例和属性等。

HQL 查询依赖 Query 类，每个 Query 实例对应一个查询对象。使用 HQL 查询可按如下步骤进行。

（1）获取 HibernateSession 对象；

（2）编写 HQL 语句；

（3）以 HQL 语句作为参数，调用 Session 的 createQuery 方法创建查询对象；

（4）如果 HQL 语句包含参数，调用 Query 的 setXxx 方法为参数赋值；

（5）调用 Query 对象的 list 等方法遍历查询结果。

9.1.1　语法介绍

1. from 子句

from 子句是最简单的 HQL 语句，也是最基本的 HQL 语句。from 关键字后紧跟持久化类的类名。例如，from Person 表明从 Person 持久化类中选出全部的实例。大部分时候，推荐为该 Person 的每个实例起别名，形如“from Person as p”。

例如，查询所有课程信息的部分代码如下。

```
…
Session session=HibernateSessionFactory.getSession();
Transaction ts=session.beginTransaction();
Query query=session.createQuery("from Kc");
List list=query.list();
ts.commit();
HibernateSessionFactory.closeSession();
…
```

2．select 子句

select 子句虽然不是必需的（在 SQL 中 select 是必需的），但其作用非常重要，主要有以下几种用法。

（1）查询单个属性，select 子句用于确定选择出的属性，当然 select 选择的属性必须是 from 后持久化类包含的属性。例如：

```
select p.name from Person as p
```

（2）查询组件中的属性，select 可以选择任意属性，不仅可以选择持久化类的直接属性，还可以选择组件属性包含的属性，例如：

```
select p.name.firstName from Person as p
```

（3）查询多个属性，查询语句可以返回对象的多个属性，存放在 Object[]队列中。例如：

```
select p.name , p.address from Person as p
```

（4）把多个属性封装成一个 list，select 也支持将选择出的属性存入一个 List 对象中。例如：

```
select new list(p.name, p.address) from Person as p
```

（5）封装成对象，甚至可以将选择出的属性直接封装成对象。例如：

```
select new ClassTest(p.name, p.address) from Person as p
```

前提是 ClassTest 支持 p.name 和 p.address 的构造器，假如 p.name 的数据类型是 String，p.address 的数据类型是 String，则 ClassTest 必须有如下的构造器：ClassTest(String s1，String s2)。

（6）select 还支持给选中的表达式命名别名，例如：

```
select p.name as personName from Person as p
```

3．HQL 中的聚集函数

HQL 也支持在选出的属性上，使用聚集函数。HQL 支持的聚集函数与 SQL 完全相同，有如下 5 个。

（1）avg：计算属性平均值。

（2）count：统计选择对象的数量。

（3）max：统计属性值的最大值。

（4）min：统计属性值的最小值。

（5）sum：计算属性值的总和。

9.1.2 案例

案例 1．修改例 8.5 测试类 Test.java，使得程序能够查询所有的课程信息，并用循环语句将所有的课程名输出来，运行的结果如图 9.1 所示。

例 9.1　Test.java

```
public class Test2 {
        public static void main(String[] args) {
            //调用 HibernateSessionFactory 的 getSession 方法创建 Session 对象
            Session session=HibernateSessionFactory.getSession();
            Transaction ts=session.beginTransaction();
            Query query=session.createQuery("from Kc");
            List list=query.list();
            int i=0;
            while(list.get(i)!=null){
                Kc kc1=(Kc) list.get(i);
                System.out.println(kc1.getKname());
                i++;
            }
            ts.commit();
            HibernateSessionFactory.closeSession();
            }
}
```

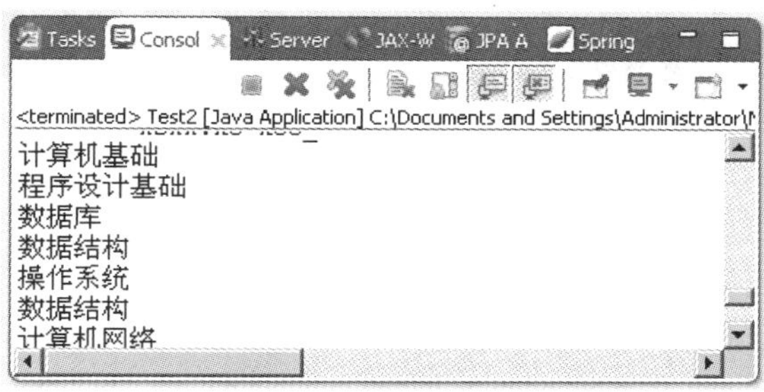

图 9.1　查询所有课程

9.2 条件查询

9.2.1 语法介绍

在实际的项目应用中，往往需要根据指定的条件来进行查询，提高了 HQL 查询的灵活性，能满足各种复杂的查询操作。下面进行简单的介绍。

1. where 子句

where 子句用于筛选选中的结果，缩小选择的范围。如果没有为持久化实例命名别名，可以直接使用属性名引用属性。如下面的 HQL 查询语句。

```
from Person where name like 'tom%'
```

如果为持久化实例命名了别名，则应该使用完整的属性名。

```
from Person as p where p.name like "tom%"
```

复合属性表达式加强了 where 子句的功能，例如如下 HQL 查询语句。

```
from Person p where p.address.country like "us%"
```

2. 查询条件中的表达式

HQL 的功能非常丰富，where 子句后支持的运算符异常丰富，不仅包括 SQL 的运算符，还包括 EJB-QL 的运算符等。HQL 查询语句中允许使用大部分 SQL 支持的表达式。

（1）数学运算符+、-、*、/ 等。

（2）二进制比较运算符=、>=、<=、<>、!=、like 等。

（3）逻辑运算符 and、or、not 等。

（4）in、not in、between、is null、is not null、is empty、is not empty、member of 和 not member of 等。

例如：

```
...
Session session=HibernateSessionFactory.getSession();
Transaction ts=session.beginTransaction();
//查询这样的课程信息，课程名为"计算机基础"或"数据结构"，且学时在 40～60 之间
Query query=session.createQuery("from Kcb where (xs between 40 and 60) and
kcm in('计算机基础','数据结构')");
List list=query.list();
ts.commit();
HibernateSessionFactory.closeSession();
...
```

3. 用 order by 子句排序

查询返回的列表(list)可以根据类或组件属性的任何属性进行排序，例如：

```
from Person as p
order by p.name, p.age
```

还可使用 asc 或 desc 关键字指定升序或降序的排序规则，例如：

```
from Person as p
order by p.name asc, p.age desc
```

如果没有指定排序规则，默认采用升序规则。即是否使用 asc 关键字是没有区别的，加 asc 是升序排序，不加 asc 也是升序排序。

4. 用 group by 子句分组

使用 group by 子句可以对持久化类或组件属性的属性进行分组。例如下面的 HQL 查询语句。

```
select person.age, sum(person.weight), count(person)
from Person person
group by person. age
```

5. HQL 的子查询

如果底层数据库支持子查询，则可以在 HQL 语句中使用子查询。与 SQL 中子查询相似的是，HQL 中的子查询也需要使用()括起来。例如：

```
from Person as fatPerson
where fatPerson.weight >( select avg(person.weight) from Manager person )
```

如果 select 中包含多个属性，则应该使用元组构造符。

```
from Person as p
where not ( p.name, p.age ) in (
select m.name, m.age from Manger m
)
```

9.2.2 案例

案例 1. 修改例 8.5 测试类 Test.java，要求程序能够查询课程号为“101”的课程信息，并将该课程的课程名在控制台输出来，运行的结果如图 9.2 所示。

例 9.2 Test.java

```
public class Test2 {
        public static void main(String[] args) {
            //调用 HibernateSessionFactory 的 getSession 方法创建 Session 对象
            Session session=HibernateSessionFactory.getSession();
            Transaction ts=session.beginTransaction();
            //查询课程号为 101 的课程信息
            Query query=session.createQuery("from Kc where kid=101");
            List list=query.list();
            ts.commit();
            Kc kc1=(Kc) list.get(0);
            System.out.println(kc1.getKname());
            HibernateSessionFactory.closeSession();
             }
}
```

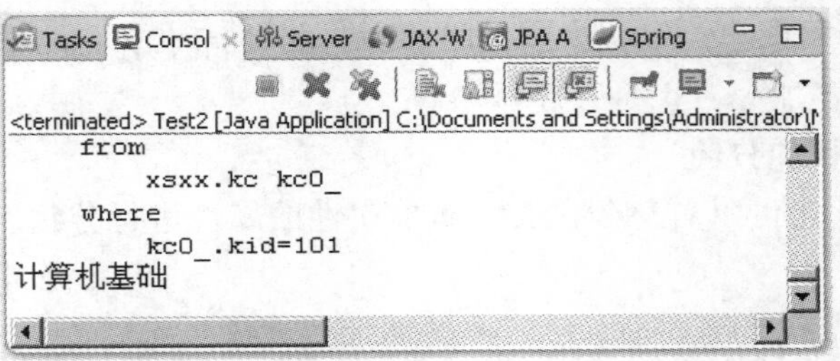

图 9.2　查询课程号为 101 的课程

案例 2．继续修改测试类 Test.java，要求程序按照指定的参数进行查询，使用“？”作为占位符，通过 query.setParameter(0, "320")将学号的值赋为“320”，也就是查询课程号是 320 的课程，运行结果如图 9.3 所示。

例 9.3　Test.java

```
public class Test2 {
        public static void main(String[] args) {
            Session session=HibernateSessionFactory.getSession();
            Transaction ts=session.beginTransaction();
            Query query=session.createQuery("from Kc where kid=?");
            query.setParameter(0, "320");
            List list=query.list();
            ts.commit();
            Kc kc1=(Kc) list.get(0);
            System.out.println(kc1.getKname());
            HibernateSessionFactory.closeSession();
            }
}
```

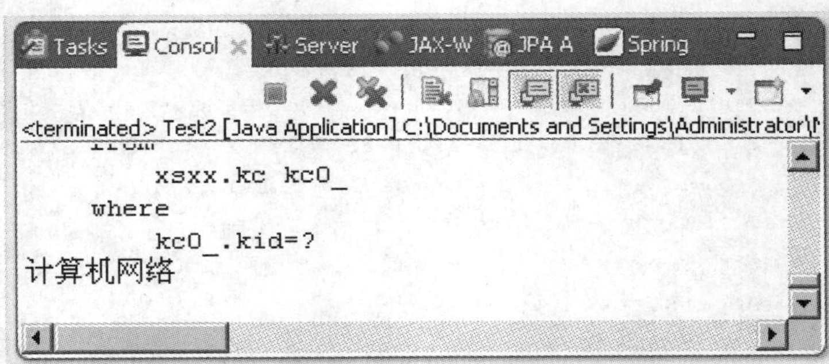

图 9.3　按指定参数查询

案例 3．继续修改测试类 Test.java，要求程序按照指定的范围运算进行查询，本例实现查询学生数在 50～60 人之间并且学分是 3 分或 4 分的课程信息，并将课程名输出来。运行结果如图 9.4 所示。

例 9.4 Test.java

```
public static void main(String[] args) {
            Session session=HibernateSessionFactory.getSession();
            Transaction ts=session.beginTransaction();
            Query query=session.createQuery("from Kc where (xs between 50
            and 60) and xf in('3','4')");
            List list=query.list();
            ts.commit();
            int i=0;
            while(list.get(i)!=null){
                Kc kc1=(Kc) list.get(i);
                System.out.println(kc1.getKname());
                i++;
            }
            HibernateSessionFactory.closeSession();
            }
}
```

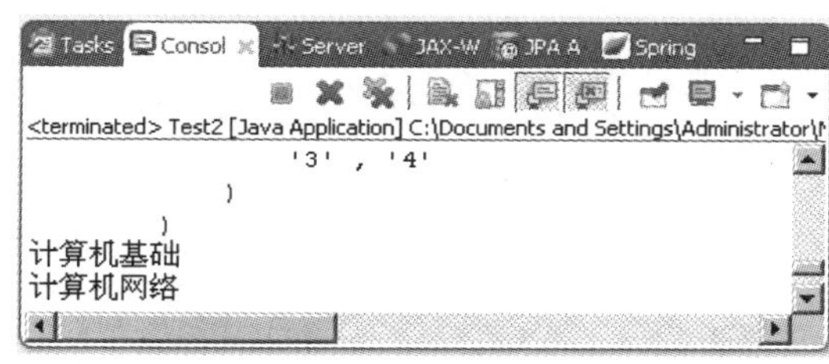

图 9.4 指定范围运算查询

9.3 分 页 查 询

9.3.1 语法介绍

在页面上查询结果时，如果数据太多，单独一个页面无法全部展示，这时采用分页显示功能。Hibernate 的 Query 实例提供了两种方法：一个是 setFirstResult（int firstResult）用于指定从哪一个对象开始查询，序号 0 代表第一个对象。另一个方式是 setMaxResults（int maxResult），用于指定一次最多查询出的对象的数目，默认为所有对象。例如下面的代码片段。

```
...
Session session=HibernateSessionFactory.getSession();
Transaction ts=session.beginTransaction();
Query query=session.createQuery("from Kc");
int pageNow=1;                                  //想要显示第几页
int pageSize=5;                                 //每页显示的条数
query.setFirstResult((pageNow-1)*pageSize);     //指定从哪一个对象开始查询
query.setMaxResults(pageSize);                  //指定最大的对象数目
List list=query.list();
```

```
    ts.commit();
    HibernateSessionFactory.closeSession();
    ...
```


9.3.2 案例

案例 1．修改例 8.5 测试类 Test.java，简单演示分页查询功能，本例要求显示第二页，每页显示三条记录。运行结果如图 9.5 所示。

例 9.5　Test.java

```
public class Test2 {
        public static void main(String[] args) {
            Session session=HibernateSessionFactory.getSession();
            Transaction ts=session.beginTransaction();
            Query query=session.createQuery("from Kc");
            int pageNow=2;                             //想要显示第几页
            int pageSize=3;                            //每页显示的条数
            query.setFirstResult((pageNow-1)*pageSize);
                                                       //指定从哪一个对象开始查询
            query.setMaxResults(pageSize);             //指定最大的对象数目
            List list=query.list();
            ts.commit();
            int i=0;
            while(list.get(i)!=null){
                Kc kc1=(Kc) list.get(i);
                System.out.println(kc1.getKname());
                i++;
            }
            HibernateSessionFactory.closeSession();
            }
}
```

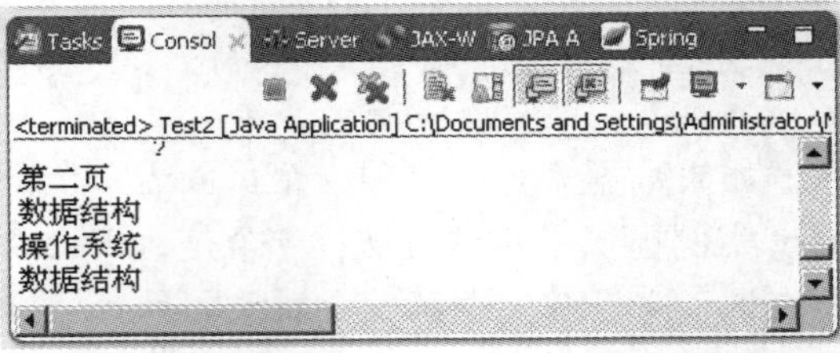

图 9.5　分页查询功能

思考与练习

1．创建一个保存图书信息的数据库。
2．使用 HQL 查询图书的信息。
3．练习使用 HQL 的排序、分组、分页查询。

第四部分　Spring 篇

第 10 章　Spring 开发

Spring 是一个开源框架，是开发者为了解决企业应用开发的复杂性问题而创建的。使用基本的 JavaBean 就可以完成由 EJB 完成的事情，完成了大量开发过程中的通用功能，大大提高了企业的开发效率。

- Spring 体系结构
- Spring 的安装与配置
- Spring IoC 的应用
- Spring AOP 的应用

10.1　Spring 结构

10.1.1　Spring 简介

Spring 由 Rod Johnson 创建的一个开源的控制反转（IoC）和面向切面（AOP）的框架。该框架使用基本的 JavaBean 就可以完成由 EJB 完成的事情。它完成大量开发中的通用步骤，解决了企业开发的复杂性，提高了企业的开发效率。

Spring 致力于 Java EE 应用各层的解决方案，而不是仅专注于某一层的解决方案，可以说 Spring 是企业应用开发的“一站式”选择，Spring 贯穿表示层、业务层和持久层，但是 Spring 并不想取代那些已有的框架，而是以高度的开发性与它们无缝整合。

Spring 容器提供了很多服务，但这些服务并不是默认为应用打开的，应用需要某种服务，还需要指明使用该服务（见图 10.1）。如果应用使用的服务很少，例如只使用了 Spring 核心服务，那么可以认为此时应用属于轻量级的，如果使用了 Spring 提供的大部分服务，这时的应用就属于重量级。

Spring 之所以被广泛应用，是因为它具有独特的地方。

（1）Spring 不同于其他的 Framework，它提供的是一种管理业务对象的方法。

（2）Spring 是全面的和模块化的，有分层的体系结构，这意味着可以选择使用它的任何一个独立的部分，并且架构仍然内在稳定。

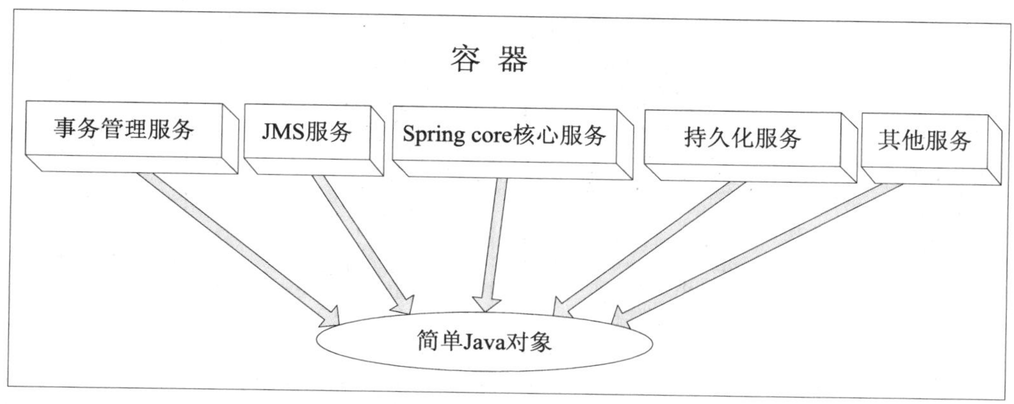

图 10.1　Spring 容器提供的服务

（3）Spring 的设计从底层开始就是要帮助开发人员编写易于测试的代码，它是使用测试驱动开发（TDD）的工程的理想框架。

（4）Spring 不会给工程添加对其他的框架依赖，同时又可以称得上是个整体解决方案，提供了一个典型应用所需要的大部分基础架构。

使用 Spring 进行项目开发可以带来以下好处。

（1）降低组件之间的耦合度，实现软件各层之间的解耦。

（2）可以使用容器提供众多服务，如事务管理服务、消息服务等。当使用容器管理事务时，开发人员不再需要手工控制事务，也不需要处理复杂的事务传播。

（3）容器提供单例模式支持，开发人员不再需要自己编写实现代码。

（4）容器提供了 AOP 技术，利用它很容易实现权限拦截、运行期监控等功能。

（5）容器提供了众多辅助类，使用这些类能够加快应用的开发，如 JdbcTemplate、HibernateTemplate。

（6）Spring 对于主流的应用框架提供了集成支持，这样更便于应用的开发。

10.1.2　Spring 体系结构

1．Spring 体系结构介绍

Spring 主要的优势是分层架构，这种架构允许组成 Spring 框架的每个模块（或组件）都可以单独存在，或者与其他一个或多个模块联合实现，为应用程序开发提供集成的框架。Spring 框架组件结构图如图 10.2 所示。

Spring 框架由 7 个模块组成，Spring 模块构建在核心容器之上，核心容器定义了创建、配置和管理 Bean 的方式。各模块的功能如下。

（1）核心容器（Spring Core）：提供 Spring 框架的基本功能，主要组件是 BeanFactory，它是工厂模式的实现。BeanFactory 使用控制反转（IoC）模式将应用程序的配置和依赖性规范与实际的应用程序代码分开。

（2）Spring 上下文：Spring 上下文是一个配置文件，向 Spring 框架提供上下文信息。Spring 上下文包括企业服务，例如 JNDI、EJB、电子邮件、国际化、校验和调度功能。

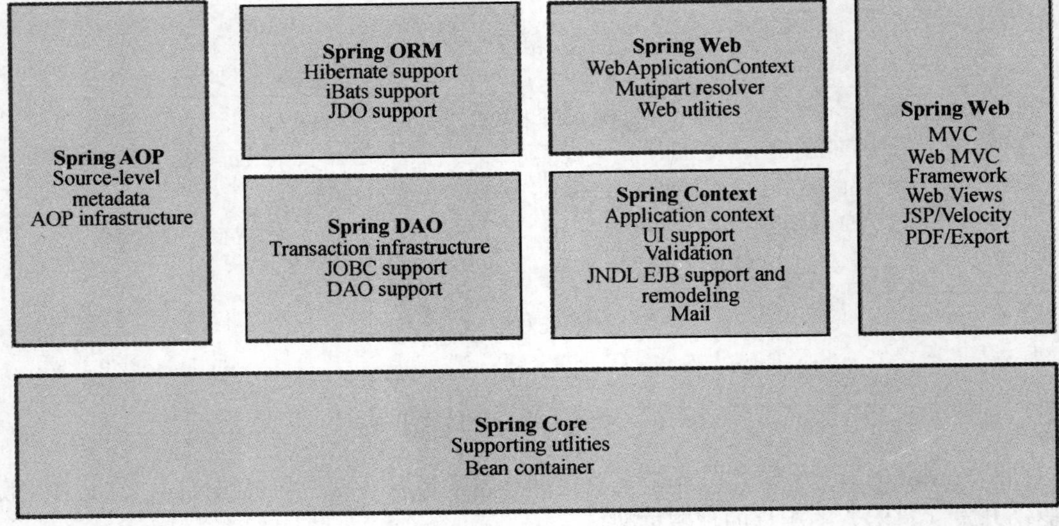

图 10.2　Spring 框架体系结构

（3）Spring AOP：通过配置管理特性，Spring AOP 模块直接将面向方面的编程功能集成到了 Spring 框架中。所以，可以很容易地使 Spring 框架管理的任何对象支持 AOP。Spring AOP 模块为基于 Spring 的应用程序中的对象提供了事务管理服务。通过使用 Spring AOP，不用依赖 EJB 组件，就可以将声明性事务管理集成到应用程序中。

（4）Spring DAO：JDBC DAO 抽象层提供了有意义的异常层次结构，可用该结构来管理异常处理和不同数据库供应商抛出的错误消息。异常层次结构简化了错误处理，并且极大地降低了需要编写的异常代码数量（例如打开和关闭连接）。Spring DAO 的面向 JDBC 的异常遵从通用的 DAO 异常层次结构。

（5）Spring ORM：Spring 框架插入了若干个 ORM 框架，从而提供了 ORM 的对象关系工具，其中包括 JDO、Hibernate 和 iBatis SQL Map。

（6）Spring Web 模块：Web 上下文模块建立在应用程序上下文模块之上，为基于 Web 的应用程序提供了上下文。所以，Spring 框架支持与 Jakarta Struts 的集成。Web 模块还简化了处理多部分请求以及将请求参数绑定到域对象的工作。

（7）Spring MVC 框架：MVC 框架是一个全功能的构建 Web 应用程序的 MVC 实现。通过策略接口，MVC 框架变成为高度可配置的，MVC 容纳了大量视图技术，其中包括 JSP、Velocity、Tiles、iText 和 POI。

Spring 框架的功能可以用在任何 Java EE 服务器中。Spring 的核心要点是：支持不绑定到特定 Java EE 服务的可重用业务和数据访问对象。毫无疑问，这样的对象可以在不同的 Java EE 环境（Web 或 EJB）、独立应用程序、测试环境之间重用。

2．Spring 中基础核心接口

1）BeanFactory

BeanFactory 是最基础最核心的接口，采用了工厂设计模式，主要负责创建和分发 Bean，Bean 工厂是一个通用的工厂，可以创建和分发各种类型的 Bean。实现该接口的常用类有 XmlBeanFactory，它根据 XML 文件中的定义装载 Bean。创建 XmlBeanFactory 的代码如下。

```
BeanFactory factory=new XmlBeanFactory(new FileInputStream
("applicationContext.xml"));
```

在创建的过程中需要传递一个 FileInputStream 对象，Bean 工厂从 XML 文件中读取 Bean 的定义信息，但是现在 Bean 工厂并没有实例化 Bean，也就是说 Bean 工厂会立即把 Bean 定义信息载入进来，但是 Bean 只有在需要的时候才被实例化。

实例化一个 Bean，需要调用 getBean()方法并在参数中传递 Bean 的名字，由于得到的是 Object 类型，所以还要进行强制类型转换。

```
MyBean myBean=( MyBean) factory. getBean("myBean");
```

2）ApplicationContext 应用上下文

BeanFactory 提供了针对 Java Bean 的管理功能，而 ApplicationContext 提供了一个更为框架化的实现。ApplicationContext 覆盖了 BeanFactory 的所有功能，此外，还提供了以下扩展功能。

（1）提供了文本信息解析工具，包括对国际化的支持。在配置文件中，对程序中的语言信息（如提示信息）进行定义，将程序中的提示信息抽取到配置文件中加以定义，为程序应用的各语言版本转换提供了极大的灵活性。

（2）支持对文件和 URL 的访问。提供了载入文本资源的通用方法，如载入图片。

（3）支持事件传播，可以向注册为监听器的 Bean 发送事件，该特性为系统中状态改变时的检测提供了良好支持。

（4）多实例加载，可以在同一个应用中加载多个 Context 实例。

ApplicationContext 和 BeanFactory 两者都能载入 Bean 定义信息，装配 Bean，根据需要分发 Bean。但是 ApplicationContext 提供了更好的功能，另外 ApplicationContext 在上下文启动后预载入所有的单实例 Bean，确保当需要的时候它们已经准备好了，应用程序不需要等待它们被创建。在实际使用中，多数应用系统都会选择 ApplicationContext，而不选择 BeanFactory。

在 ApplicationContext 的诸多实现中，有以下三个常用的实现。

实现一：使用 ClassPathXmlApplicationContext，从类路径下寻找配置文件载入上下文定义信息，把上下文定义文件当成类路径资源。

```
ApplicationContext context=new ClassPathXmlApplicationContext
("applicationContext.xml");
```

实现二：使用 FileSystemXmlApplicationContext，从文件系统路径下寻找配置文件载入上下文定义信息。

```
ApplicationContext context=
new FileSystemXmlApplicationContext ("src/applicationContext.xml");
```

实现三：使用 XmlWebApplicationContext，从 Web 系统中的配置文件载入上下文定义信息。

```
ApplicationContext context= WebApplicationContextUtils.
```

```
getWebApplicationContext (request.getSession().getServletContext ());
```

3）Bean

在 Spring 中，那些组成应用程序的主体及由 Spring IoC 容器所管理的对象被称为 Bean。简单地讲，Bean 就是由 Spring 容器初始化、装配及管理的对象。

Bean 的生命周期简单来说就是定义 Bean、初始化 Bean、调用 Bean 以及销毁 Bean。一个较为完整的 Bean 示例如下。

```
<beans>
<description>Spring Bean Configuration Sample</description>
<bean
id="TheAction"
class="net.xiaxin.spring.qs.UpperAction"
singleton="true"
init-method="init"
destroy-method="cleanup"
depends-on="ActionManager"
>
<property name="message">
<value>HeLLo</value>
</property>
<property name="desc">
<null/>
</property>
<property name="dataSource">
<ref local="dataSource"/>
</property>
</bean>
<bean id="dataSource"
class="org.springframework.jndi.JndiObjectFactoryBean">
<property name="jndiName">
<value>java:comp/env/jdbc/sample</value>
</property>
</bean>
</beans>
```

（1）id：Bean 在 BeanFactory 中的唯一标识，获取 Bean 实例时需以此作为索引名称。

（2）class：Bean 的类路径。

（3）singleton：Bean 创建模式，指定此 Java Bean 是否采用单例（singleton）模式，如果设为“true”，则在 BeanFactory 作用范围内，只维护此 Java Bean 的一个实例，代码通过 BeanFactory 获得此 Java Bean 实例的引用。反之，如果设为“false”，则通过 BeanFactory 获取此 Java Bean 实例时，BeanFactory 每次都将创建一个新的实例返回。

（4）init-method：初始化方法，此方法将在 BeanFactory 创建 JavaBean 实例之后，在向应用层返回引用之前执行。一般用于一些资源的初始化工作。

（5）destroy-method：销毁方法。此方法将在 BeanFactory 销毁的时候执行，一般用于资源释放。

（6）depends-on：Bean 依赖关系。一般情况下无须设定该属性，Spring 会根据情况组织各个依赖关系的构建工作。只有某些特殊情况下，通过 depends-on 指定其依赖关系可保证在此 Bean 加载之前，首先对 depends-on 所指定的资源进行加载。

（7）<property>元素为每个属性设置注入值。每个 Bean 通常都会有一些简单的类型成员，例如 message，通过<property>元素及<value>元素为指定的属性设置值。

（8）<value>为<property>元素指定的属性设置属性值。Spring 容器自动根据 Bean 对应的属性类型加以匹配。注意<value></value>代表一个空字符串，如果需要将属性值设定为 null，必须使用<null/>节点。

（9）<ref>指定了属性对其他 Bean 的引用关系。示例中，TheAction 的 dataSource 属性引用了 id 为 dataSource 的 Bean。程序将在运行期创建 dataSource bean 实例，并将其引用传入 TheAction Bean 的 dataSource 属性。

10.1.3 工作流程

Spring 工作流程如图 10.3 所示，Spring 工作流程时序图如图 10.4 所示。

（1）用户向服务器发送请求，请求被 Spring 前端控制 DispatcherServlet 捕获。

（2）DispatcherServlet 对请求 URL 进行解析，得到请求资源标识符（URI）。然后根据该 URI，查找相应的 HandlerMapping 接口的实现类，调用其中的方法：HandlerExecutionChain getHandler(HttpServletRequest request) throws Exception，获得该 Handler 配置的所有相关的对象（包括 Handler 对象以及 Handler 对象对应的拦截器），最后以 HandlerExecutionChain 对象的形式返回；返回的 HandlerExecutionChain 中包含零个或者是多个 Interceptor 和一个处理请求的 Handler。

（3）DispatcherServlet 根据获得的 Handler，选择一个合适的 HandlerAdapter。如果成功获得 HandlerAdapter 后，此时将开始执行拦截器的 preHandler()方法。

（4）提取 Request 中的模型数据，填充 Handler 入参，开始执行 Handler（Controller)，这个 Handler 是具体处理请求的代码所驻留的地方。在填充 Handler 的入参过程中，根据开发人员的配置，Spring 将帮助做一些额外的工作。

① HttpMessageConveter：将请求消息（如 JSON、XML 等数据）转换成一个对象，将对象转换为指定的响应信息。

② 数据转换：对请求消息进行数据转换。如 String 转换成 Integer、Double 等。

③ 数据格式化：对请求消息进行数据格式化。如将字符串转换成格式化数字或格式化日期等。

④ 数据验证：验证数据的有效性（长度、格式等），验证结果存储到 BindingResult 或 Error 中。

（5）Handler 执行完成后，向 DispatcherServlet 返回一个 ModelAndView 对象。如果在 Hander 中处理请求时抛出异常，DispatcherServlet 会查找 HandlerExceptionResolver 接口的具体实现，该接口定义了一个方法：ModelAndView resolveException(HttpServletRequest

request, HttpServletResponse response, Object handler, Exception ex)，实现类需要实现该方法以便对异常进行处理，最后该方法返回一个 ModelAndView 对象。

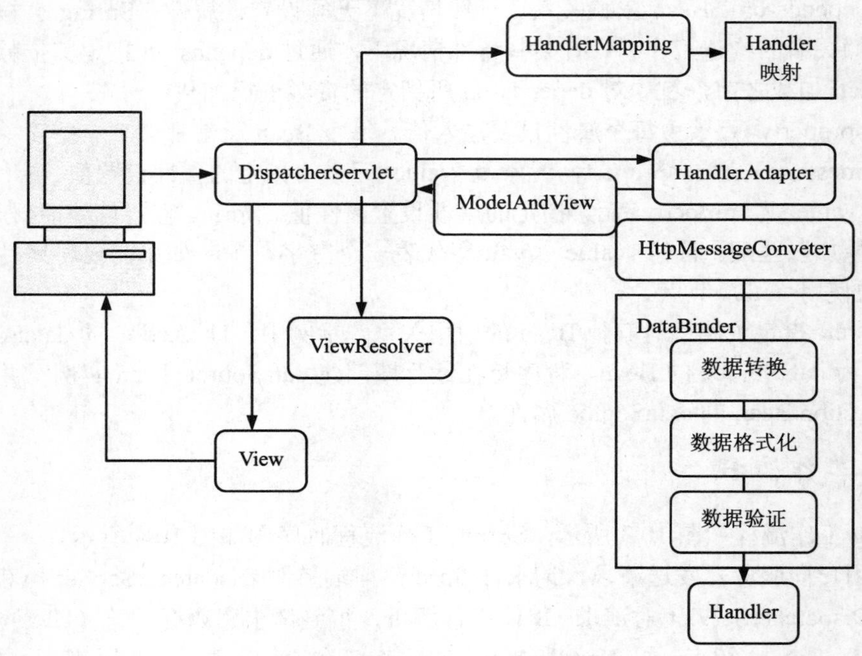

图 10.3　Spring 工作流程图

（6）根据返回的 ModelAndView，选择一个适合的 ViewResolver（必须是已经注册到 Spring 容器中的 ViewResolver)返回给 DispatcherServlet。

（7）ViewResolver 结合 Model 和 View，来渲染视图。DispatcherServlet 会根据所返回的 ModelAndView 对象所包含的信息进行视图的渲染。

首先 DispatcherServlet 会根据 LocaleResolver 来识别请求中的 Locale，开发人员可以自己实现 LocaleResolver 接口，然后通过 IoC 注入到 DispatcherServlet 中，然后 DispatcherServlet 会判断 ModelAndView 中是否已经包含接口 View 的具体实现，如果包含，则直接调用 View 中的方法 render(Map model, HttpServletRequest request, HttpServletResponse response)。如果不包含，则说明该 ModelAndView 只是包含 View 的名称引用，DispatcherServlet 会调用 ViewResolver 中的 resolveViewName(String viewName, Locale locale)来解析其真正的视图。该方法会返回一个 View 的具体实现。

Spring 支持多种视图技术，其中比较常用的包括 Jstl 视图，Veloctiy 视图，FreeMarker 视图等。对 Jstl 视图的渲染 Spring 是通过 JstlView 这个类具体实现的。事实上其最终的渲染是交给容器来做的，Spring 只是通过 RequestDispatcher 实现了服务器内部请求的 Forward。而对于模板视图，如 Veloctiy 和 FreeMarker 等，Spring 会初始化其相应的模板引擎，由模板引擎生成最终的 HTML 页面然后再合并到 Response 的输出流中。

（8）将渲染结果返回给客户端。

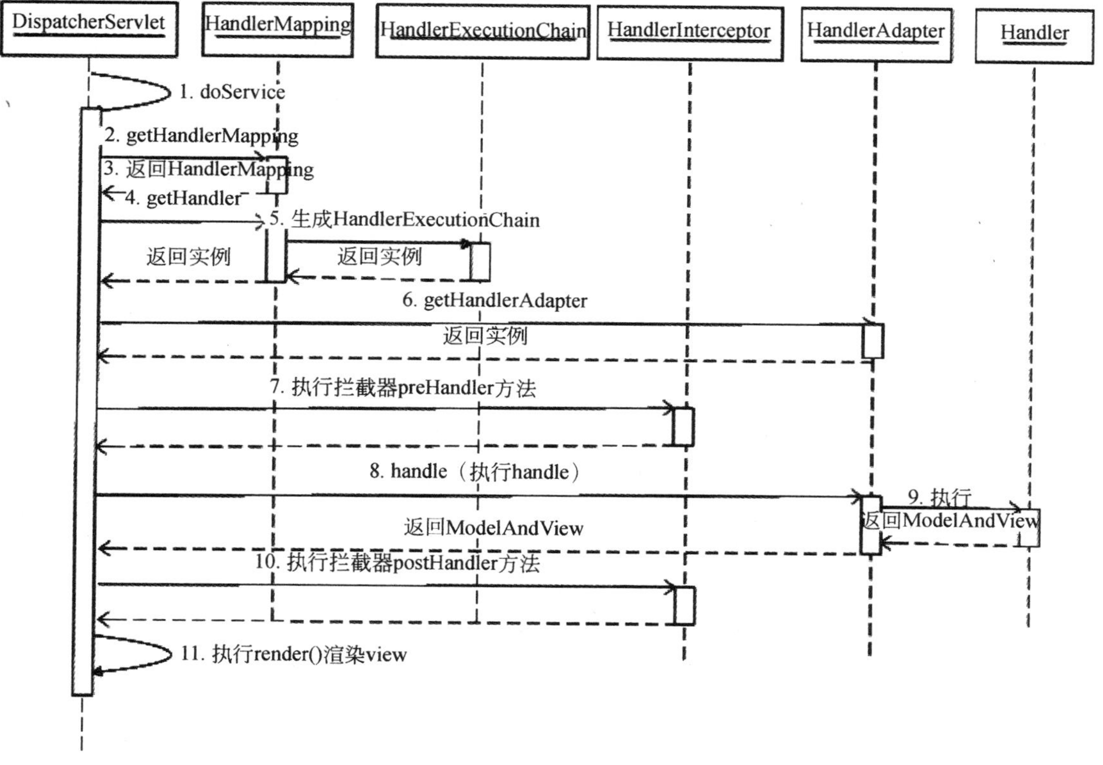

图 10.4　Spring 工作流程时序图

10.1.4　安装与配置

由于本书使用 MyEclipse 2015 作为开发工具，可以通过菜单的方式添加 Spring 框架。打开 MyEclipse 2015，新建一个 Web 项目，命名为“SpringTest”，如图 10.5 所示。

创建好项目以后，用鼠标右键单击项目名，在弹出的菜单中选择 MyEclipse，然后选择 Project Facets[Capabilities]菜单，最后选择 Install Spring Facet（见图 10.6），出现安装 Spring 的工程配置窗口，如图 10.7 所示。

在图 10.7 中选择默认值，Spring 版本为 Spring4.1，然后单击 Next 按钮。

在出现的添加 Spring 功能窗口（见图 10.8）中，所有的选项都选上，Bean configuration type 选择 New，applicationContext.xml 是 Spring 的核心配置文件。然后单击 Next 按钮，出现添加 Spring 类库的窗口，如图 10.9 所示，根据实际情况选择需要的类库，最后单击 Finish 按钮完成。

Spring 框架添加完成后，展开项目名，可以看到 Spring 的相关类库已经添加到当前项目 SpringTest 中了，见图 10.10。

打开项目 SpringTest 下的 Spring Beans 文件夹，可以看到配置文件 ApplicationContext.xml，该文件是 Spring 中的核心文件，里面默认生成的代码如下。

```
<?xml version="1.0" encoding="UTF-8"?>
<beans
```

```
      xmlns="http://www.springframework.org/schema/beans"
      xmlns:xsi="http://www.w3.org/2001/XMLSchema-instance"
      xmlns:p="http://www.springframework.org/schema/p"
      xsi:schemaLocation="http://www.springframework.org/schema/beans http://
      www.springframework.org/schema/beans/spring-beans-4.1.xsd">
</beans>
```

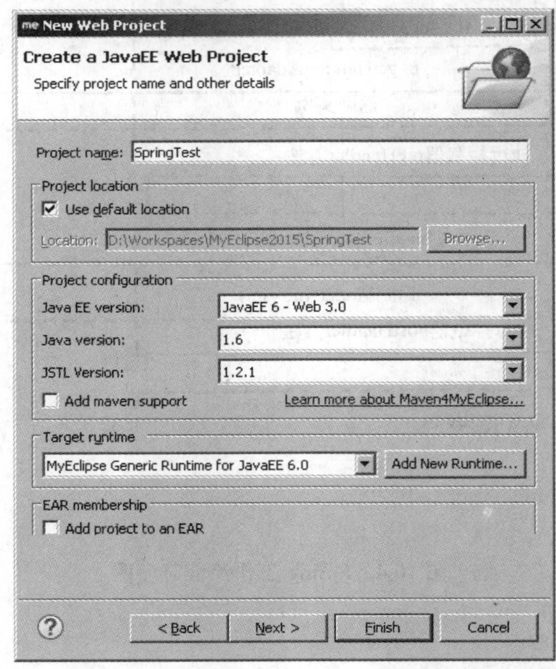

图 10.5　新建一个 Web 项目

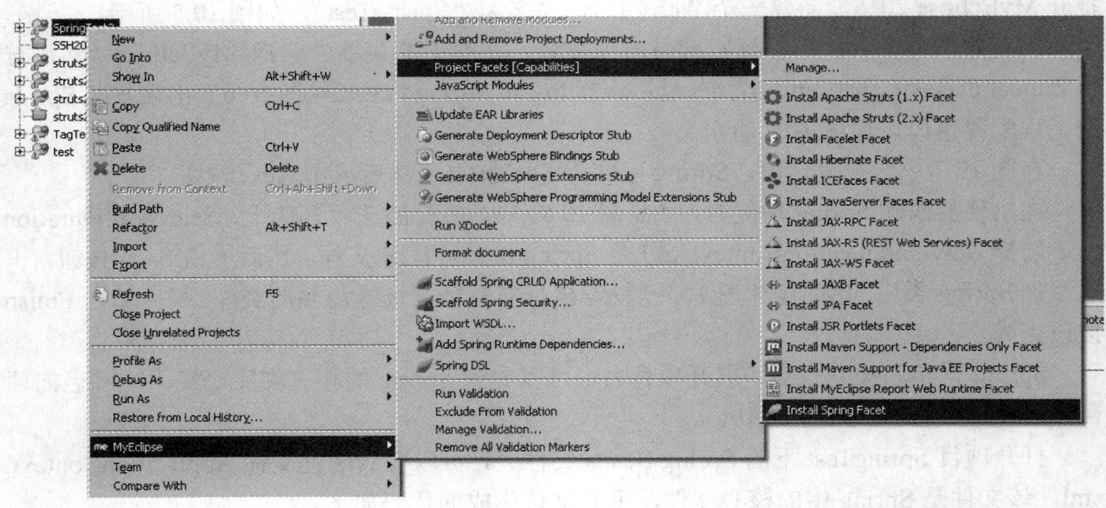

图 10.6　添加 Spring 框架

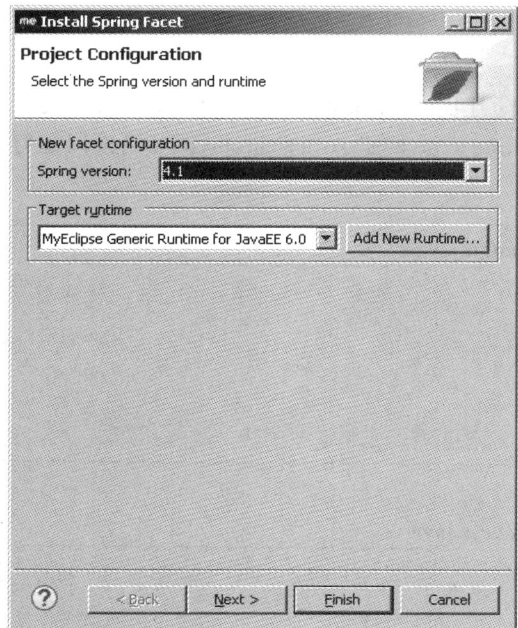

图 10.7　安装 Spring 工程配置

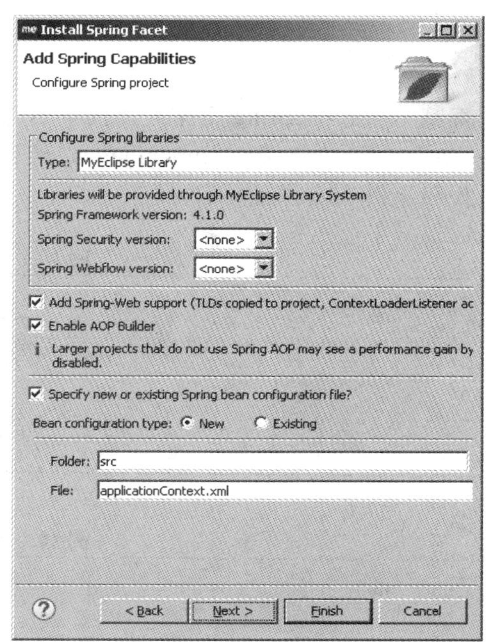

图 10.8　添加 Spring 功能

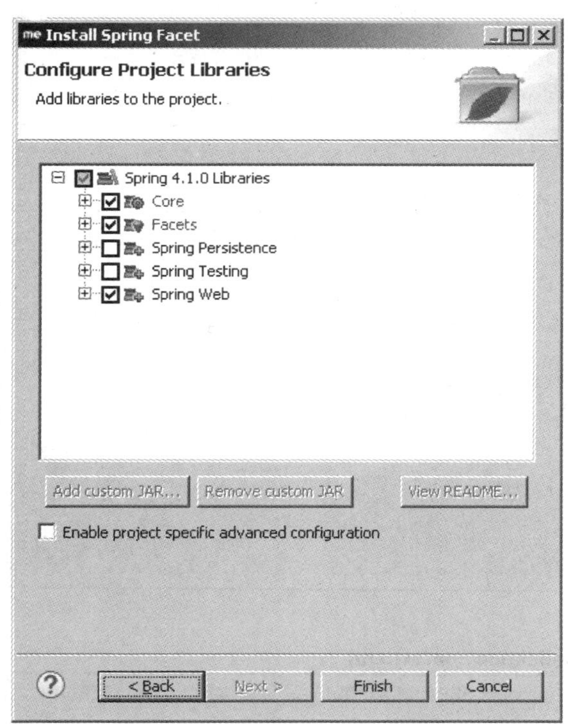

图 10.9　添加类库

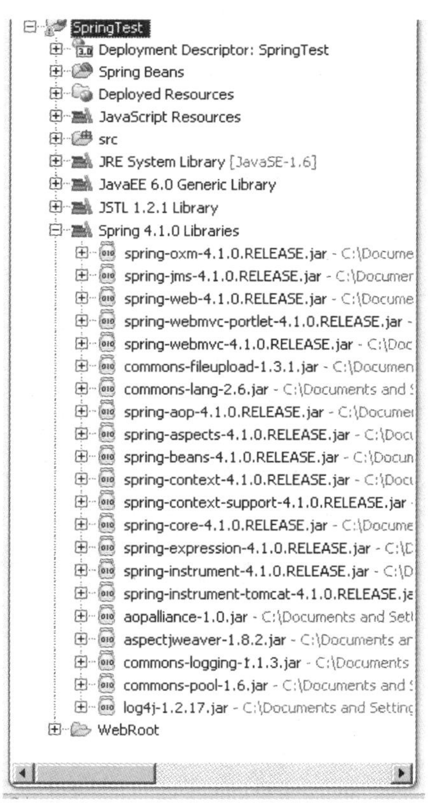

图 10.10　Spring 安装成功

10.1.5 案例

案例 1．使用 Spring 框架开发简单示例。打开项目 SpringTest，在 src 文件夹下建立包 com，在该包下建立接口 Human.java，建立 Chinese.java 和 American.java 对该接口进行实现。代码见例 10.1。

例 10.1　Human.java

```
package com;
public interface Human {
    void cook();
    void talk();
}
```

例 10.1　Chinese.java

```
package com;
import com.Human;
public class Chinese implements Human{
    public void cook() {
        System.out.println("中国人会做很多美食！");
    }
    public void talk() {
        System.out.println("中国人说汉语！");
    }
}
```

例 10.1　American.java

```
package com;
import com.Human;
public class American implements Human{
    public void cook() {
        System.out.println("美国人会做西餐！");
    }
    public void talk() {
        System.out.println("美国人说英语！");
    }
}
```

例 10.1　applicationContext.xml

```
<?xml version="1.0" encoding="UTF-8"?>
<beans
    xmlns="http://www.springframework.org/schema/beans"
```

```
    xmlns:xsi="http://www.w3.org/2001/XMLSchema-instance"
    xmlns:p="http://www.springframework.org/schema/p"
    xsi:schemaLocation="http://www.springframework.org/schema/beans
    http://www.springframework.org/schema/beans/spring-beans-4.1.xsd">
<bean id="chinese" class="com.Chinese"></bean>
    <bean id="american" class="com.American"></bean>
</beans>
```

然后在 src 下建包 test，在该包内建立 Test 测试类，代码如下。

例 10.1　Test.java

```
package test;
import org.springframework.context.ApplicationContext;
import org.springframework.context.support.FileSystemXmlApplicationContext;
import com.Human;
public class Test {
    public static void main(String[] args) {
        ApplicationContext ctx=
            new FileSystemXmlApplicationContext("src/applicationContext.
            xml");
           Human human = null;
        human = (Human) ctx.getBean("chinese");
        human.cook();
        human.talk();
        human = (Human) ctx.getBean("american");
        human.cook();
        human.talk();
    }
}
```

单击菜单项 Run 直接运行 Test 程序可看出结果，如图 10.11 所示。

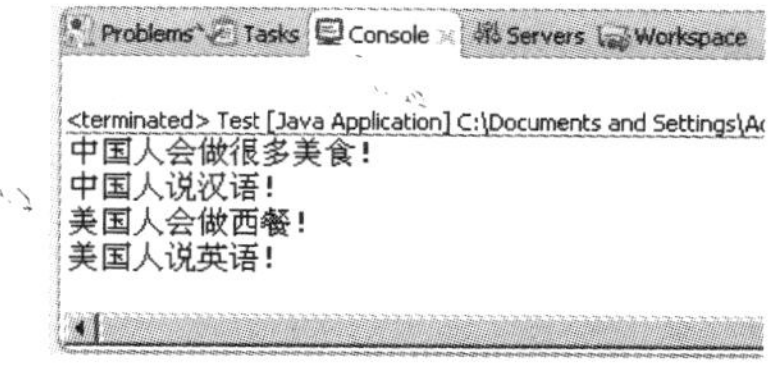

图 10.11　运行结果截图

从这个程序可以看到，通过配置文件创建对象 ctx，相当于传统项目中的 Factory 工厂。

10.2　Spring IoC

Spring 的核心是 IoC(Inversion of Control)，IoC 是指在系统运行中，通过 DI(Dependency

Injection，依赖注入）动态地向某个对象提供它所需要的其他对象，就是由 Spring 来负责控制对象的生命周期和对象间的关系。通过这种方式，Spring 将各层的对象以松耦合的方式组织在一起，各层对象的调用完全面向接口，能有效地组织 Java EE 应用各层的对象，不管是控制层的对象，还是业务层的对象，还是持久层的对象，都可以有机地协调和运行。

10.2.1 IoC 简介

1996 年，Michael Mattson 在一篇有关探讨面向对象框架的文章中，首先提出了 IoC 这个概念。IoC 中文含义就是控制反转，当一个对象需要另一个对象时，传统的程序设计过程中，通常由调用者来创建被调用者的实例，但在 Spring 里，创建被调用者实例的工作不再由调用者来完成，因此称为控制反转；创建被调用者实例的工作通常由 Spring 容器来完成，然后注入调用者，因此也称为依赖注入。

IoC 容器就是具有依赖注入功能的容器，IoC 容器负责实例化、定位、配置应用程序中的对象及建立这些对象间的依赖。应用程序无须直接在代码中 new 相关的对象，应用程序由 IoC 容器进行组装，在运行的过程中，如果需要调用另一个对象协助时，无须在代码中创建被调用者，而是依赖外部的注入。

IoC 的原理是基于面向对象(OO)设计原则的 The Hollywood Principle：Don't call us, we'll call you（别找我，我会来找你的）。也就是说，所有的组件都是被动的，所有的组件初始化和调用都由容器负责。组件处在一个容器当中，由容器负责管理，也就是由容器控制程序之间的关系，控制权由应用代码中转到了外部容器，控制权进行了转移。

简单来说就是把复杂系统分解成相互合作的对象，这些对象类通过封装以后，内部实现对外部是透明的，从而降低了解决问题的复杂度，而且可以灵活地被重用和扩展。IoC 理论提出的观点大体是这样的：借助于“第三方”实现具有依赖关系的对象之间的解耦，即把各个对象类封装之后，通过 IoC 容器来关联这些对象类。这样对象与对象之间就通过 IoC 容器进行联系，但对象与对象之间并没有什么直接联系。比如对象 A 需要操作数据库，以前总是要在 A 中自己编写代码来获得一个 Connection 对象，有了 Spring 只需要告诉 Spring，A 中需要一个 Connection，至于这个 Connection 怎么构造，何时构造，A 不需要知道。在系统运行时，Spring 会在适当的时候制造一个 Connection，然后注射到 A 当中，这样就完成了对各个对象之间关系的控制，如图 10.12 所示。

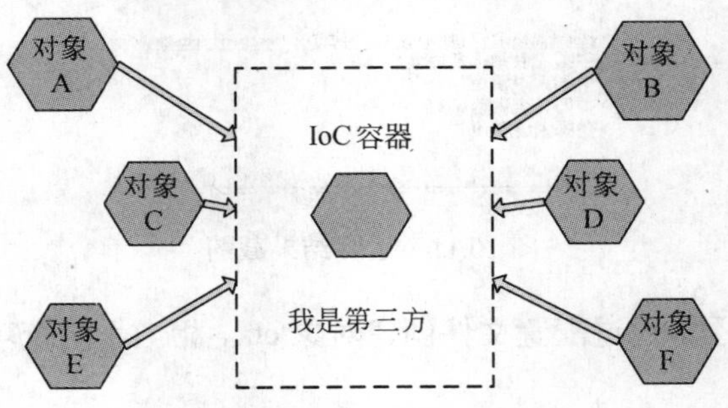

图 10.12 对象之间的关系

IoC 要求容器尽量不要侵入应用程序，不应该出现与容器相依赖的 API，应用程序本身可以依赖于抽象的接口，容器可以通过这些抽象接口将所需的资源注入到应用程序中，应用程序不向容器主动要求资源，因此不会依赖于容器特定 API，应用程序不会意识到正被容器使用，可以随时从容器系统中脱离，转移至其他的容器或框架而不用做任何的修改。

Spring 应用配置文件 applicationContext.xml 提供依赖注入方式。通过读取配置文件中的配置元数据对应用中的各个对象进行实例化及装配。而且 Spring 与配置文件完全解耦的，可以使用其他任何可能的方式进行配置元数据，然后注入到对象中去。Spring 的依赖注入对被调用者和调用者几乎没有任何要求，完全支持 POJO 之间依赖关系的管理。依赖注入通常有以下两种方式。

1．setter 方法注入

对于 JavaBean 对象来说，通常会通过 setXXX()和 getXXX()方法来访问对应属性。这些 setXXX()方法统称为 setter 方法，getXXX()方法统称为 getter 方法。通过 setter 方法，可以更改相应的对象属性，通过 getter 方法，可以获得相应属性的状态。所以，当前对象只要为其依赖对象所对应的属性添加 setter 方法，就可以通过 setter 方法将相应的依赖对象设置到被注入对象中。

例 10.2 代码定义一个 Bean，Man 类定义了三个属性，name、age 和 sex，并分别提供了对应的 setter 方法。

例 10.2　带有设值方法的 Bean

```
package com;
public class Man  {
    String name;
    int age;
    String sex;
    public void setName(String name) {
        this.name=name;
    }
    public String getName() {
        return name;
    }
    public void setAge(String age) {
        this.age=age;
    }
    public String getAge() {
        return age;
    }
    public void setSex(String sex) {
        this.sex=sex;
    }
    public String getSex() {
        return sex;
    }
}
```

在 Spring 应用配置文件中，使用<bean>的子元素<property>来为每个属性设置注入值。每个 Bean 通常都会有一些简单的类型成员，如例 10.2 中的 name、age 和 sex，通过<property>元素的<value>可以设置这些基本类型的属性值，如下面代码所示。

```
<bean id="man" class="com.Man">
<property name="name">
    <value>kitty</value>
</property>
<property name="age">
    <value>6</value>
</property>
<property name="sex">
    <value>女</value>
</property>
</bean>
```

Bean 的每个属性对应一个<property>标记，name 表示 Bean 中属性的名称，value 就是赋的属性值。

setter 方法注入可以自定义命名，所以 setter 方法注入在描述性上要好一些。另外，setter 方法可以被继承，允许设置默认值，而且有良好的 IDE 支持。缺点就是对象无法在构造完成后马上进入就绪状态。

2. 构造方法注入

顾名思义，构造方法注入，就是被注入对象可以通过在其构造方法中声明依赖对象的参数列表，让外部（通常是 IoC 容器）知道它需要哪些依赖对象。例如：

```
package com;
public class Animal {
    String name;
    int age;
    public Animal (String name, int age)
    {  .
        this.name = name;
        this.age = age;
    }
    …
}
```

使用构造方法注入来配置这个 Bean，主要使用<constructor-arg>标记来定义构造方法的参数，使用<value>设置这些参数的值。代码如下面所示。

```
<bean id="animal " class="com.Animal">
<constructor-arg>
    <value>dog</value>
</constructor-arg>
<constructor-arg>
```

```
        <value>two</value>
    </constructor-arg>
    </bean>
```

通过这种配置方式，当调用 getBean(animal)方法时就能够从 Spring 容器中取得 Animal Bean，但是需要注意的是，参数的顺序要保持和定义的顺序一致，如果将两个参数颠倒过来，那么程序就会报异常。

使用构造方法注入，IoC 容器会检查被注入对象的构造方法，取得它所需要的依赖对象列表，进而为其注入相应的对象。同一个对象是不可能被构造两次的，因此，被注入对象的构造乃至其整个生命周期，应该是由 IoC 容器来管理的。

构造方法注入方式比较直观，这种注入方式的优点就是：对象在构造完成之后，即已进入就绪状态，可以马上使用。缺点就是：当依赖对象比较多的时候，构造方法的参数列表会比较长。而通过反射构造对象的时候，对相同类型的参数的处理会比较困难，维护和使用上也比较麻烦。而且在 Java 中，构造方法无法被继承，无法设置默认值。对于非必需的依赖处理，可能需要引入多个构造方法，而参数数量的变动可能造成维护上的不便。

使用 IoC 的好处如下。

（1）可维护性比较好，非常便于进行单元测试，便于调试程序和诊断故障。代码中的每一个 Class 都可以单独测试，彼此之间互不影响，只要保证自身的功能无误即可，这就是组件之间低耦合或者无耦合带来的好处。

（2）每个开发团队的成员都只需要关注自己要实现的业务逻辑，完全不用去关心其他人的工作进展，因为你的任务跟别人没有任何关系，你的任务可以单独测试，你的任务也不用依赖于别人的组件，再也不用扯不清责任了。所以，在一个大中型项目中，团队成员分工明确、责任明晰，很容易将一个大的任务划分为细小的任务，开发效率和产品质量必将得到大幅度的提高。

（3）可复用性好，可以把具有普遍性的常用组件独立出来，反复应用到项目中的其他部分，或者是其他项目，当然这也是面向对象的基本特征。显然，IoC 更好地贯彻了这个原则，提高了模块的可复用性。符合接口标准的实现，都可以插接到支持此标准的模块中。

（4）IoC 生成对象的方式转为外置方式，也就是把对象生成放在配置文件里进行定义，这样，当需要更换一个实现子类将会变得很简单，只要修改配置文件就可以了，完全具有插拔的特性。

10.2.2 案例

案例 1. 本例练习使用 setter 方法注入，首先创建一个 Web 项目，并添加 Spring 功能，然后定义一个关于人类的接口 Human.java，定义语言接口 Language.java，代码见例 10.3。

例 10.3 Human.java

```
package com;
public interface Human {
    void speak();
}
```

例 10.3　Language.java

```
package com;
public interface Language {
    public String kind();
}
```

Language 是接口，需要定义一个类来实现该接口，English.java 是 Language 的实现类。

例 10.3　English.java

```
package com;
public class English implements Language{
    public String kind() {
        return "中国人也会说英语！";
    }
}
```

Chinese.java 是 Human 的实现类。

例 10.3　Chinese.java

```
package com;
import com.Human;
public class Chinese implements Human{
    private Language lang;
    public void setLang(Language lang) {
        this.lang = lang;
        }
    public Language getLang() {
        return lang;
        }
    public void speak() {
        System.out.println(lang.kind());
    }
}
```

可以看出，在 Human 的实现类里面，要用到 Language 的对象，下面通过 Spring 的配置文件来完成其对象的注入。

例 10.3　ApplicationContext.xml

```
<?xml version="1.0" encoding="UTF-8"?>
<beans
    xmlns="http://www.springframework.org/schema/beans"
    xmlns:xsi="http://www.w3.org/2001/XMLSchema-instance"
    xmlns:p="http://www.springframework.org/schema/p"
```

```
    xsi:schemaLocation="http://www.springframework.org/schema/beans
    http://www.springframework.org/schema/beans/spring-beans-4.1.xsd">
<bean id="chinese" class="com.Chinese">
        <!-- property 元素用来注定需要容器注入的属性, lang 属性需要容器注入
            ref 就指向 lang 注入的 id -->
        <property name="lang" ref="english"></property>
    </bean>
    <!-- 注入 english -->
    <bean id="english" class="com.English"></bean>
</beans>
```

每个 Bean 的 id 属性是该 Bean 的唯一标识，程序通过 id 属性访问 Bean。而且 Bean 与 Bean 的依赖关系也通过 id 属性关联。测试代码见 Test.java。运行结果如图 10.13 所示。

例 10.3　Test.java

```
package test;
import org.springframework.context.ApplicationContext;
import org.springframework.context.support.FileSystemXmlApplicationContext;
import com.Human;
public class Test {
    public static void main(String[] args) {
        ApplicationContext ctx = new FileSystemXmlApplicationContext
        ("src/applicationContext.xml");
            Human human = null;
            human = (Human) ctx.getBean("chinese");
            human.speak();
    }
}
```

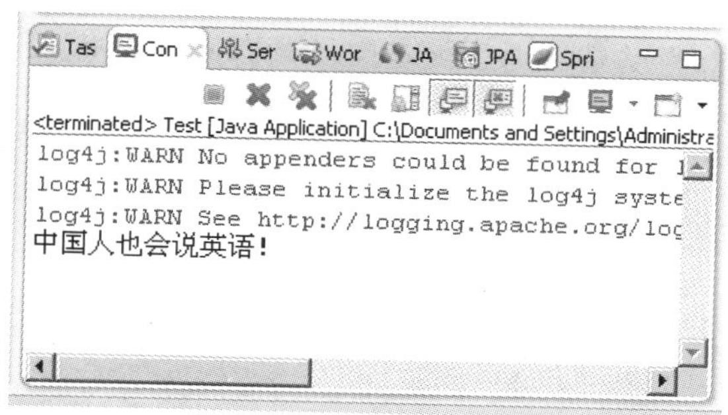

图 10.13　setter 方法注入

案例 2. 本例练习使用构造方法注入。只要对上例中的 Chinese 类进行简单的修改，将

```
public void setLang(Language lang) {
        this.lang = lang;
```

```
        }
    public Language getLang() {
        return lang;
}
```

改成

```
public Chinese(Language lang){
        this.lang=lang;
}
```

完整的代码如下。

```
package com;
import com.Human;
public class Chinese implements Human{
    private Language lang;
    public Chinese(){};
    //构造注入所需要的带参数的构造函数
    public Chinese(Language lang){
        this.lang=lang;
    }
    public void speak() {
        System.out.println(lang.kind());
    }
}
```

配置文件 ApplicationContext.xml 修改为：

```
<?xml version="1.0" encoding="UTF-8"?>
<beans
    xmlns="http://www.springframework.org/schema/beans"
    xmlns:xsi="http://www.w3.org/2001/XMLSchema-instance"
    xmlns:p="http://www.springframework.org/schema/p"
    xsi:schemaLocation="http://www.springframework.org/schema/beans
    http://www.springframework.org/schema/beans/spring-beans-4.1.xsd">
    <!-- 定义第一个 Bean，注入 Chinese 类对象 -->
    <bean id="chinese" class="com.Chinese">
    <!-- 使用构造注入，为 Chinese 实例注入 Language 实例 -->
        <constructor-arg ref="english"></constructor-arg>
    </bean>
    <!-- 注入 english -->
    <bean id="english" class="com.English"></bean>
</beans>
```

其他程序不用修改，运行结果如图 10.14 所示，与上个例子输出结果相同。

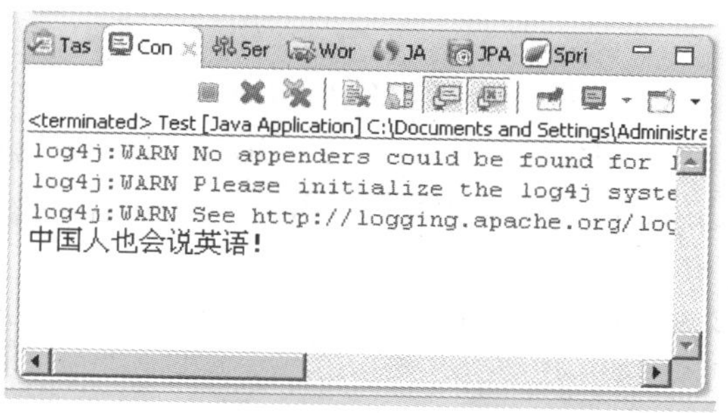

图 10.14　构造方法注入

10.3　Spring AOP

10.3.1　AOP 简介

AOP（Aspect Oriented Programming，面向切面编程），也叫面向方面编程，是目前软件开发中的一个热点，也是Spring框架中的一个重要内容。利用 AOP 可以对业务逻辑的各个部分进行隔离，从而使得业务逻辑各部分之间的耦合度降低，提高程序的可重用性，同时提高了开发的效率。AOP 基于 IoC 基础，是对 OOP 的有益补充。

面向切面编程常用于日志记录，性能统计，安全控制，权限管理，事务处理，异常处理，资源池管理。

AOP 将应用系统分为两部分，核心业务逻辑及横向的通用逻辑，也就是所谓的方面。例如，所有大中型应用都要涉及的持久化管理（Persistent）、事务管理（Transaction Management）、安全管理（Security）、日志管理（Logging）和调试管理（Debugging）等。

AOP 正在成为软件开发的下一个光环。使用 AOP，可以将处理 Aspect 的代码注入主程序，通常主程序的主要目的并不在于处理这些 Aspect。

Spring 框架是很有前途的 AOP 技术。作为一种非侵略性的、轻型的 AOP 框架，无须使用预编译器或其他的元标签，便可以在 Java 程序中使用它。这意味着开发团队里只需一人要对付 AOP 框架，其他人还是像往常一样编程即可。

下面介绍 AOP 重要的概念。

1. 切面

官方的抽象定义为：一个关注点的模块化，这个关注点可能会横切多个对象。也就是将散落在各个业务类中的横切关注点收集起来，设计各个独立可重用的类，这种类称为切面，切面关注的是具体行为。

例如，在动态代理中将日志的动作设计为一个类。在需要这个组件的时候，就缝合到系统中，不需要的时候，马上可以从程序中脱离出来，组件类不用做任何的修改，也提高了这些组件的可重用性。

不同的 AOP 框架对 AOP 概念有不同的实现方式，主要差别在于所提供的切面的丰富程度，以及它们如何被缝合到应用程序中。“切面”在 ApplicationContext 中使用<aop:aspect>来配置。

2. 连接点

连接点是应用程序执行过程中插入切面的地点，可以是方法的调用、异常抛出或者是需要修改的字段。在这些地方将切面代码插入到应用流程中，可以添加新的行为。例如，AServiceImpl.barA()的调用或者 BServiceImpl.barB(String _msg, int _type)抛出异常等行为。

3. 通知

通知是切面的实际实现，在特定的连接点，AOP 框架执行的动作。Spring 提供了 5 种通知类型，如表 10.1 所示。

表 10.1 常用通知类型

通知类型	接口	描述
Around 环绕通知	org.aopalliance.intercept.MethodInterceptor	在目标方法执行前后调用
Before 前置通知	org.springframework.aop.MethodBeforeAdvice	在目标方法执行前调用
After 后置通知	org.springframework.aop.AfterReturningAdvice	在目标方法执行后调用
Throws 异常通知	org.springframework.aop.ThrowsAdvice	当目标方法抛出异常时调用
Introduction 引入通知		在目标类中添加一些新的方法和属性

4. 切入点

切入点定义了通知（Advice）应用的时机。通知可以应用到 AOP 框架支持的任何连接点。一般通过指定类名和方法名，或者匹配类名和方法名的正则表达式来指定切入点。有些 AOP 框架允许动态创建切入点，在运行时根据条件决定是否应用切面。

5. 引入

引入允许为已经存在的类添加新方法或字段。Spring 允许引入新的接口到任何被通知的对象。例如，可以创建一个稽查通知来记录对象的最后修改时间，只要用一个方法以及一个保存这个状态的变量，可以在不改变已存在类的情况下将这个方法与变量引用，给它们新的行为和状态。

6. 目标对象

目标对象指被通知或被代理对象。既可以是编写的类，也可以是需要添加指定行为的第三方类。如果没有 AOP，这个类就必须包含它主要逻辑以及其他交叉业务逻辑。有了 AOP，目标对象就可以完全关注主要业务，不再关注应用其上的通知。

7. AOP 代理

代理是将通知应用到目标对象后创建的对象。对于客户对象来说，目标对象（应用 AOP 之前的对象）和代理对象（应用 AOP 之后的对象）是一样的，也就是说，应用系统的其他部分不用为了支持代理对象而改变。

8. 织入

将切面应用到目标对象从而创建一个新的代理对象的过程称为织入。切面在指定接入点被织入到目标对象中。

10.3.2 案例

案例 1. 本例演示 AOP 面向切面编程，创建一个 aPerformer 类，在它的演奏方法 perform 执行前，输出观众找座位 takeSeat 和关手机 turnOffPhone，在执行后，输出观众鼓掌 applaud。

创建一个 Web 项目，命名为 SpringTest，添加 Spring 开发能力，代码见例 10.4。

例 10.4　Performer.java

```
package com;
public interface Performer{
        void perform();
}
```

定义类 aPerformer.java 实现接口 Performer，代码如下。

例 10.4　aPerformer.java

```
package com;
import com.Performer;
public class aPerformer implements Performer{
    private String name;
    public void setName(String name)
    {
        this.name=name;
    }
    public String getName()
    {
        return this.name;
    }
    public void perform()
    {
        System.out.println(this.name+" sing a song.");
    }
}
```

定义一个观众类 Audience.java，代码如下。

例 10.4　Audience.java

```
package com;
public class Audience {
    public void takeSeat()
    {
        System.out.println("The audiences take seat.");
    }
    public void turnOffPhone()
    {
        System.out.println("The audiences turn off the phone.");
    }
    public void applaud()
    {
```

```
        System.out.println("鼓掌，鼓掌...");
    }
    public void unHappy()
    {
        System.out.println("The audiences are unhappy.");
    }
}
```

修改配置文件 applicationContext.xml 的代码如下。

例 10.4 ApplicationContext.xml

```
<?xml version="1.0" encoding="UTF-8"?>
<beans
    xmlns="http://www.springframework.org/schema/beans"
    xmlns:xsi="http://www.w3.org/2001/XMLSchema-instance"
    xmlns:aop="http://www.springframework.org/schema/aop"
    xsi:schemaLocation="http://www.springframework.org/schema/beans
    http://www.springframework.org/schema/beans/spring-beans-4.1.xsd
    http://www.springframework.org/schema/aop
    http://www.springframework.org/schema/aop/spring-aop-2.0.xsd">
        <!-- AOP 学习时的配置 -->
        <bean id="aPerformer" class="com.aPerformer">
    <property name="name" value="kitty"/>
        </bean>
        <bean id="audience" class="com.Audience"/>
        <aop:config>
          <aop:aspect ref="audience">
          <aop:before method="takeSeat" pointcut="execution(* *.perform
          (..))"/>
          <aop:before method="turnOffPhone" pointcut="execution(* *.perform
          (..))"/>
          <aop:after-returning method="applaud" pointcut="execution
          (* *.perform(..))"/>
          <aop:after-throwing method="unHappy" pointcut="execution
          (**.perform(..))"/>
          </aop:aspect>
      </aop:config>
      <!-- AOP 学习时的配置 -->
    </beans>
```

编写测试程序 AopTest.java，代码如下。

例 10.4 AopTest.java

```
package test;
import org.springframework.context.ApplicationContext;
import org.springframework.context.support.FileSystemXmlApplicationContext;
import com.Performer;
```

```
public class AopTest {
        public static void main(String[] args)
            {
            ApplicationContext ctx=new FileSystemXmlApplicationContext
            ("src/applicationContext.xml");
                Performer per=(Performer)ctx.getBean("aPerformer");
            per.perform();
            }
}
```

运行该程序，结果如图 10.15 所示。

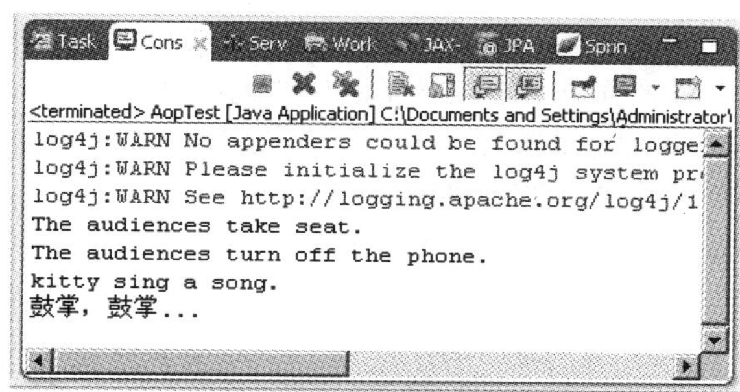

图 10.15　面向切面编程

思考与练习

1．简述 Spring 体系结构。
2．简述 Struts2、Hibernate 和 Spring 的各自特点。
3．什么是 Spring IoC？

第 11 章 综合案例

在前面章节中介绍了 Struts2、Hibernate 和 Spring 框架的理论知识，每种框架都有各自的特点和优势。在实际项目开发应用中，常常将它们结合起来，利用它们的优势。本章将实现 Struts2、Hibernate 和 Spring 框架的整合，开发并实现酒店管理系统，从需求分析开始，然后介绍数据库的实现，重点介绍框架的整合过程。

- 系统开发的流程
- 系统的需求分析
- 系统的数据库设计
- 框架的整合过程
- 系统模块的实现

11.1 系统分析

酒店作为一个成熟的产业，如果不使用酒店管理系统，全凭原始的手工记录管理，效率低、易出错，本系统的总目标是为用户提供迅速、高效的服务，减免手工处理的烦琐与误差，及时、准确地反映酒店的工作情况、经营情况，从而提高酒店的服务质量，获得更好的经济效益，实现客房管理的规范化、自动化。

通过分析，本系统主要完成客人的预订房间、操作员登记客人信息、按照客人要求选择房间、调整房间，以及客人离开酒店时的退房、结账功能，具体的功能如下。

(1) 系统应该为本店所提供的客房信息建立档案，包括客房编号、类别、单价和当前状态。对客房的信息能进行添加、修改、删除和查询等操作。

(2) 当有顾客入住酒店时，系统应该提供当前的客房状态给顾客，当顾客入住后需要对顾客的入住信息进行入库管理，包括顾客的个人信息以及入住的具体时间，同时需要对客房的状态进行同步更新。

(3) 当顾客退房时，系统应该对退房的信息进行入库管理，删除对应的入住信息，修改客房状态，并自动结算出顾客应该支付的住宿费用，并将现金收入情况入库。

(4) 当有顾客预订房间的时候，系统应该对房间的信息进行入库管理，修改房间的状态，保存顾客的信息和预订的信息。

（5）当有顾客需要调房的时候，系统应该先记录客人的费用，然后再保存顾客信息，同时对以前的房间和现在的房间状态进行修改。

（6）当顾客退房时应该保存顾客退房时的信息。

（7）系统应该拥有查询所有信息的功能。

（8）系统应该拥有可以管理用户并设置用户相应权限的功能。

（9）系统应该拥有对基础数据进行维护的功能。

（10）系统应该拥有良好的扩展性。

11.2 系统功能设计

酒店管理系统是为了对酒店客房实行计算机化的管理，以提高工作效率，方便用户。系统对不同权限的系统用户集成不同的功能，例如，系统管理员可以操作系统的一切操作，如系统管理、客房管理等；操作员可以操作用户登记入住、预订房间、顾客调房等功能。本系统功能模块的设计如图 11.1 所示。

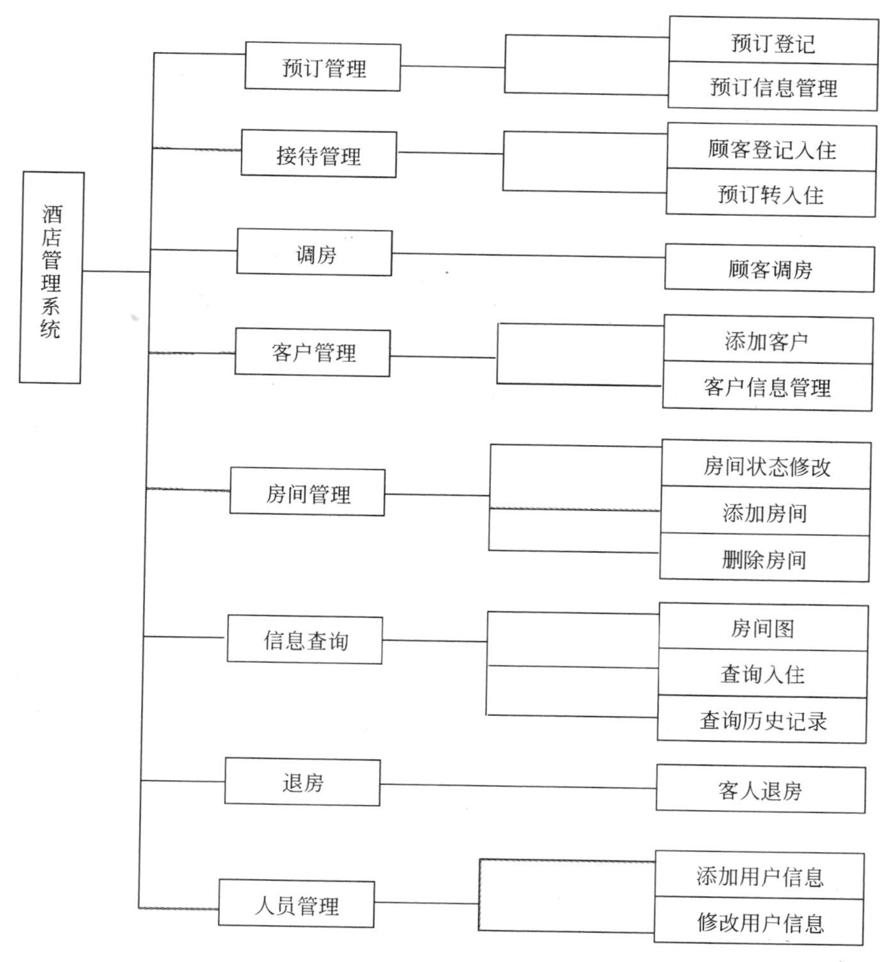

图 11.1　系统功能模块图

1. 预订管理模块

1）预订登记

系统操作员对顾客进行预订房间的登记。

2）预订信息管理

如果顾客想要修改自己预订的房间或其他信息，可以通知操作员进行修改。顾客想取消预订，可以通知管理员进行取消，如不通知系统会在晚上 12:00 自动进行取消。

2. 接待管理模块

1）顾客登记

顾客在入住房间之前需要登记顾客的相关信息。

2）顾客入住

在登记完顾客信息后可以让顾客选择房间入住。

3）预订转入住

顾客预订房间并在规定时间内来到酒店，操作员可以把预订直接转为入住。

3. 调房管理模块

顾客已经入住但想换一个房间，就可以使用此功能帮助顾客换房间，并且把此费用结算，放入下一个房间。

4. 顾客管理模块

1）添加顾客

酒店会有一些特殊的顾客，VIP 顾客、协议公司。这些顾客入住时可以给予相应的打折，也可以在外网上进行预订房间。

2）修改顾客

如果有需要可以修改顾客的信息。

3）删除顾客

当顾客想退办业务时用此功能删除顾客。

5. 房间模块

1）修改房间状态

顾客退房之后房间变成脏房，等待打扫完操作员可以用此功能把房间状态从脏房改为空闲。

2）添加房间信息

如果酒店新增加了房间，可以通过此功能添加房间信息。

3）修改房间信息

当房间信息需要修改的时候，操作员可以用此功能对房间信息进行修改。

4）删除房间

如果房间已经不能再使用或其他原因，可以删除房间信息。

6. 信息查询模块

1）房间图

这个功能可以查询房间所有的位置及房间现在的状态。

2）查询入住

可以帮助查看顾客入住的信息。

3）查询结算记录

能够查看顾客退房结算的信息。

4）查询历史入住

可以查询已经退房的相关信息。

7. 退房模块

当顾客要离开酒店的时候需要退房，使用该功能，并且把费用计算出来。

8. 人员管理模块

1）添加系统用户

该功能只有系统管理员可以使用，完成添加系统管理员和操作员的操作。

2）修改用户信息

该功能只有系统管理员可以使用，可以修改用户的信息，包括用户密码等。

3）修改当前用户密码

帮助用户修改其密码。

11.3 数据库设计

1．数据字典

数据字典通常包括数据项、数据结构、数据流、数据存储和处理过程 5 个部分。其中，数据项是数据的最小组成单位，若干个数据项可以组成一个数据结构，数据字典通过对数据项和数据结构的定义来描述数据流、数据存储的逻辑内容。

1）数据项：fj_id

含义说明：唯一标识每个房间

别名：房间编号

长度：10

取值含义：每个房间的编号

2）数据项：kh_id

含义说明：唯一标识每个顾客

别名：顾客编号

长度：10

取值含义：评审部门每个顾客的编号

3）数据项：fjlx_id

含义说明：唯一标识每个房间类型

别名：房间类型编号

长度：10

取值含义：每个房间类型的编号

4）数据项：khlx_id

含义说明：唯一标识每个顾客类别

别名：顾客类别编号

长度：10

取值含义：每个顾客的顾客类别编号

5）数据项：rz_id

含义说明：唯一标识每个顾客入住的信息

别名：入住编号

长度：10

取值含义：每个顾客入住编号

6）数据项：yd_id

含义说明：唯一标识每个顾客预订信息

别名：预订编号

长度：10

取值含义：每个预订的编号

此处仅列出了起决定作用的数据项，其余的各个数据项表现形式与之相同。

2．数据结构

1）数据结构：顾客

含义说明：是酒店管理系统的主体数据结构，定义了一个顾客的相关信息

组成：顾客编号，顾客姓名，性别，联系电话，联系地址，证件编号

2）数据结构：房间

含义说明：是酒店管理系统中的主要数据结构，定义了一个房间的相关信息

组成：房间号，房间状态，房间电话，楼层

3）数据结构：入住

含义说明：定义了顾客入住房间的有关信息

组成：打折比例，入住时间，预住天数，押金

4）数据结构：预订

含义说明：定义了顾客预订房间的有关信息

组成：预订天数，预订时间，预订押金

5）数据结构：管理员

含义说明：定义了用户归属的管理部门的有关信息

组成：管理员姓名，管理员 ID，管理员密码

由上述分析可知，各个主要实体之间的联系如下所述。

顾客与房间之间：一个顾客可以选择住多个房间，一个房间只能归属一个顾客。一个顾客可以预订多个房间，一个房间只能由一个顾客预订。

顾客与顾客类型：一个顾客只能为一种类型，一种类型可以属于多个顾客。

房间与房间类型：一个房间只能为一种类型，一种类型可以属于多个房间。

3．数据库表设计

本系统主要包含 9 个表，有存储房间信息的房间表，有存储用户信息的用户表，有顾客预订房间的预订表，有顾客入住的入住表，有包含房间类型的表，详细的见表 11.1～表 11.9。

表 11.1　房间表

字段名	说明	类型	长度	约束
Fj_id	房间号	int	10	主键
Fjlx_id	房间类型编号	int	10	外键
Fjzt	房间状态	varchar	50	不能为空
Fjdh	房间电话	int	50	
Lc	楼层	int	10	

表 11.2　顾客表

字段名	说明	类型	长度	约束
Kh_id	顾客编号	int	10	主键
Khlx_id	顾客类型编号	int	10	外键
khxm	顾客姓名	varchar	20	不能为空
xb	性别	varchar	4	不能为空
zjlx	证件类型	varchar	50	不能为空
zjbh	证件编号	varchar	50	不能为空
rs	随行人数	int	10	不能为空

表 11.3　预订表

字段名	说明	类型	长度	约束
Kh_id	顾客编号	int	10	主键
fj_id	房间号	int	10	主键
ydts	预住天数	int	10	不能为空
Ydsj	预订时间	data		不能为空
ydyj	预订押金	double	10	不能为空

表 11.4　入住表

字段名	说明	类型	长度	约束
Kh_id	顾客编号	int	10	主键
fj_id	房间号	int	10	主键
Dzbl	打折比例	int	10	不能为空
Yzts	预住天数	int	10	不能为空
Rzsj	入住时间	date		不能为空
Yj	押金	double	10	不能为空

表 11.5　房间类型表

字段名	说明	类型	长度	约束
fjlx_id	房间类型编号	int	10	主键
Lxm	类型名	varchar	50	不能为空
dj	单价	int	10	不能为空
Cws	床位数	int	5	不能为空

表 11.6　顾客类型表

字段名	说明	类型	长度	约束
khlx_id	顾客类型编号	int	10	主键
Khlxm	顾客类型名	varchar	50	不能为空
Dzbl	打折比例	int	10	不能为空

表 11.7 管理员表

字段名	说明	类型	长度	约束
gly_id	管理员编号	int	10	主键
Qs_id	权限编号	int	10	外键
Glyxm	管理员姓名	varchar	20	不能为空
ID	管理员 ID	varchar	50	不能为空
pwd	管理员密码	varchar	50	不能为空

表 11.8 结算表

字段名	说明	类型	长度	约束
js_id	结算编号	int	10	主键
gly_id	管理员编号	int	10	外键
Fj_no	房间号	int	10	外键
Jssj	结算时间	date		不能为空
Sjje	实收金额	double		不能为空
Szts	实住天数	int	10	不能为空

表 11.9 权限表

字段名	说明	类型	长度	约束
qs_id	权限编号	int	10	主键
Qsmc	权限名称	Varchar	20	不能为空

11.4 系统框架整合

本系统采用 Struts2+Hibernate+Spring 框架整合的方式，下面详细介绍通过 MyEclipse 2015 开发工具整合框架的过程。

（1）新建 Web 项目，命名为“hotel”，如图 11.2 所示。

（2）添加 Spring 框架，如图 11.3 所示，根据第 10 章的介绍，按照向导提示选择默认值，直到出现如图 11.4 所示，选择 Spring 类库。

（3）先创建一个包存放 sessionfactory，然后按照图 11.5 添加 Hibernate 框架，根据第 8 章的介绍添加 Hibernate 框架，如图 11.6～图 11.8 所示。

（4）添加 Struts2 框架，根据第 3 章的介绍来添加 Struts2 框架，如图 11.9～图 11.11 所示。

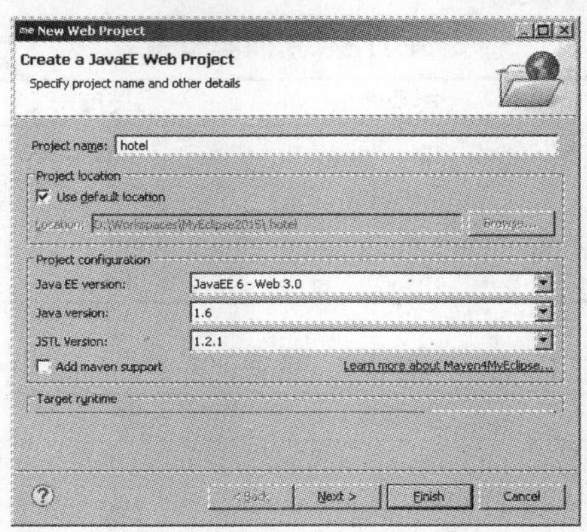

图 11.2 新建 Web 项目

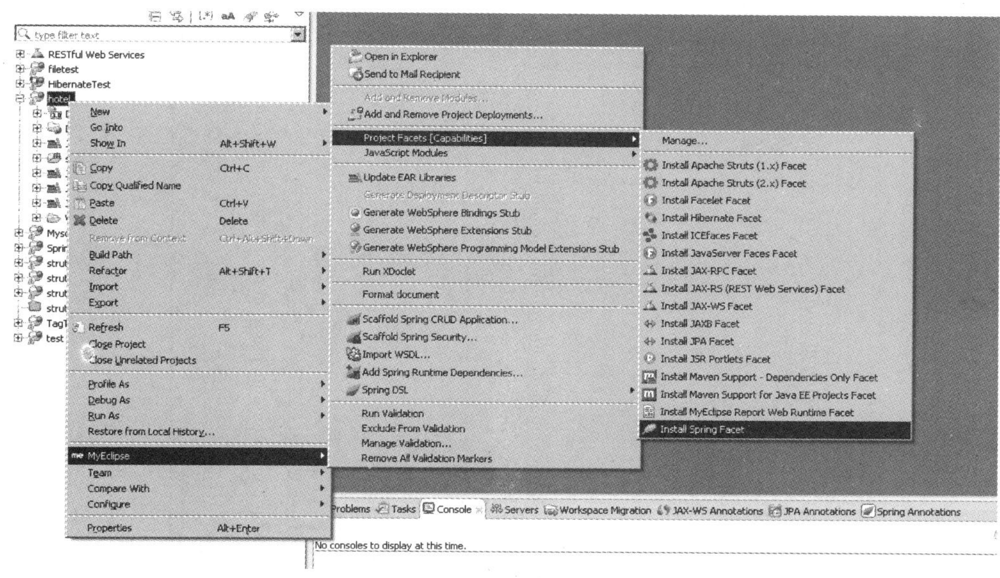

图 11.3　添加 Spring 框架

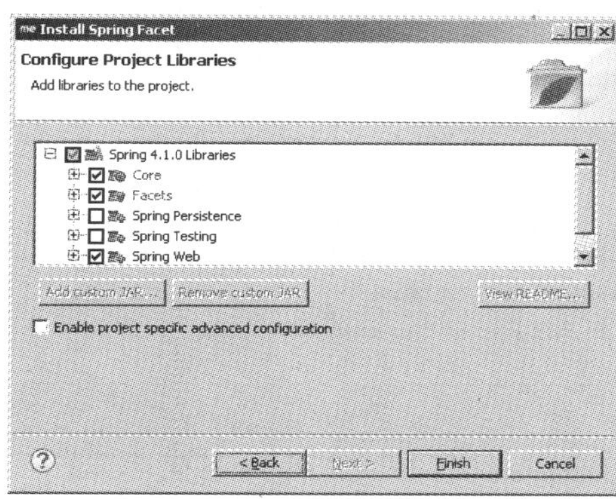

图 11.4　选择 Spring 类库

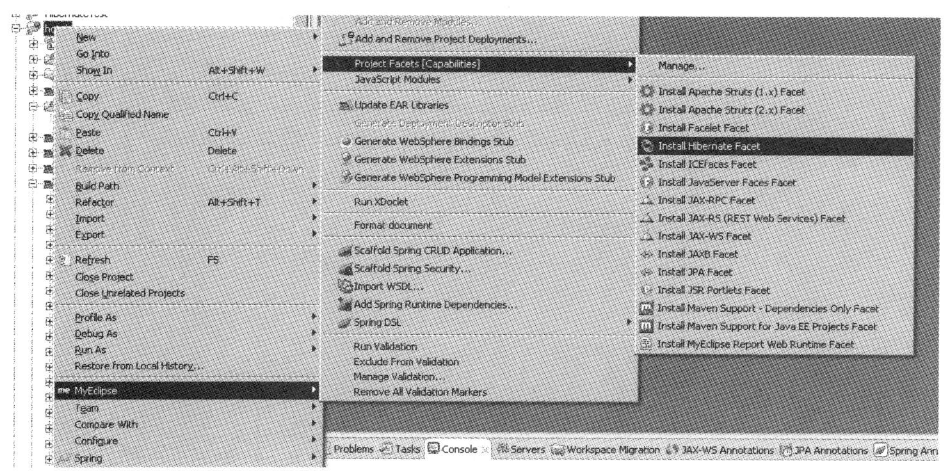

图 11.5　添加 Hibernate 框架

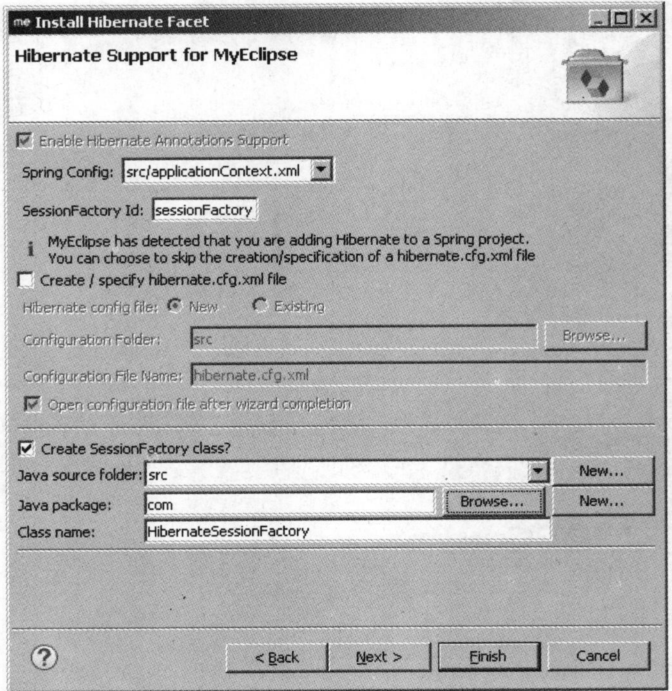

图 11.6　Hibernate 配置

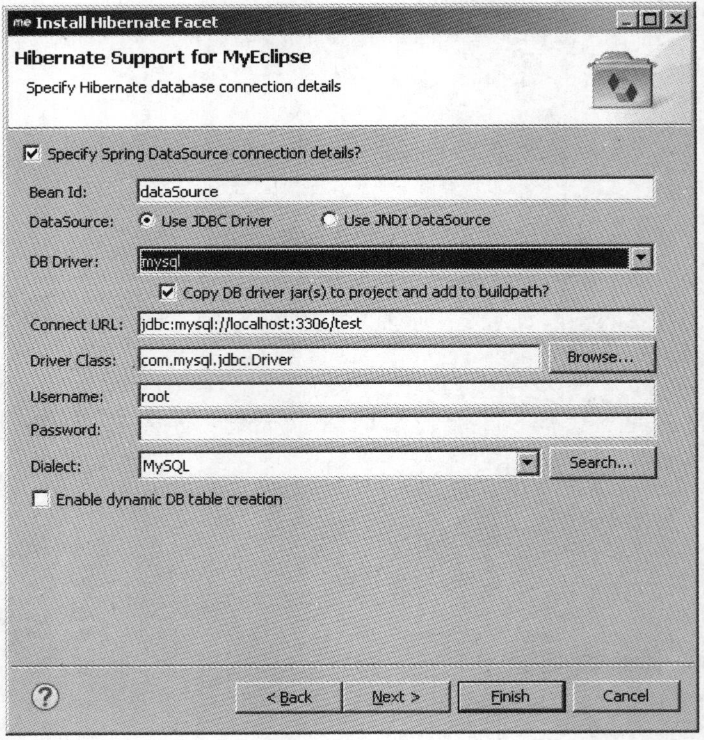

图 11.7　数据源配置

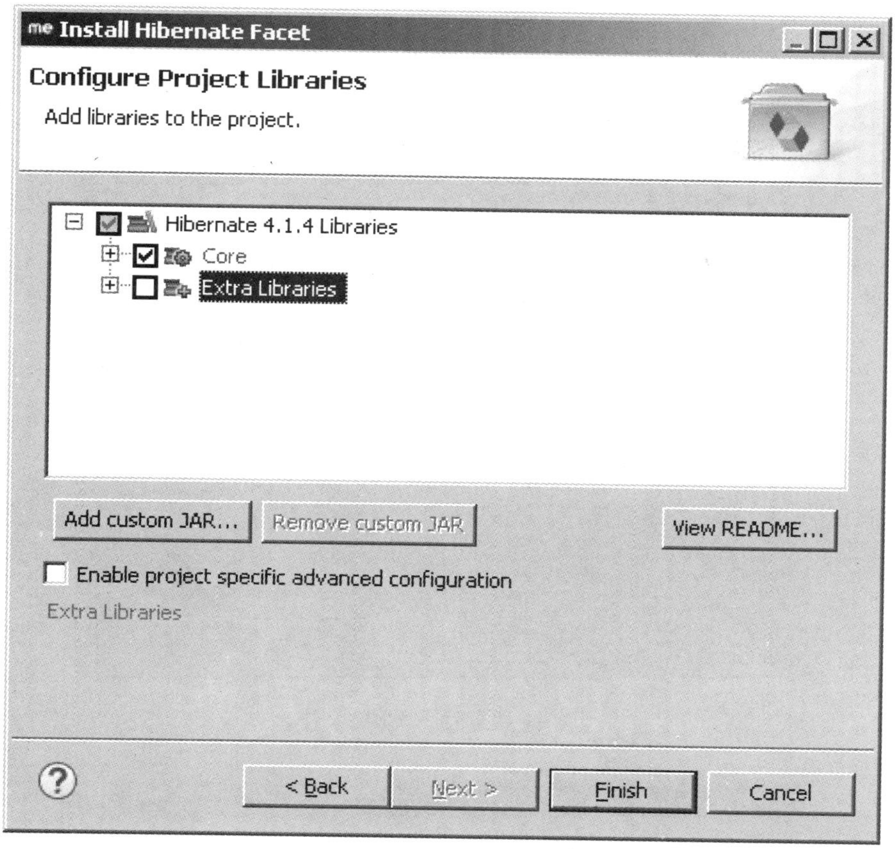

图 11.8　选择 Hibernate 类库

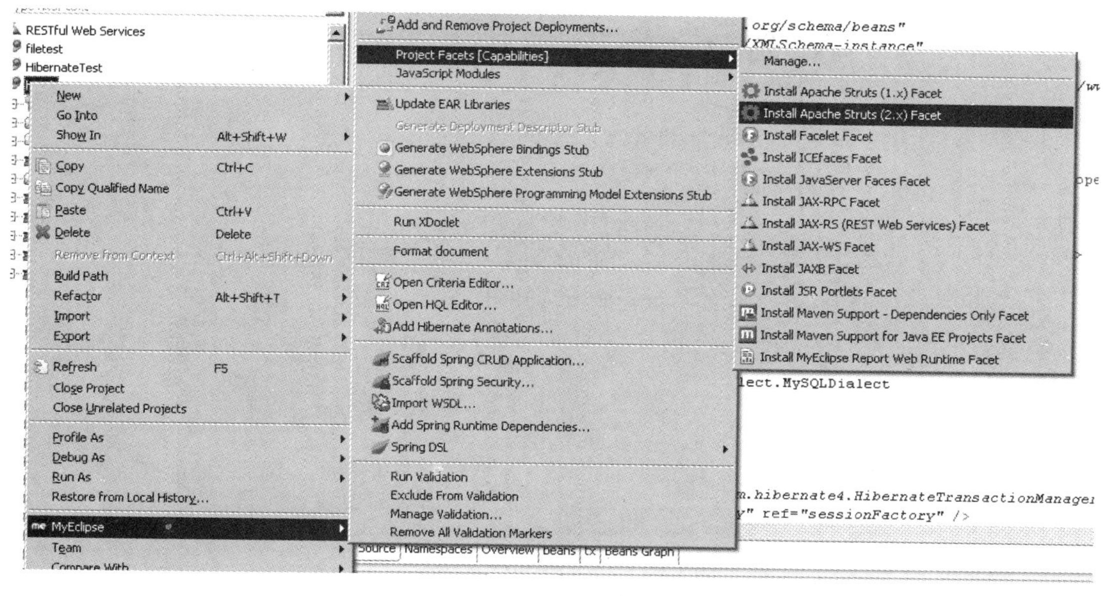

图 11.9　添加 Struts2 框架

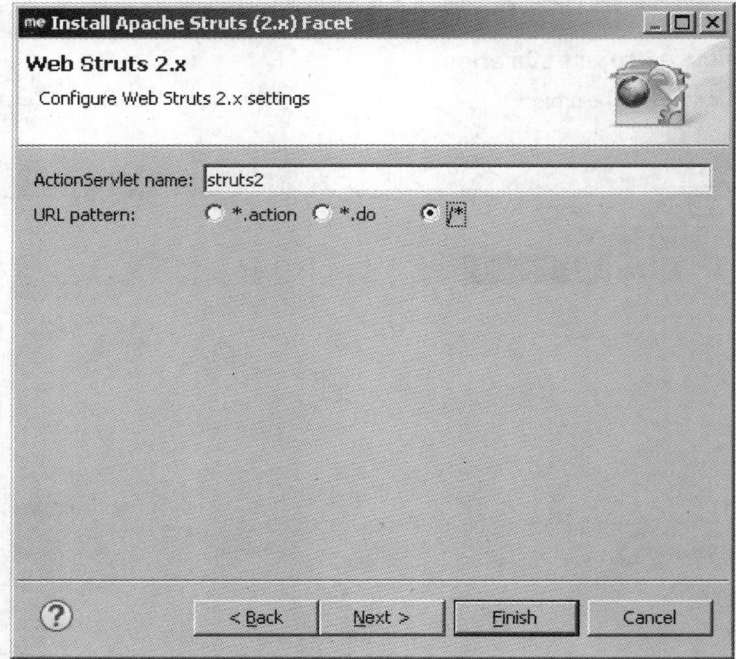

图 11.10　选择映射的文件

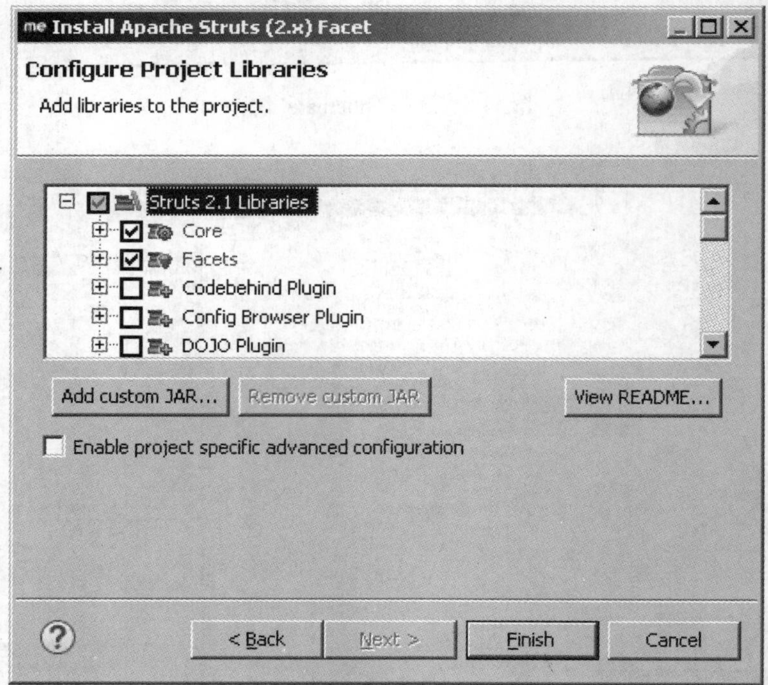

图 11.11　选择 Struts2 类库

（5）Hibernate 反向工程。在 src 目录下新建包 org.model，然后转到 DB Brower 窗口，选择表 fj，右键单击该表名，在弹出的快捷菜单中执行 Hibernate Reverse Engineering 命令，见图 11.12，打开如图 11.13 所示的窗口。继续单击 Next，打开图 11.14 所示的窗口。

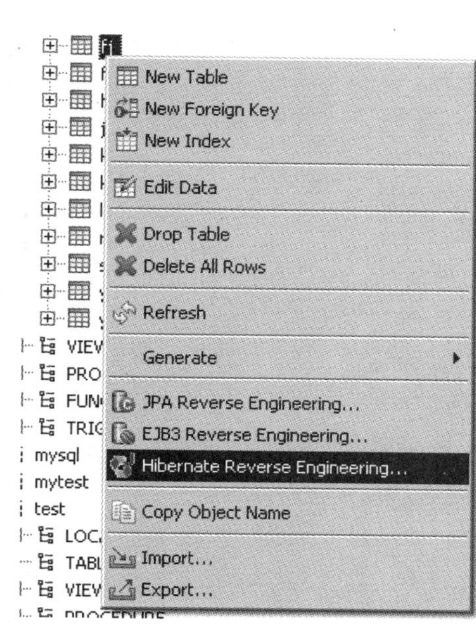

图 11.12　Hibernate 反向工程

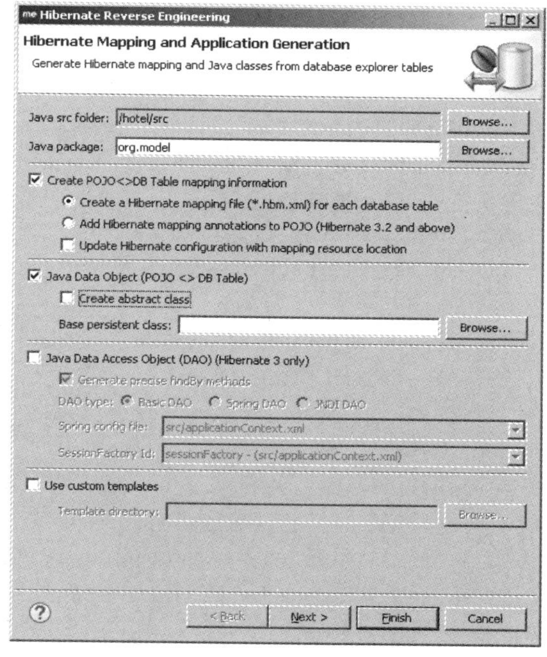

图 11.13　Hibernate 反向工程配置

在图 11.14 中，Id Generator 表示为表选择主键生成策略。然后单击 Finish 按钮完成对表 fj 的反向工程。如需对其他表操作，方法相同。

图 11.14　选择主键

反向工程完成后，在 org.model 包下生成数据库表对应的 Java 类 fj.java 和映射文件 Fj.hbm.xml。

例 11.1　fj.java

```
import com.Fjlx;
import java.util.HashSet;
import java.util.Set;
public class fj  implements java.io.Serializable {
    private Integer fjid;
    private Fjlx fjlx;
    private String fjno;
    private String fjzt;
    private Integer lc;
    private String fjdh;
    private Integer ydzt;
    private String beizhu;
    private Set rzs = new HashSet(0);
    private Set rzs_1 = new HashSet(0);
    private Set yds = new HashSet(0);
    private Set yds_1 = new HashSet(0);
    public fj() {
    }
    public fj(Integer fjid) {
        this.fjid = fjid;
    }
        public fj(Integer fjid, Fjlx fjlx, String fjno, String fjzt, Integer
        lc, String fjdh, Integer ydzt, String beizhu, Set rzs, Set rzs_1,
        Set yds, Set yds_1) {
        this.fjid = fjid;
        this.fjlx = fjlx;
        this.fjno = fjno;
        this.fjzt = fjzt;
        this.lc = lc;
        this.fjdh = fjdh;
        this.ydzt = ydzt;
        this.beizhu = beizhu;
        this.rzs = rzs;
        this.rzs_1 = rzs_1;
        this.yds = yds;
        this.yds_1 = yds_1;
    }
    public Integer getFjid() {
```

```
        return this.fjid;
    }
    public void setFjid(Integer fjid) {
        this.fjid = fjid;
    }
    public Fjlx getFjlx() {
    return this.fjlx;
    }
    public void setFjlx(Fjlx fjlx) {
        this.fjlx = fjlx;
    }
    public String getFjno() {
        return this.fjno;
    }
    public void setFjno(String fjno) {
        this.fjno = fjno;
    }
    public String getFjzt() {
        return this.fjzt;
    }
    public void setFjzt(String fjzt) {
        this.fjzt = fjzt;
    }
    public Integer getLc() {
        return this.lc;
}
    public void setLc(Integer lc) {
        this.lc = lc;
    }
    public String getFjdh() {
        return this.fjdh;
    }
    public void setFjdh(String fjdh) {
        this.fjdh = fjdh;
    }
    public Integer getYdzt() {
        return this.ydzt;
    }
    public void setYdzt(Integer ydzt) {
        this.ydzt = ydzt;
    }
    public String getBeizhu() {
```

```
        return this.beizhu;
    }
    public void setBeizhu(String beizhu) {
        this.beizhu = beizhu;
    }
    public Set getRzs() {
        return this.rzs;
    }
    public void setRzs(Set rzs) {
        this.rzs = rzs;
    }
    public Set getRzs_1() {
        return this.rzs_1;
    }
    public void setRzs_1(Set rzs_1) {
        this.rzs_1 = rzs_1;
    }
    public Set getYds() {
        return this.yds;
    }
    public void setYds(Set yds) {
        this.yds = yds;
    }
    public Set getYds_1() {
        return this.yds_1;
    }
    public void setYds_1(Set yds_1) {
        this.yds_1 = yds_1;
    }
}
```

例 11.1　Fj.hbm.xml

```
<hibernate-mapping>
    <class name="fj" table="fj" catalog="hotelh">
        <id name="fjid" type="java.lang.Integer">
            <column name="fjid" />
            <generator class="assigned"></generator>
        </id>
        <many-to-one name="fjlx" class="com.Fjlx" fetch="select">
            <column name="fjlxno" />
        </many-to-one>
        <property name="fjno" type="java.lang.String">
```

```
            <column name="fjno" length="50" unique="true" />
        </property>
        <property name="fjzt" type="java.lang.String">
            <column name="fjzt" length="50" />
        </property>
        <property name="lc" type="java.lang.Integer">
            <column name="lc" />
        </property>
        <property name="fjdh" type="java.lang.String">
            <column name="fjdh" length="50" />
        </property>
        <property name="ydzt" type="java.lang.Integer">
            <column name="ydzt" />
        </property>
        <property name="beizhu" type="java.lang.String">
            <column name="beizhu" length="100" />
        </property>
        <set name="rzs" inverse="true">
            <key>
                <column name="fjid" />
            </key>
            <one-to-many class="com.Rz" />
        </set>
        <set name="rzs_1" inverse="true">
            <key>
                <column name="fjid" />
            </key>
            <one-to-many class="com.Rz" />
        </set>
        <set name="yds" inverse="true">
            <key>
                <column name="fjid" />
            </key>
            <one-to-many class="com.Yd" />
        </set>
        <set name="yds_1" inverse="true">
            <key>
                <column name="fjid" />
            </key>
            <one-to-many class="com.Yd" />
        </set>
    </class>
</hibernate-mapping>
```

11.5 系 统 实 现

1. 配置文件

Spring 对 ORM 技术的一个重要支持就是提供统一的数据源管理机制，即在 Spring 容器中定义数据源、指定映射文件和 Hibernate 属性等，从而实现信息的集成。在 Spring 的配置文件 applicationContext.xml 中配置数据库的连接，配置 sessionFactory，具体代码如下所示。

例 11.1 applicationContext.xml

```
<bean id="dataSource"
        class="org.apache.commons.dbcp.BasicDataSource">
        <property name="url" value="jdbc:mysql://localhost:3306/test">
        </property>
        <property name="username" value="root"></property>
</bean>
<bean id="sessionFactory"
    class="org.springframework.orm.hibernate4.
LocalSessionFactoryBean">
        <property name="dataSource">
            <ref bean="dataSource" />
        </property>
        <property name="hibernateProperties">
            <props>
                <prop key="hibernate.dialect">
                    org.hibernate.dialect.MySQLDialect
                </prop>
            </props>
        </property>
    </bean>
<bean id="transactionManager"
    class="org.springframework.orm.hibernate4.HibernateTransactionManager">
        <property name="sessionFactory" ref="sessionFactory" />
    </bean>
    <tx:annotation-driven transaction-manager="transactionManager" />
</beans>
```

2. 主要功能模块

系统功能模块主要是预订管理模块、接待管理模块、调房管理模块、客户管理模块、客房管理模块、信息查询模块、退房模块和人员管理模块。

1）预订登记

顾客来到酒店预订房间，需要先登记顾客的相关信息，再选择空闲的房间，如果顾客想要修改预订的房间或其他信息，可以单击【预订编辑】，然后找到相应的记录，单击【修改】填入修正的信息，如果顾客不想预订房间了，可以查找到相应的记录，单击【删除】来清除记录，如图 11.15～图 11.18 所示。

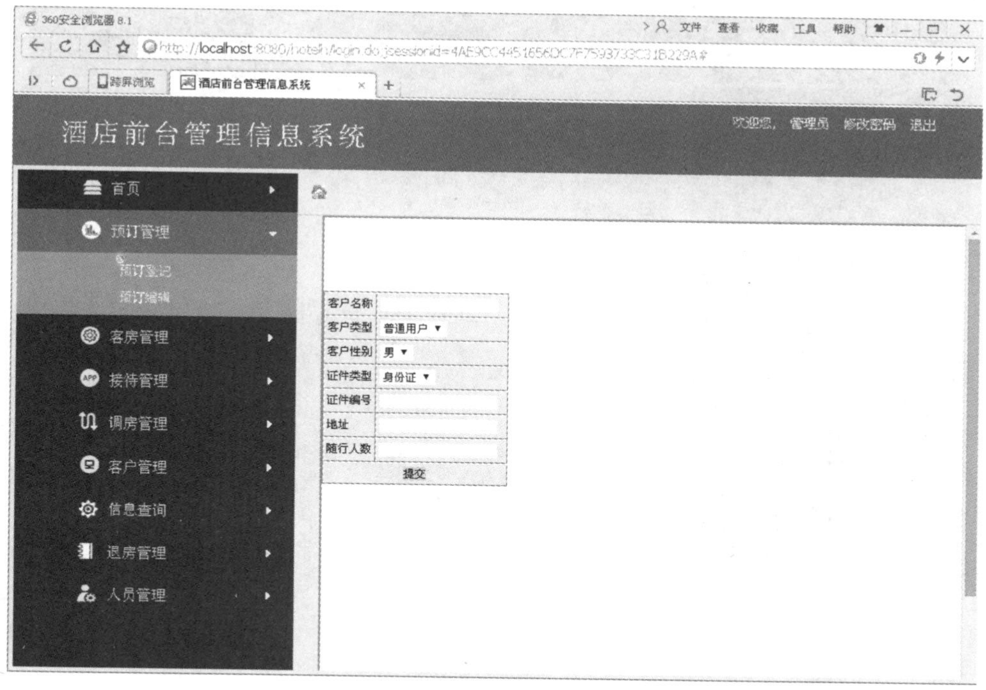

图 11.15　预订登记界面

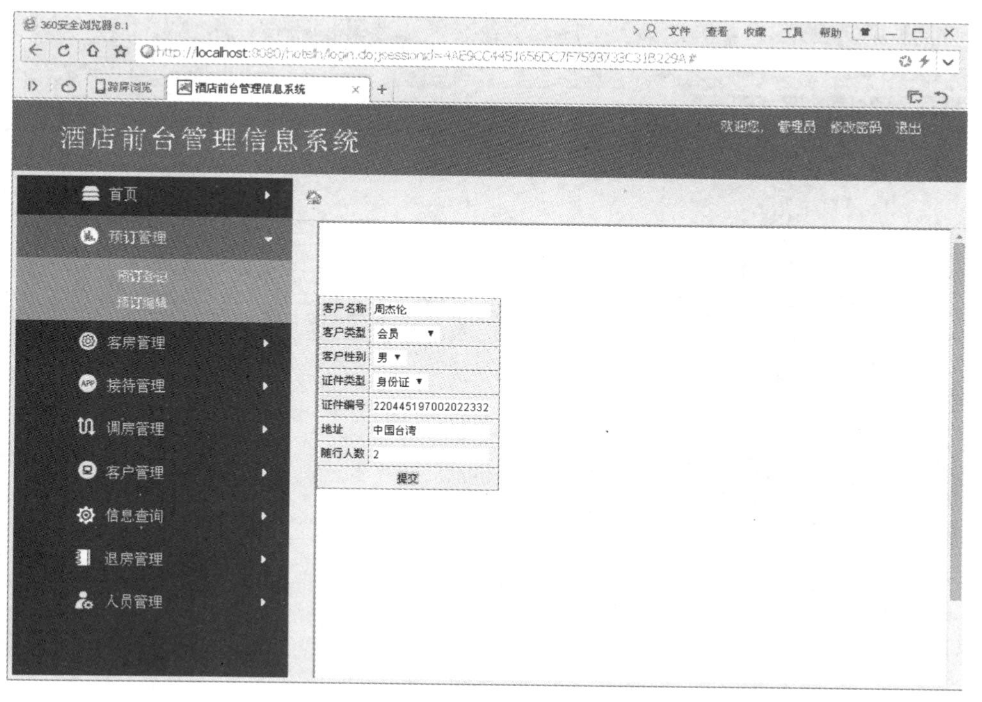

图 11.16　预订信息填写

图 11.17　提交预订信息

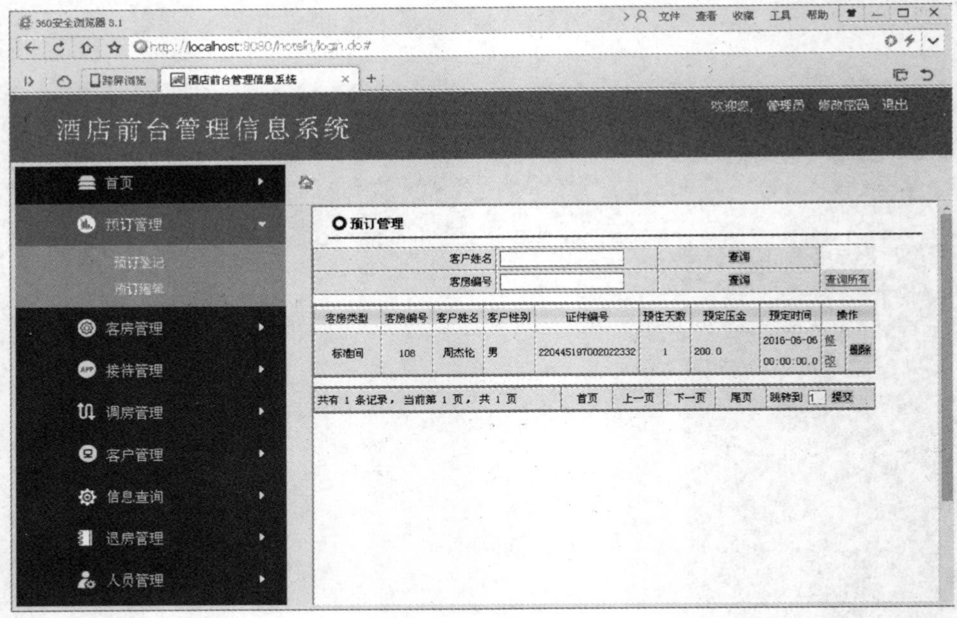

图 11.18　预订管理

界面实现的主要代码如下。

```
<logic:iterate id="kf" name="kf">
<tr class="pt9" height="24">
```

```
<td bgcolor="#FFFFFF">
<input name="fjid" type="radio" id="fjid" onclick="validate();"
value="<bean:write name="kf" property="fjid"/>" />
<br>
</td>
<td bgcolor="#FFFFFF">
<bean:write name="kf" property="fjno" />
<br>
</td>
<td bgcolor="#FFFFFF">
<bean:write name="kf" property="fjlx.fjlx" />
<br>
</td>
<td bgcolor="#FFFFFF">
<bean:write name="kf" property="fjlx.dj" />
<br>
</td>
<td bgcolor="#FFFFFF">
<bean:write name="kf" property="fjzt" />
<br>
</td><td bgcolor="#FFFFFF">
<bean:write name="kf" property="fjzt.dj" />
<br>
</td>
<td bgcolor="#FFFFFF">
<bean:write name="kf" property="lc" />
<br>
</td>
<td bgcolor="#FFFFFF">
<bean:write name="kf" property="fjdh" />
</td>
<td bgcolor="#FFFFFF">
<bean:write name="kf" property="fjdh" />
</td>
</tr>
</logic:iterate>
</table>
<input type="submit" value="提交">
</html:form>
```

预订功能实现的主要代码如下。

```
protected HotelManager mgr;
int ydid = Integer.parseInt(request.getParameter("ydid"));
      Yd yd = mgr.findYdByYdid(ydid);
      request.setAttribute("kh", yd.getKh());
      Fj fj = yd.getFj();
      fj.setFjzt("空闲");
      mgr.setFjzt(fj);
      List list = mgr.findAllFj();
      request.setAttribute("yd", yd);
```

```
        request.setAttribute("kf", list);
        return success;
```

2）客房管理

查询空闲的房间，结果如图 11.19 所示，查询所有的房间，结果如图 11.20 所示。

图 11.19　查询空闲的房间

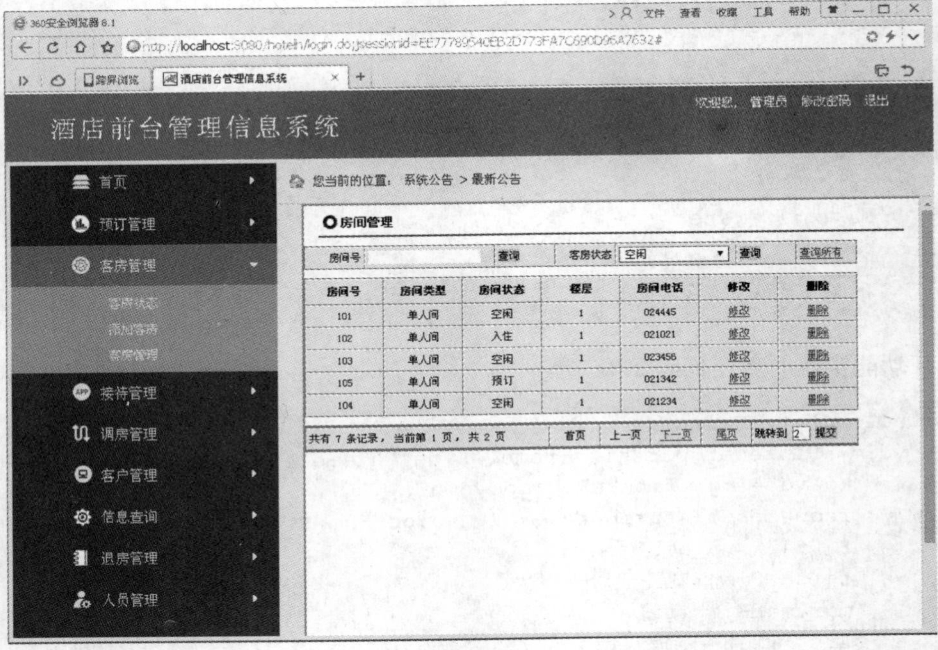

图 11.20　查询所有的房间

查询的主要代码如下。

```
protected HotelManager mgr;
List list = mgr.findAllLsrz();
request.setAttribute("lsrz", list)
```

当查询结果记录比较多时，一个页面内不能完全显示出来，因此用到了分页功能，本系统中定义了一个分页的类，当用到分页功能时，就会调用该类。

```
public class Pagination {
    public int lineNum=5;          //每页显示几条记录数
    public int startPage=0 ;       //从第几页开始显示
    public int pageNum=0 ;         //总页数
    public int allJlNum=0;         //总记录数
    public String jsc;             //检索的字段名
    public String keyWord;         //检索的内容
    public void setPageNum(int allJlNum)
    {
    this.allJlNum=allJlNum;
        if(allJlNum%lineNum==0)
            pageNum=allJlNum/lineNum;
        else
            pageNum=allJlNum/lineNum+1;
    }
    public int getLineNum() {
        return lineNum;
    }
    public void setLineNum(int lineNum) {
        this.lineNum = lineNum;
    }
    public int getStartPage() {
        return startPage;
    }
    public void setStartPage(int startPage) {
        this.startPage = startPage;
    }
    public String getJsc() {
        return jsc;
    }
    public void setJsc(String jsc) {
        this.jsc = jsc;
    }
    public String getKeyWord() {
```

```
        return keyWord;
    }
    public void setKeyWord(String keyWord) {
        this.keyWord = keyWord;
    }
    public int getPageNum() {
        return pageNum;
    }
    public int getAllJlNum() {
        return allJlNum;
    }
    public void setAllJlNum(int allJlNum) {
        this.allJlNum = allJlNum;
    }
}
```

3）其他模块运行界面

客房状态的改变，例如将 101 脏房改成空闲，如图 11.21 和图 11.22 所示。调房管理如图 11.23 所示。会员管理如图 11.24 所示。查询入住情况如图 11.25 所示。结算功能如图 11.26 所示。

图 11.21　客房状态改变前界面

图 11.22　客房状态改变后界面

图 11.23　调房管理

图 11.24　会员管理

图 11.25　查询入住情况

图 11.26 结算功能界面

思考与练习

使用 Struts2、Hibernate 和 Spring 框架设计并实现一个图书管理系统。

参 考 文 献

[1] Brian Goetz，Tim Peierls，Joshua Bloch，Joseph Bowbeer，David Holmes，Doug Lea. Java 并发编程实战. 北京：机械工业出版社，2012.

[2] 贾蓓. Java Web 整合开发实战——基于 Struts 2+Hibernate+Spring. 北京：清华大学出版社，2013.

[3] 林龙. JSP+Servlet+Tomcat 应用开发从零开始学. 北京：清华大学出版社，2015.

[4] 明日科技. Java 从入门到精通（第 3 版）. 北京：清华大学出版社，2012.

[5] 李宁，Java Web 编程实战宝典. 北京：清华大学出版社，2014.

[6] 徐小平. JSP 程序设计实训与案例教程. 北京：清华大学出版社，2014.

[7] 姜强，赵蔚. SQL Server 与 JSP 动态网站开发——从设计思想到编程实战. 北京：电子工业出版社，2013.

[8] 张兵义. JSP+MySQL+Dreamweaver 动态网站开发实例教程. 北京：机械工业出版社，2013.

[9] 颜志军. JSP 与 Servlet 程序设计实践教程. 北京：清华大学出版社，2012.

[10] 唐汉明. 深入浅出 MySQL：数据库开发、优化与管理维护（第 2 版）. 北京：人民邮电出版社，2014.

[11] 传智播客高教产品研发部. MySQL 数据库入门. 北京：清华大学出版社，2015.

[12] 王震江. XML 基础与 Ajax 实践教程（第 2 版）. 北京：清华大学出版社，2016.

[13] 刘京华. Java Web 整合开发王者归来. 北京：清华大学出版社，2010.

[14] 李刚. 轻量级 Java EE 企业应用实战（第 4 版）北京：电子工业出版社，2014.

[15] 孙卫琴. 精通 Hibernate：Java 对象持久化技术详解（第 2 版）. 北京：电子工业出版社，2010.

[16] 许勇. Struts 2+Hibernate+Spring 整合开发——深入剖析与范例应用. 北京：清华大学出版社，2013.

[17] 胡波. Struts 2 基础与案例开发详解. 北京：清华大学出版社，2013.

[18] [美]Craig Walls. Spring 实战（第 3 版）. 北京：人民邮电出版社，2013.

[19] 唐琳. Struts 2 企业开发实践教程. 北京：清华大学出版社，2014.

[20] 王伟平. Struts 2 完全学习手册. 北京：清华大学出版社，2011.

图书资源支持

感谢您一直以来对清华版图书的支持和爱护。为了配合本书的使用，本书提供配套的素材，有需求的用户请到清华大学出版社主页(http://www.tup.com.cn)上查询和下载，也可以拨打电话或发送电子邮件咨询。

如果您在使用本书的过程中遇到了什么问题，或者有相关图书出版计划，也请您发邮件告诉我们，以便我们更好地为您服务。

我们的联系方式：

地　　址：北京海淀区双清路学研大厦 A 座 707

邮　　编：100084

电　　话：010－62770175－4604

资源下载：http://www.tup.com.cn

电子邮件：weijj@tup.tsinghua.edu.cn

QQ：883604(请写明您的单位和姓名)

扫一扫

资源下载、样书申请

新书推荐、技术交流

用微信扫一扫右边的二维码，即可关注清华大学出版社公众号“书圈”。